畜禽高效健康养殖
关键技术丛书

高效健康养羊

GAOXIAO JIANKANG YANGYANG GUANJIAN JISHU

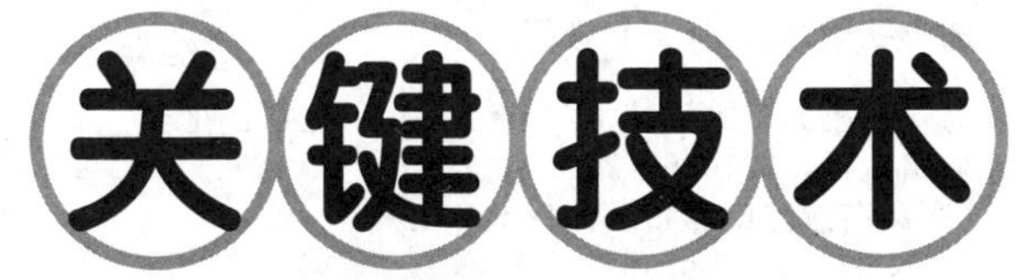

朱奇 主编　王玉峰 闫立新 副主编

化学工业出版社
·北京·

本书从养羊的发展趋势入手，介绍了羊的品种和利用、羊的繁殖技术、羊的饲养管理技术、饲料的加工和利用技术、种草养羊技术、羊场的建造和羊场设施、羊病的防治和羊的产品和加工等方面，系统地讲述了羊的生产全过程。不仅阐述了肉羊的饲养，而且也谈及了乳用羊、裘皮用羊、毛用羊等。本书在谈及理论的同时，更加突出了生产实用技术。

本书本着实际、实用的原则，便于广大的养殖场、养殖园区、养殖户在生产中使用，同时为技术人员提供参考，便于更好地指导养羊的生产。

图书在版编目（CIP）数据

高效健康养羊关键技术/朱奇主编. —北京：化学工业出版社，2010.6（2023.1重印）
（畜禽高效健康养殖关键技术丛书）
ISBN 978-7-122-08353-1

Ⅰ.高… Ⅱ.朱… Ⅲ.羊-饲养管理 Ⅳ.S826

中国版本图书馆CIP数据核字（2010）第073981号

责任编辑：邵桂林　　文字编辑：王新辉
责任校对：边　涛　　装帧设计：史利平

出版发行：化学工业出版社（北京市东城区青年湖南街13号　邮政编码100011）
印　　刷：北京云浩印刷有限责任公司
装　　订：三河市振勇印装有限公司
850mm×1168mm　1/32　印张10　字数291千字
2023年1月北京第1版第22次印刷

购书咨询：010-64518888
售后服务：010-64518899
网　　址：http://www.cip.com.cn
凡购买本书，如有缺损质量问题，本社销售中心负责调换。

定　　价：25.00元

本书编写人员

主　　编　朱　奇

副 主 编　王玉峰　闫立新

编写人员　（按姓名笔画排序）

王玉峰　闫立新　朱　奇

孙　立　李艳菊　李晓波

辛　亮

出版者的话

畜牧养殖业是农业的支柱产业之一，其产值比例占据农业总产值的一半以上，并将继续保持快速发展的势头。同时，畜牧养殖业一直以来也是农民增收的重要途径之一，带动其快速致富。然而，传统、粗放的养殖技术和养殖方法在很大程度上一直制约着畜牧养殖业高效、健康地发展，影响了经济效益和规模。因此，如何高效、科学、有序、健康地从事畜牧养殖，最大程度地获取经济效益是养殖业者非常关心和必须面对的重大问题。

基于以上背景，为了满足广大读者的需求，我们邀请了多年来一直在生产一线从事畜牧养殖的一批知名专家，根据多年来的一线生产实践经验积累和最新的科研发展成果，精心打造了《畜禽高效健康养殖关键技术丛书》。

本套丛书包含《高效健康养猪关键技术》、《蛋鸡高效健康养殖关键技术》、《肉鸡高效健康养殖关键技术》、《奶牛高效健康养殖关键技术》、《肉牛高效健康养殖关键技术》、《高效健康养羊关键技术》、《高效健康养犬关键技术》、《毛皮动物高效健康养殖关键技术》8个分册。各分册分别以不同种类畜禽的高效养殖为主题，以翔实的文字、生动的案例、简洁易懂的语言、明晰的层次详细地向读者介绍了各类畜禽的高效养殖技术。丛书融合了该领域最新发展起来的理念、方法和技术，强调高效、经济和健康养殖主题，突出养殖过程中的各项关键步骤和核心技术，旨在达到帮助广大读者能够全面、迅速地学习和掌握相关技术的目的，进而提高养殖经济效益。

本套丛书种类齐全、内容翔实、技术实用、通俗易懂，紧密结合生产实践情况，不仅是广大畜牧养殖技术人员、养殖场生产管理人员、专业养殖户等理想的技术指导书籍，同时也是农业院校畜牧、兽医等专业师生的良好参考读物。

化学工业出版社

前言

养羊是畜牧业的传统养殖项目，由于羊具有耐粗饲、饲料范围广泛、抗逆性强等优点，因此在世界分布范围广，养殖效果好。同时羊可以将天然的牧草、农作物秸秆和其他农副产品等转化为肉、乳、毛、绒、皮张等产品，以获得良好的收益。养羊的同时，能为农业提供优质的农家肥，是实现农业良性循环的关键环节和重要途径。当今社会是生产与保护协调进步的时代，在发展养羊生产的同时，更要注意生态环境的保护，特别是草场的保护。这就要求养羊的区域布局要打破，中心点要逐步转移到农区和城市的郊区。在养殖方式上，种草养羊、规模养羊是今后的发展方向。

养羊的最终目的是获得最大的经济效益，提高效益的途径主要有优良品种和个体的选择、养殖方法的科学、饲料成本的降低、管理的标准化和疾病的科学防治等。在生产中要把这些技术有机结合起来才能提高养羊效益。

本书从养羊的发展趋势入手，介绍了羊的品种和利用、羊的繁殖技术、羊的饲养管理技术、饲料的加工和利用技术、种草养羊技术、羊场的建造和羊场设施、羊病的防治和羊的产品及加工等方面，系统地讲述了羊的生产全过程。不仅阐述了肉羊的饲养，而且也谈及乳用羊、裘皮用羊、毛用羊等。本书在谈及理论的同时，更加突出了生产实用技术的应用，可以作为理论研究、生产实践、学校教学的参考资料。

笔者希望通过本书能够让更多的养羊工作者和生产者了解更新的养羊知识，提高养羊的经济效益。

由于时间仓促、水平有限，书中疏漏之处在所难免，敬请读者和同行指教。

编　者

目　录

第一章 概 述

第一节 养羊业的现状与发展方向

一、世界主要养羊国家的概况

澳大利亚是世界养羊业最发达的国家之一，绵羊数量和产毛量均占世界第1位，是世界上最大的羊毛出口国。澳大利亚养羊主要品种以美利奴羊为主，占全国羊总数的75%。

新西兰养羊历史较早，也是世界上生产羊肉最多的国家之一，最初是养细毛羊，后因气候不适等原因，改养半细毛羊。新西兰有近30个绵羊品种。考力代羊是该国培育的优良品种之一，我国在20世纪五六十年代也引进了该品种。

美国养羊业主要以肉羊为主，主要生产羔羊肉，生产方式主要是利用3～4月龄的断奶羔羊，育肥到6月龄出栏屠宰。

法国的羔羊占羊肉总产量的75%，英国的羔羊占羊肉的94%。在绵羊的育种工作中，国外特别重视早熟性和产羔率的选择，有些国家已育成了一些新品种肉羊，正逐步向外推广，市场前景十分广阔。

二、中国养羊业的现状

中国有悠久的养羊历史，早在夏商时代就有养羊文字记载。目前我国养羊业发展迅速，羊的饲养量、出栏量、羊肉产量均居世界第1位。我国养羊生产遍布全国各地，北方以绵羊居多，南方以山羊为主。绵羊主要集中在新疆、内蒙古、青海、甘肃和东北三省，合计产量为全国的70%。

（一）将养羊业作为一种不可缺少的畜牧生产事业

由于养羊业给人们提供了丰富的生活资料，自古以来广大农牧民就喜欢养羊，把养羊作为一种不可缺少的畜牧生产事业。由于羊秉性温驯，合群性好，毛可织衣，肉味鲜美，是人类重要的衣食之源，因此被视为能给饲养者带来好运的动物。然而，旧中国的养羊业十分落后。20世纪上半叶虽然也从国外引进了部分优良品种，但是数量很少，品种改良工作进展缓慢，直至新中国成立时全国绵羊、山羊总数仅仅只有4000余万只，更没有一个自己培育的优良品种。

（二）新中国成立以来养羊业发展迅速

新中国成立以来，我国养羊业得到迅速发展，不仅养羊数量成倍增长，质量也有很大改进，目前全国绵羊、山羊总数已超过2亿只，居世界第1。1994年全国绵羊存栏数为1.11亿只，仅少于澳大利亚，名列世界第2；全国山羊存栏数为1.06亿只，仅少于印度，名列世界第2。我国羊肉和山羊绒的年产量均名列世界第一。与此同时，品种改良工作也取得很大成就。先后从国外引进了许多良种绵羊、山羊品种，并与本国地方品种进行杂交改良，育成了新疆细毛羊、东北细毛羊、内蒙古细毛羊、中国美利奴羊、军垦细毛羊等十多个细毛羊品种。青海半细毛羊、凉山半细毛羊等半细毛羊品种也先后育成。我国每年生产的约27万多吨绵羊毛中，细毛和半细毛占70%以上，从而改变了没有国产细毛和半细毛的落后状态。关中奶山羊、崂山奶山羊、南江黄羊等山羊新品种和品种群也已育成。与此同时，我国还对一些优良地方品种进行了选育提高，生产性能显著改善。辽宁绒山羊、内蒙古白绒山羊生产的优质山羊绒享誉世界。1995年全国山羊绒产量达到7300吨，不仅产量居世界第1，而且品质优良，深受外商欢迎。滩羊、湖羊、中卫山羊、济宁青山羊等羔皮、裘皮品种，品质独特，所产的羔皮、裘皮是传统的出口商品。我国第一个肉用山羊新品种，四川的南江黄羊已于1995年通过了国家新品种审定，填补了国内没有肉用山羊培育品种的空白。世界上最优秀的肉用山羊品种——波尔山羊和以生产优质马海毛而著称的毛用山羊品种——安哥拉山羊也引进我国，为今后提高我国大量地方土种山羊的产肉性能、发展毛用山羊业生产打下了基础。为了扩大我国绵羊生产基地，自20世纪80年代以来，在湖南、湖北、四川、江西、云南、贵州等属亚热带气候的南方省、区，开辟了绵羊饲养新区，并从我国北方和国外引进了细毛羊和半细毛羊进行饲养试验，摸索出了在南方湿热条件下发展绵羊生产的成套经验，为建立和发展新区绵羊生产基地提供了科学依据。

（三）如何加速实现我国养羊业现代化

1. 目前养羊业存在的主要问题

我国的养羊业虽然取得了很大成就，但仍然存在不少问题。特别是由于长期受小农经济生产观念的束缚，商品生产意识淡薄，先进科学技术推广十分缓慢，养羊生产的经济效益还很低，与养羊业发达国家相比还有很大差距。主要表现在以下方面。

（1）良种化程度不高　我国的绵羊还有一半以上是未经改良的土种羊，这些羊产毛量低，毛品质差，不适应纺织工业发展的要求。我国的山羊除少数具有一定特色的优良地方品种外，绝大多数是土种羊，生长慢，体格小，没有专一的生产方向，亟待改良提高。

（2）经营管理落后　我国的养羊业基本上是以农牧民个体经营为主，羊群规模小，依靠天然草场放牧，饲养管理粗放，生产周期长，商品率低，经济效益不高。

（3）草场建设跟不上养羊业发展　天然草场利用不合理，退化严重，人工草场建设缓慢，农作物秸秆的加工利用很不充分，靠天养羊的方式未得到根本改变，羊群营养供给不平衡，生长缓慢，病、死率较高。

（4）养羊业产品加工、销售体制不健全　产品的加工和销售仍然处在一种脱节的状态，广大农牧民生产的毛、肉、奶、皮等产品，基本上都是以原料的形式在市场上销售，未进行任何加工处理，或仅作简单粗加工。而且销售渠道极不稳定，经常出现市场疲软，农牧民手中的羊产品卖不出去，或因价格偏低，影响了农牧民的养羊积极性。

2. 实现养羊业现代化的主要措施

（1）普及良种　尽快实现全国绵羊、山羊品种基本良种化。改良品种是实现养羊业现代化、增加产品数量、提高品质的首要措施。要按照各地区生态条件和生产潜力，搞好品种区域规划，发展质量高的细毛羊、半细毛羊、羔裘皮羊、毛用山羊、绒山羊、肉用山羊和奶山羊。

（2）扩大养殖规模　逐步推广集约化养羊生产。积极创造条件，建成一批专业养羊生产基地。逐步实现品种良种化、产品规格化、草场改良化、生产机械化、饲养标准化、管理科学化和经营专业化。

（3）加强草场建设　饲草饲料是发展现代化养羊业的基础，要改变靠天养羊的传统生产方式，积极改造与合理利用天然草场，提高产量，计划放牧。有计划地利用撂荒地、农歇地，建设稳产高产的人工草场，实行分区轮牧或刈割饲喂。在农区和半农半牧区，要充分利用各种农作物秸秆，适时收集，采用物理、化学和生物的方法，进行粉碎、氨化、发酵等加工处理，提高利用率和消化率。

(4) 改善饲养管理，提高劳动生产率　科学的饲养管理是保证绵羊、山羊正常生长、配种繁殖、疫病预防和提高存活率的基础。因此，在建立巩固的草、料生产基地的基础上，积极发展配合饲料工业，按照营养需要进行标准化饲养。同时，要加强棚圈建设，根据不同气候条件，因地制宜修建羊舍。北方和高寒牧区要大力推广塑料薄膜暖棚养羊技术，南方潮湿地区提倡修建简易的楼式羊舍。在牧区，要逐步实现牧业机械化，推广机械剪毛、建立冬草场、电围栏分区轮牧、种草贮草机械化，减少劳动强度，提高生产效率。

(5) 加强养羊科学研究，建立完善的科技推广服务体系　围绕养羊生产中的技术重点和难点，开展科学研究和技术攻关，是加快实现养羊业现代化的关键。

三、世界养羊业的发展趋势

目前世界养羊的发展趋势是：①绵羊向稳定数量、提高质量的方向发展。依据毛纺市场对羊毛细度的要求，世界许多国家加强了育种工作，细度也由 70 支向 80 支、90 支、甚至 100 支的细度方向发展，毛纺产品也向轻薄、柔软、高档方面发展。②养羊生产向肉用化方向发展。③养羊方式由自然放牧转向现代化生产，一些养羊业较发达的国家，在粗放管理的地区经营细毛羊，半集约经营地区养肉毛兼用或毛肉兼用半细毛羊。在羊肉生产方面，一般都进行集约化生产。

四、我国养羊的发展方向

据有关专家预测，今后一段时期，我国养羊业的发展方向主要有以下几方面。

1. 对旧型细羊毛进行大面积的改良和提高

引用中国美利奴羊、澳洲美丽奴羊，对我国主要分布在西北、华北和东北地区原有的旧型细毛羊，采用引入杂交或吸收杂交的方法，进行大面积的改良和提高。达到育种目标后，即转入封闭育种，进行以家养或品系为中心的纯种繁育。预计在21世纪，中国新型细毛羊净毛量比现在提高20%～50%，羊毛长度增加20%～35%，同时羊毛强度、弯曲、细度、均匀性、脂汗品质和颜色、弹性和光泽度有显著的改善，达到国外同类细羊毛的先进水平。

2. 建立现代化羊肉生产基地

在各省（区）广泛进行杂交组合实验的基础上，经过筛选比较，建立我国不同自然生态和经济地区各具特色的最佳羊肉生产体系。包括种羊繁育及供应体系、饲养标准供应体系。开展有效杂交组合及科学利用，摸索出最佳肥育时期和肥育方式，优化羊群结构、农牧结合布局，以及建立健全产、供、销服务体系等。按科学的体系或模式组织肉羊的生产，可以显著增加羊肉产量，改善羊肉品质，提高经济效益。在此基础上，培育生长发育快、早熟、繁殖能力强、肉用生产力高、饲料报酬高、适应性强的2～3个专门化肉羊新品种，我国人均羊肉占有量将大幅度提高。

3. 山羊将受到极大重视，并得到迅速发展

在各省（区）引入安哥拉山羊与当地山羊进行杂交改良实验的基础上，主要从吸收杂交2～3代杂种中选出理想型公、母羊进行横交固定，然后选优汰劣和继续进行同质选配。并不断改善饲养管理条件，努力扩大理想型羊只数量，力争在短时间内培育出2～3个各具特色的毛用山羊新品种。建立2～3个马海毛生产基地，到21世纪中叶，我国马海毛年产量达4000吨以上。

我国现有绒山羊4000万只，山羊绒产量多、品质好，在世界上占极大优势。但在地方品种中除少数群体绒多、质优外，多数个体产绒量较低，综合品质尚不能令人满意。要在“白绒山羊新品系培育”的基础上，对我国白绒山羊的主要产区的优秀群体进一步选优、扩繁，不断提高山羊绒的产量和质量。并用优质高产种羊全面提高全国其他地区绒山羊的生产性能和品质。预计到21世纪30年代，我国白绒山羊优质品系将达到10万只，高产品系10万只。用优质高产种羊改良后的地方绒山羊，每只平均提高产绒量50～100克。

充分利用自然资源，培育生产周期短、效益高、适于农家饲养的奶山羊，将在21世纪得到进一步发展。全国杂交改良和饲养奶山羊地区将不断扩大，产奶量将不断提高。预计到21世纪中叶，我国奶

山羊将发展到 80 万只以上，平均产奶量也将大大提高。

4. 高新技术将进入实际阶段

山羊精液超低温冷冻保存和使用技术，经过进一步的深入研究，将获得突破性进展，情期受胎率达到 80%以上，进入生产实用阶段。配合同期发情、超数排卵、胚胎移植、诱发分娩等新技术的应用，使我国能够有目的、有计划地控制绵、山羊繁殖，更好地为我国养羊业服务。

在 21 世纪中国养羊业中，除实行机械化剪毛以外，目前国外已经在研究机器人剪毛的基础上，剪毛机器人正式投入批量生产，直接为绵羊剪毛服务。应用现代基因工程方法，生产新的脱毛剂，如澳大利亚目前正在研究的蛋白质——表皮生长因子（EGF），每只羊静脉注射 4 毫克，7 天后羊毛即可脱落，而对羊无毒害作用。

应用基因工程方法，将绵羊生长激素基因如绵羊受精卵，培育体型比现在普通绵羊大得多、生长发育快的“巨型羊”；将产生合成含硫氨基酸两种酶的基因植入绵羊受精卵，培育无需从饲料中摄取含硫氨基酸且不影响羊毛产量的新型绵羊；用遗传工程方法生产防治绵羊腐蹄病及其他疾病的遗传工程菌苗，为防止绵、山羊疾病提供有效手段。如澳大利亚移植一种细菌基因到腐蹄细菌的丝状物密码上，这种丝状物对防止羊腐蹄病的传播和发展非常重要，该细菌通过毛发丝状缠结在羊蹄上，引起羊只产生免疫抗体，使腐蹄病不再发生。

高效养羊需要“傻瓜化”的技术，由于农业科技的工程化、集成化，将软化科学硬化、固化、物化到生产要素中，农民通过购买科技含量高的产品，从而改善生产效率。农民可能对某项技术不通晓，如营养、育种等，但不会妨碍这项技术的推广应用。农民成为现代产业的组织者，只要按说明书操作即可达到很好的养殖效果。

第二节 养羊的效益与前景

一、养羊的意义

在我国人民的肉食当中，羊肉所占的份额是非常大的。随着人民生活水平的不断提高，对肉食的需求越来越大，尤其是高蛋白、低脂肪的羊肉，将越来越被人们所喜爱。从国际市场来看，羊肉生产前景十分广阔，优质羊肉的单位价格大概是猪肉的2～3倍。世界上原来靠生产羊毛为主的国家也纷纷发展肉羊生产。新西兰是世界上最大的羔羊肉出口国，他们每年所产羊肉的73%和羔羊肉的92%以供出口，羊肉和肥羔肉出口量占世界第1位。法国也是一个羊肉生产国，其羊肉产值占整个养羊总收入的90%以上。

再从羊肉的营养学角度来说，羊肉含有的主要氨基酸的种类和数量，符合人体营养需要，其蛋白质含量高于猪肉，脂肪含量少，胆固醇含量比猪肉、牛肉要少得多。因此羊肉还是一种理想的保健食品。随着羊肉食品的不断开发，其发展前景是非常乐观的。

发展肉羊业符合国家产业的发展方向，我国粮食生产由于受人多地少的限制，短时期内不会有大的突破，养羊业不需要较多的粮食，主要靠农作物的秸秆和草类，一只羊每年仅需要80～100千克精料，其中大部分是属于人类无法直接食用的，如麦麸、饼类等。换句话说，它不与人争口粮，农村有大量的秸秆、草类可用作羊的粗饲料，通过养羊，还能达到过腹还田，一能生产出优质廉价的肉类，二能向农田提供优质肥料，进而促进农业的良性循环，改善土壤肥力，增加农业产量。根据测定，1只羊在1年当中可产粪肥1500千克左右，可肥田2～3亩，而且肥效高、持续时间长，并有防虫害作用。羊除了提供优质美味、高营养的肉食之外，还可提供皮、毛、绒、奶等生活用品和食品。

二、养羊的经济效益

关于养羊业的效益，以小尾寒羊为例，按照普通饲养户的测算，饲养1只母羊年产1胎半到2胎，年产4～5个羔，经6～8个月的育肥，每只羊可增重50千克左右，按目前市场价格可收入1000元左右；1只母羊年需饲草750千克，折合75元，混合精料100千克，价值120元，每只母羊的饲草饲料费用为195元。育成肥羔羊饲养的总成本大约相当于1只母羊的消耗量，也就是说，母羊和羔羊饲养的总成本是390元，这样算来，饲养1只小尾寒羊母羊年收入在610元左右。如果出售种羊，效益就更高了。肉用羊和绒山羊的效益也在300元左右以上。养羊是农牧民增收致富的有效途径。

三、发展养羊的前景

我国发展肉羊生产潜力极大。首先，我国拥有丰富的绵羊、山羊品种资源，仅列入国家品种的绵羊、山羊品种就有53个，其中有产肉性能好和高繁殖力的绵羊、山羊品种。例如小尾寒羊就是优良的地方资源，可加以开发利用，为市场开发名、特、优产品提供了良好的条件。20世纪70年代以来，我国先后从国外引进了大量具有成熟早、产肉性能好的肉用和肉毛兼用绵羊、山羊品种，如德国美利奴羊、考力代羊和波尔山羊等。这些优良的品种，为改良我国地方品种、选择杂交改良最佳父本及培育我国肉用羊新品系打下良好的基础。其次，我国绵羊、山羊存栏量大，如果平均每只羊胴体重增加3～5千克，相当于多存栏6000多万只肉羊，其生产潜力十分可观。我国草原面积大，农副产品丰富，可为养羊生产提供充足的饲料资源。近20多年来，我国一些地区先后开展了羔羊杂交育肥试验，做了大量的试验示范工作，并积累了丰富的经验，为开展肉羊生产，特别是肥羔羊生产做了大量的探索，为羊的品种繁育提供了可参考的数据和资料。养羊除了具有广阔的发展前景之外，还有以下几个好处。

1. 提供优质羊产品

(1) 羊毛　羊毛是毛纺工业的重要原料，可制造各种哔叽、呢绒、毛毡、毛毯、毛绒和其他针织品。羊毛织品具有保温、耐久、轻便、美观、穿着舒服等优点。

(2) 羊肉和羊奶　羊肉是我国仅次于猪肉消费量的重要肉类品种，牧区、山区羊肉消费量更大。山羊奶是仅次于牛奶消费量的重要奶品，而且还具有脂肪球小、酪蛋白多、容易消化吸收、营养价值高等特点，是老人、幼儿的良好食品。羊肉、羊奶也是重要的食品工业原料，在国内牧区人民羊肉消费量也高于其他肉类，是牧区人民的重要食物来源。

(3) 羊皮　羊皮的保温力和耐久性很好，是优良的防寒衣料。尤其是羔皮、二毛皮和羊皮夹克，具有轻便美观的优点，是国内外畅销商品。羊皮也是制革工业的重要原料，可作皮衣、皮鞋、皮包等各种羊皮制品，轻便、实用、美观。

2. 提供出口物资换外汇

羊的多种产品是我国重要的传统出口商品，出口1吨山羊绒，价值数万美元；出口 85 张山羊板皮，可换回 1 吨钢材。我国生产的手工栽绒地毯，图案新颖，色泽美观，别具一格，成为东方地毯的一个门类，在国际市场上享有盛誉，已销往 80 多个国家。据有关资料报道：1987 年，我国出口山羊板皮 384 吨，创汇 4713 万美元。出口山羊肠衣 574 吨，绵羊肠衣 719 吨，分别创汇 647 万美元和 1472 万美元。近年我国每年出口山羊绒 2000～3000 吨，创汇数亿美元。

3. 增加农牧民收入，加速商品化生产

随着党的各项农村经济政策的贯彻落实，我国的养羊生产已从集体经营为主转变为家庭经营为主，这对调动广大农牧民的生产积极性，推动养羊业生产的发展创造了有利条件。在农村发展养羊是实行有机农业和农牧结合的一种有效途径。一般来说，养羊和种植相结合，可提高综合经济效益 20%～30%；养羊和林业相结合，可提高综合经济效益 10%～20%。按现行价格计算，平均养 1 只绵羊，年毛收入 200 元，养 1 只山羊年毛收入 160 元，一个饲养人员可以养绵羊 100 只或山羊 120 只。如果提高技术，加大科技含量，经济效益可以显著提高。所以发展养羊也是农民脱贫致富的重要途径。

4. 养羊积肥，提高农作物产量

羊粪尿丰富含氮、磷、钾和有机质，肥效高，促增产，并能改良土壤、提高地温、保持水分。一只成年羊每年排粪尿 750 千克以上，加上垫土和垫草，可积优质农家肥 1500～2000 千克，足够 667 米^2（1 亩）农田中等施肥量使用，每亩可增产粮食 30～40 千克。我国山区养羊素有羊群“卧地踩圈”的积肥习惯，就地积肥，减少运输，是解决山区土地用肥的好办法。

第三节　如何发展养羊业

一、掌握养羊业的主要环节

发展养羊业除了要做好必要的资金和技术准备之外，还要考虑以下几个主要环节。

（一）建立健全养羊生产良种繁育体系

有了良好的羊种，但没有完整的良种繁育体系，同样不能适应现代肉羊生产的需要。目前，我国虽然在养羊生产试点上已取得了一定进展，但对全国养羊生产来讲，养羊的良种繁育体系尚未健全。因此，今后我们的工作重点仍放在良种繁育体系的建设上。根据我国现阶段养羊生产现状和联合育种技术的需要，良种繁育体系应重点抓好原种场、种羊繁育场的建设，并结合杂交改良，积极推广人工受精技术，加快人工受精网站的建设，大力推广优秀种公羊的使用面。同时要与养羊生产基地结合，真正做到有试点、有示范、有推广面，建立点面结合的养羊生产商品基地。

（二）开展经济杂交利用

利用经济杂交的杂种优势进行养羊生产，是养羊中最成功的经验。现阶段我国各地都在采用经济杂交方式，并在养羊生产中广泛应用。在内蒙古自治区，利用英国萨福克羊做父本与本地蒙古细毛母羊和本地其他细毛杂种母羊杂交，在草原放牧育肥，生产的杂交一代6.5月龄的羊胴体可达18.33千克，净肉量平均达13.49千克。新疆利用德国美利奴羊和边区来斯特羊、罗姆尼羊与阿勒泰大尾羊杂交均取得较好的成果。对湖羊、小尾寒羊及本地粗毛羊利用无角道赛特、夏洛来、萨福克羊等进行经济杂交，也可有效提高后代产肉量。近年来，在山羊生产中，山东利用波尔山羊与本地母山羊杂交，杂交后代体型已趋向父本，大大提高了产肉量。大量试验证明，采用杂交方式提高绵羊、山羊的产肉性能是发展我国养羊生产的重要途径，应大力提倡，并有计划性地推广。

（三）保持合理的羊群结构，提高繁殖母羊比重

长期以来，我国的羊群结构一直处于不合理状态，母羊中能繁殖的母羊比例低，一般在50%左右，羊群扩繁慢，经济效益低。羊群结构应以繁殖母羊为基础，按照适当比例配置公羊、幼龄羊，以利于组织再生产、降低成本、增加经济效益。各种生产用途的羊群结构应当是：毛肉兼用羊每群繁殖母羊应占60%～70%、毛用羊应占50%～60%、肉用羊不能低于60%，否则很难赢利。

（四）积极推广当年羔羊出栏

养羊出栏率是养羊生产水平的一个重要标志。羊的生长增重规律是前期快，后期慢，到1.5～2岁时达到成熟，逐渐停止生长。出生后前3个月，骨骼生长最快；4～6个月肌肉和体重增长最快，以后脂肪沉积速度增快，到1岁时肌肉和脂肪的增长速度几乎相等，而饲料报酬随日龄增长而降低。我们应利用羔羊生长发育快和饲料报酬高的特点，积极实行当年羔羊当年出栏，这也是节省饲料、增加收入的有效途径。同时，还要配合羔羊育肥技术，这样才能使当年羔羊达到理想的屠宰水平。

（五）积极开展饲草、饲料的加工调剂

无论羊的繁殖还是育肥，均必须有充足的饲草、饲料来源。要保证肥羔羊生产，尤其需要符合羔羊快速生长的优良草料。传统的养羊方式多是以放牧为主，绵羊、山羊的饲草来源主要是天然草地、草山、草坡中的自然植被，很少使用副产品和精饲料补喂。根据羊的生物学特性及现代化肉羊生产的需要，首先要对天然草地进行人工改良或种植人工牧草。在青绿饲料资源丰富以后，重点加强放牧的补饲，在枯草期则完全舍饲，在固定圈舍喂养和运动。为此应加大秸秆类粗饲料的开发利用，研制秸秆类粗饲料和优良的饲料添加剂，尽量在枯草期使羊能保证全价营养。

（六）认真做好羊的疫病防治

进行现代化的肉羊生产，必须建立适合于现代化肉羊生产的疾病防治体系，研究肉羊的传染性疾病、主要代谢疾病的预防和治疗措施。

（七）加快技术人员培训和市场开拓

肉羊生产在我国虽已有多年历史，但集约化肥羔羊生产和成羊育肥仍是畜牧业中的一项新技术，其成功的经验不多。各地条件也各不相同，要根据本地实际情况组织肉羊规模化生产。首要条件就是必须培育一批掌握现代养羊技术、懂管理、懂饲料营养、懂繁殖育种技术和开拓市场能力的人才。目前，在农业产业化建设中实行的公司加农户方式，龙头企业应是养羊户生产组织者。只有加快普及科学养羊知识，才能实现肉羊生产的科学化、商品化和现代化。

二、注意养羊业的几个问题

近几年，我国养羊业有了很大的发展，特别是肉羊业形势一片大好，但越是在这种时刻越需要冷静，在养羊业发展过程中仍然存在一些不容忽视的问题。

（一）关于肉用种羊的质量问题

我国肉羊业发展很快，对优秀肉用种羊需求更大。尽管近年来我国引进和繁殖了一定数量的肉用种羊，但仍供不应求，同时种羊价格也偏高，甚至国内繁殖的比从国外引入的价格还要高。因此，为了追逐高额“利润”，很多种羊饲养单位便自然地“炒”起羊种，一心加快种羊繁殖：不少单位，只要是种羊产的羔羊，不考虑是不是纯种羊产的羔羊，不论品质优劣，一律当作种羊出售，结果造成不良影响。所以，经营种羊者，应当注重加强选种选配，不断提高种羊质量，按照种羊标准，实行按质论价、优质优价的原则出售，以此树立行业形象，赢得市场，赢得客户。各级政府也应加大对羊品种市场的监管力度，确保养羊业健康有序的发展。

（二）关于肉用种羊的价格问题

我国目前的肉用种羊价格明显偏高，一般为成本价的3～7倍，广大农牧民买不起，这样就达不到我国引入优秀种羊的主要目的——即用优秀种羊改良我国地方绵、山羊，利用杂种优势生产优质羊肉，进而培育我国自己的现代肉羊新品种，以促进我国肉羊业健康、持续的发展。因此应在努力提高出场种羊质量的同时，不断降低种羊出售价格。

（三）关于“波尔山羊化”问题

波尔山羊是目前世界上最理想的肉用山羊品种之一，现在“红”遍了大半个中国。但专家提醒：波尔山羊好绝不是要大家都用波尔山羊去改良当地的地方山羊，搞“波尔山羊化”，是为了对波尔山羊这一优秀大型肉用山羊品种引起重视，充分利用这一优秀品种资源在我国部分最适宜地区有目的、有计划地发展肉用山羊业。由于我国地域辽阔，各地自然资源和经济条件千差万别，在发展肉羊业的时候，要立足当地资源，因地制宜，决不能搞一刀切。我国有许多自己的肉用山羊品种，它们在自己的分布地区，有许多外来品种所不及的特色和优势。还有许多不同生产方向的山羊品种，其产品都是市场经济和人民生活所不可缺少的，因此要不要都用波尔山羊去改良，要认真研究，慎重行事。最近几年，有一些地区，用波尔山羊改良奶山羊、改良南江黄羊，这种做法是欠妥当的。改良品种也要在保护地方优良品种的基础上进行，防止顾此失彼、得不偿失。

（四）关于小尾寒羊问题

小尾寒羊繁殖率高，生长发育快，体格大，但具有上述特点的个体仅局限在山东省的鲁西南地区；同时，从体型外貌来看，小尾寒羊四肢较高，前胸不发达，后躯不丰满，肉用体型欠佳，羊肉颜色偏白；另外，在品种内在个体间，在不同的分布地区之间，体格大小、生长发育、繁殖率和毛皮品质等都有所差异，有的甚至差别很大。因此，应当客观、全面地认识和宣传小尾寒羊，用其所长，克服其短，才能充分发挥它在我国现代养羊业中的积极作用。

从多年的生产实践效果来看，在适宜饲养绵羊，并且生态经济条件较好的地区，如引入小尾寒羊作为母系品种与专门化肉用品种公羊进行杂交育种，或为了加快高产种羊繁殖，引入小尾寒羊作为受体羊，进行胚胎移植，应该说是最佳的选择。然而，现在不少地区、单位和养羊户，引入小尾寒羊的目的是为了“炒种”，如果继续下去，必将产生不良后果，不仅达不到推广小尾寒羊的目的，相反会影响小尾寒羊的声誉。

（五）关于细毛羊问题

我国的羊毛市场潜力很大，细毛羊产业的发展依然前景广阔。在当前发展肉羊业热情空前高涨的形势下，在一些优质毛用羊主产区，一定要保持冷静，不能盲目随从。细毛羊业发达的地区，应该保持和发挥自己的优势，在继续提高羊毛品质和个体产毛量方面做工作，尤其在培育我国自己的超细型羊毛品种方面下功夫。

（六）关于绵、山羊的胚胎移植问题

胚胎移植是一项成熟的实用技术，可以显著提高优秀母畜个体的利用率，创造可观的经济效益。在当前国内种羊市场紧俏、种羊价格昂贵的情况下，绵、山羊胚胎移植的利润非常诱人，因而国内绵、山羊的胚胎移植被“炒”得很热，尤其是波尔山羊的胚胎移植，不论从移植羊群的规模，还是从开展工作的广泛程度，都到了引人注目的地步。但应在国外冷冻胚胎的引进、胚胎移植工作的组织，以及胚胎移植费用的调整等方面多做工作，以确保引入胚胎的质量、胚胎移植的成功率，以及胚胎移植对养羊生产者带来的实际利益等，为我国养羊业的发展做出应有的贡献。

第二章 羊的品种

第一节 羊的品种分类

品种是畜牧学上的概念，是自然选择和人工选育的产物。不同的品种，在品种的来源和生产性能及外貌等方面，都有不同于其他品种的明显特征。品种的选择在很大程度上决定了养殖业的方向、养殖方法和养殖效益等。但是一般的品种选择的方向和目标是品种的适应性强、生产性能好、繁殖力高、回报率高、经济效益明显。在动物学分类上把羊分为绵羊和山羊。绵羊在动物学分类上属洞角科绵羊山羊亚科、绵羊属，染色体 27 对。山羊属于洞角科山羊属，染色体 30 对。根据羊在生产中用途的不同把羊分成肉用羊、毛（绒）用羊、裘用羊和兼用羊等。

一、中国羊种资源

1. 细毛羊

细毛羊的特点是生产同质的细毛羊，羊毛的平均细度在 60 支以上，生长 12 个月自然毛丛长度在 7 厘米以上，弯曲明显，全身毛纤维细度均匀。毛色洁白，羊毛密度大，产毛较高，是工艺性能最好的精纺工业原料。根据其主要生产性能不同，细毛羊又分为毛用细毛羊、毛肉兼用细毛羊和肉毛兼用细毛羊三种类型。

2. 半细毛羊

半细毛羊的特点是生产同一种类型较粗的细毛羊或同一种类型的两型毛。56～58 支半细毛羊平均纤维度为 25.1～29.0 微米，不均匀细度要求 25%，最高不超过 28%，长度要求在 9 厘米以上，这种毛可以做高级纺织品。

3. 粗毛羊

粗毛羊的被毛由多种类型纤维所组成，有绒毛、两型毛、粗毛和干毛，又称异质毛羊。粗毛羊的适应性较强，在不同的饲养条件下经过长期选育已经形成了不同类型。

4. 裘皮与羔羊皮羊

这类羊是专供生产裘皮和羔皮的绵羊，其被毛异质，由于毛丛中绒毛、粗毛和两型毛比例适中，皮板轻薄，穿起来不易擀毡，毛卷形状美观，又能保暖。

二、绵、山羊的品种分类

（一）绵羊的品种分类

绵羊品种一般有两种分类，即动物学分类和按羊的经济生产性能分类。

1. 绵羊按动物学分类

主要根据绵羊的尾型特征，即尾部沉积脂肪的多少及尾的大小长短，将绵羊品种分为五类。

（1）短瘦尾羊　尾长不超过飞节，尾部不贮积大量脂肪，外观细小，像山羊尾，如西藏羊、罗曼诺夫羊等。

（2）短脂尾羊　尾长不超过飞节，但尾部沉积大量脂肪，外观呈不规则圆形，如蒙古羊，包括山西本地羊、小尾寒羊等，多数粗毛羊均属短脂尾羊。

（3）长瘦尾羊　尾长超过飞节，尾部不沉积大量脂肪，外观瘦长，如新疆细毛羊、内蒙古细毛羊和半细毛羊等。多数细毛羊和半细毛羊品种均属长瘦尾羊。

（4）长脂尾羊　尾长超过飞节，尾部沉积大量脂肪，外观肥大而长，如大尾寒羊、同羊、滩羊等。

（5）肥臀羊　脂尾分成两瓣，高附于臀部，并贮积大量脂肪，故称肥臀羊。

这种分类情况由于受自然条件和饲养管理条件的影响很大，也不表明其生产方向和用途，所以在生产实践中实用价值不大，但可作为杂交改良程度的参考标准。

2. 绵羊按经济生产性能分类

（1）细毛羊　细毛羊品种生产同质细毛，羊细毛度在60支以上，根据生产毛、肉产品的重点不同又可分为三类。

① 毛用细毛羊。以生产细毛为主，每千克体重可净毛 50 克以上。

② 毛肉兼用细毛羊。以产毛为主，产肉为辅，每千克体重可产净毛 40～50 克，屠宰率 48%～50%，除有较高产毛性能外，还有良好的产肉性能。

③ 肉毛兼用细毛羊。以产肉为主，产毛为辅。主要有较高的产肉性能，也有良好的产毛性能，每千克体重可产净毛 30～40 克，屠宰率 50%以上。

(2) 半细毛羊　生产 58 支以下的同质半细毛羊，又分为以下两类。

① 毛肉兼用半细毛羊。以产毛为主，产肉为辅。外观全身无皱褶，躯体宽深，呈长圆桶状，公羊有角，母羊无角。

② 肉毛兼用半细毛羊。以产肉为主，产毛为辅，全身无皱褶，毛较长，躯体宽深呈长圆桶状，公母羊一般均无角。

(3) 粗毛羊　多数为原始性地方品种，如我国的三大粗毛羊类型：蒙古羊、西藏羊和哈萨克羊，山西本地粗毛羊也属蒙古羊系统。

(4) 羔、裘皮羊　羔皮羊生产具有独特美观图案的羔皮，如三北羊、湖羊等。

(5) 地方优良肉脂羊　大尾寒羊、小尾寒羊、同羊属于这类综合性生产用途的羊，还有兰州大尾羊、广灵大尾寒羊等也属于这类羊。

（二）山羊品种分类

1. 乳用山羊

乳用山羊躯体多呈楔状，轮廓明显、细致、紧凑，毛短而稀，均为发毛，绒毛很少。公母羊多数无角，母羊乳房发达。特点是繁殖率高，一般达 150%～200%，每只平均日产奶 3～5 千克。其不宜作种用的公羔和老残淘汰羊均有较大的肉用价值，也可作杂交组合的材料。著名品种为原产瑞士的萨能奶山羊，目前已为我国各地驯化，陕西武功、富平，河南灵宝，山西洪洞、太谷等地都是较多的奶山羊产地。

2. 肉用山羊

波尔山羊、南江黄羊、马头山羊为肉用山羊。

3. 裘、羔皮山羊

著名裘皮山羊品种有中卫山羊，产于宁夏中卫、同心和甘肃靖远等县。其特点是耐粗放饲养管理，羔羊体重4～8千克时屠宰，裘皮品质好，类似滩羊二毛皮。著名羔皮山羊品种有济宁青山羊，原产山东济宁等地。其主要特点是多胎多产、繁殖率高，成年羊平均体重20～25千克，繁殖率227.5%。适合农区小群放牧或舍饲，各地推广效果一般。

4. 毛用山羊

著名的毛用山羊为安哥拉山羊，原产土耳其。目前南非、美国等都有大量饲养，品质高也有提高，每只平均产毛1.5～2.5千克。我国山西、内蒙古等地已有引进，与本地山羊杂交后代，毛肉产量和品质都有显著提高。

5. 普通山羊

太行黑山羊、陕西白山羊、新疆山羊、西藏山羊等，这些山羊数量大、分布广，是生产肉、皮和杂交材料的巨大资源，应大力开发利用。

6. 山羊品种经济类型及其特点

在山羊生产实践中，按其经济用途而分，山羊品种有乳用型、肉用型、毛用型、绒用型、皮用型、兼用型等。

（1）乳用型山羊品种　这是一类以生产山羊乳为主的品种。乳用型山羊的典型外貌特征是：具有乳用家畜的楔形体型，轮廓鲜明，细致紧凑型表现明显。产乳量高，奶的品质好。

（2）肉用型山羊品种　这是一类以生产山羊肉为主的品种。肉用型山羊的典型外貌特征是：具有肉用家畜的“矩形”体型，体躯低垂，全身肌肉丰满，细致疏松型表现明显。早期生长发育快。产山羊肉量多，肉质好。

（3）毛用型山羊品种　这是一类以生产山羊毛（马海毛）为主的品种。毛用型山羊的典型外貌特征是：全身披有波浪形弯曲，长而细的羊毛纤维，体型长呈圆形，背直，四肢短。产马海毛多，毛质好。

（4）绒用型山羊品种　这是一类以生产山羊绒为主的山羊品种。绒用型山羊的外貌特征是：体表绒、毛混生，毛长绒细，被毛洁白有光泽，体大头小，颈粗厚，背平直，后躯发达。产绒量多，绒质量好。

（5）皮用型山羊品种　这是一类以生产裘皮与猾子皮为主的品

种。皮用型山羊的外貌特征是：体表着生长短不一的、色泽有异的、有花纹和卷曲的毛纤维。青山羊具有“四青一黑”的特征；中卫山羊具有头型清秀，体躯深短呈方形的特征。这类山羊品种都以毛皮品质具特色而驰名于世。

（6）兼用型山羊品种　这是一类具有两种专有性能的山羊。既产肉又产奶，或既产肉又产皮的山羊品种。兼用型山羊的外貌特征介于两个专用品种类之间。体型结构与生理机能，既符合奶用型山羊体型，又具有早熟性、生长快、易肥的特点。这种山羊生产的肉质香味可口；生产的皮，主要是板皮，质量好。

三、品种的利用方式

1. 直接利用

我国的地方良种，以及培育成的品种，都具有较高的生产性能，或某一方面具有较突出的生产用途，它们对当地的自然条件和饲养管理条件有良好的适应性，且已具有一定的数量，因此均可以直接利用生产畜产品。引入品种具有较高的生产性能，可直接利用生产畜产品。但由于引入品种数量较少，首先要搞好纯繁扩群和保种工作，才能进行大面积推广应用。

2. 间接利用

间接利用分为以下三方面。

（1）培育新品种　利用引入的优良品种和本地品种进行杂交，通过选种育改变本地羊的生产方向，提高生产性能，使之成为和引入品种生产方向一致或相似、具有稳定遗传和一定数量的类群或品种。

（2）提高原有品种的生产性能　本地羊原有生产方向和性能基本上能满足社会的需求，但在某些方面仍有不足之处，通过本品种选育难达到理想性能时，可导入外来优良品种血液，引进优良基因，达到提高生产性能的目的。

（3）开展经济杂交　利用杂交优势提高原有品种的生产水平，特别是在肉羊生产中被广泛应用。一般是利用本地品种耐粗饲、适应性强和外来肉羊品种生产发育快、肉品质好的特点，通过杂交，使杂交种羊兼备外来种和引入种的优势，产出明显高于本地羊生产性能的个体。

四、提高品种利用效果的途径

1. 纯繁扩群、选育提高

对引入品种一定要纯繁扩群，在纯繁过程中选育提高，为生产应用提供更多的个体。纯繁扩群一定要按照育种理论和实际情况，保持适度群体数量，控制近交，以防近交退化。

2. 以科学试验为基础，边研究边推广

以科学试验为基础，边研究、边推广引入品种对本地品种的改良效果，或引入品种对原有品种生产性能的提高程度如何。先试验后推广，先场内后场外，由点到面逐步总结经验和推广。

3. 运用科技手段，提高利用率

最早和原始的品种利用途径，多是引入品种个体与本地品种直接交配进行杂交改良或选育。如在自然交配下公羊、母羊比例为1∶30～1∶25，若采用人工受精技术，则配种能力可达1∶500～1∶1000，减少了种公羊的饲养量，提高了利用率。近年来，同期发情及人工受精、胚胎移植等生物技术的研究和应用，使种羊的利用效益大大提高。

4. 选择最佳的选配方案，最大限度地提高生产性能和间接效益

一般说来，在羊肉生产中，以适应性强、产羔多、母性好、数量多的品种作为母本品种，以生产速度快、饲养报酬高、体大、生长性能和肉质品质好的品种作为父本，这样在杂交中会表现出具有父、母本品质的优良个体。若进行多元杂交，还要考虑终端父本，这样才能充分发挥引入品种的作用。

第二节　羊的主要品种介绍

一、肉用羊品种

肉用羊，顾名思义就是以产肉为主的羊，在我国肉用羊品种还很少，近些年经过选育杂交，培育出了阿勒泰肉羊和南江黄羊等。现将适合在我国饲养的国内外肉羊品种介绍如下。

1. 肉用美利奴羊

原产于的德国的萨克森州的农区。该品种的主要特性是早熟、羔羊生长发育快、产肉能力高、繁殖力强、被毛品质好等。德国肉用美利奴羊的外貌特点是被毛白色，弯曲明显，密而长。体躯特点是大，公羊、母羊均无角，颈部及体躯均无皱褶，胸深而宽，背腰平直，肌肉丰满，后躯的发育特别良好。

成龄的公羊体重一般在 100～140 千克。成龄母羊的体重在70～80 千克。羔羊的日增重在 300～500 克。育肥 100 天即可以屠宰，活重可以达到 38～45 千克。胴体重 18～22 千克，屠宰率 47%～49%。

该羊被毛密而长，弯曲明显。公羊毛长 8～10 厘米，母羊毛长 6～8 厘米。公羊的毛细为 22～26 微米，母羊的毛细为 22～24 微米。剪毛量公羊为 7～10 千克，母羊为 4～5 千克。净毛率40%～50%。

德国美利奴羊的繁殖力极强，体现在性成熟早，母羊在 12 月龄以前就可以进行第一次配种，产羔率 150%～250%。由于母羊的泌乳性能好，所以羔羊的生长发育快，母羊母性好，羔羊的死亡率低。

2. 边区来斯特羊

原产于英国北部苏格兰的边区。主要的品种特性是早熟，肉质好，繁殖力强，羊毛长而有光泽，适应气候温和湿润的地区。

边区来斯特羊的主要特性是体躯长、背宽平，头部毛色为白色，公羊、母羊均无角，鼻梁隆起，两耳竖立，四肢较细，头部和四肢被粗刺毛。该品种成龄的公羊体重一般在 90～100 千克。成龄母羊的体重在 60～70 千克。产毛量公羊为 5～6 千克，母羊为 3～3.5 千克。毛的长度在 20～25 厘米。育肥 120 天，公羊胴体重可以达到 22 千克，母羊胴体重 20 千克。产羔率 150%～200%。

3. 萨福克羊

原产于英格兰东南部的萨福克、诺福克、剑桥和埃塞克斯等地。萨福克羊的特性是早熟、生长发育快、产肉性能好；母羊的母性强，产羔率中等。

该品种的公、母羊均无角，颈粗短，胸宽深，背腰平直，后躯发育丰满。成羊的头部、耳和四肢为黑色，被毛有有色纤维。四肢粗壮结实。

萨福克羊的成龄公羊体重 100～110 千克，母羊体重 60～70 千克。

3个月龄羔羊的胴体重达17千克，肉嫩脂少。剪毛量3～4千克，毛长7～8厘米，毛细56～58支，净毛率60%。产羔率130%～140%。在英国、美国用作肥羔生产的终端产品。

我国新疆和内蒙古自治区从澳大利亚引入该品种羊，除进行纯种繁育外，还同当地粗毛羊及细毛羊杂种羊杂交来生产肉羔。

4. 无角多塞特羊

无角多塞特羊原产于英国，后引入大洋洲的澳大利亚和新西兰。具有早熟、生长发育快、全年发情和耐热及适应干燥气候的特点。

无角多塞特羊公、母羊均无角，羊体质坚实，头短而宽，颈短粗，胸宽深，背腰平直，后躯丰满，四肢短粗，整个躯体呈圆筒状，面部、四肢及被毛为白色，但具有粉红色皮肤。

该羊体格较大，成年公羊80～100千克，成年母羊56～80千克：产毛量2～3千克，毛长7.5～10厘米，毛细48～58支。净毛率60%～65%。胴体重公羊为22千克，母羊为19.7千克，胴体品质高。无角多塞特羊的产羔率为120%～150%。

我国新疆、内蒙古、甘肃、山西、北京等地引进多塞特羊与本地羊杂交改良，效果显著，产肉量明显提高。

5. 夏洛莱羊

原产于法国中部的夏洛莱丘陵和谷地。主要分布在英国、德国、比利时、瑞士、西班牙等东欧国家。

夏洛莱羊的品种特性是早熟、耐粗饲、采食能力强、抗逆性强，对寒冷潮湿或干燥气候均有较好的适应性，是生产肥羔的优良品种。

夏洛莱羊头部无毛，脸部呈粉红色或灰色，额宽、耳大，体躯长，胸宽深，背腰平直，肌肉丰满，后躯宽大。两后肢距离宽大，肌肉发达，呈倒“U”字形，四肢较短。

夏洛莱羊成年公羊体重110～150千克，成年母羊体重75～95千克；羔羊生长发育快，6个月公羔体重48～53千克，母羔38～43千克；7个月公羔50～55千克，母羔40～45千克。夏洛莱羊的胴体质量好，特点是瘦肉多、脂肪少。屠宰率高，可以达到55%以上。该羊的产羔率高，可以达到180%以上，是优良的肉羊品种。

我国北方一些省市引进了该品种羊，进行纯种繁育和杂交繁育，效果良好。

6. 波尔山羊

波尔山羊是世界著名的肉用山羊品种，原产于南非共和国的干旱亚热带地区，是一种改良选育出来的品种。体格中等，体重大。体型、外貌良好，头大额宽，耳大下垂，鼻梁隆起，唇厚，角坚实，向上弯曲。颈粗壮，肩肥厚，胸平阔，腹圆大，臀部肥厚轮廓可见，四肢结实。波尔山羊全身被毛短而有光泽，颈部以后的躯干和四肢各部均为白色，头部为浅褐色或深褐色。

波尔山羊的特点是繁殖力强，6 个月达到性成熟，常年发情，产羔率可以达到 160%～200%；初生重大，育肥速度快。羔羊初生重 3～4 千克，断奶前日增重 200 克以上，6 个月体重可以达到 30 千克。成年公羊体高 75～90 厘米，体重 90～130 千克，成年母羊体高 65～75 厘米，体重 60～90 千克；屠宰和净肉率高，波尔山羊的屠宰率高于绵羊，屠宰率为 52%以上，成年时可以达到 60%。成年羊的胴体肉骨比可达 4.7：1；性情温顺，适应性强，群居性好。能适应－20～35℃的气候。

7. 南江黄羊

原产于我国四川省秦巴山区的南江县，是经过杂交选育出来的肉用山羊品种。

南江黄羊的被毛颜色为黄褐色，鼻梁两侧有对称性黄白色条纹，从头顶沿背脊至尾根有一条宽窄不等的黑色毛带，无角个体占 38.5%，有角个体占 61.5%（呈八字形）。公母羊均有髯。公羊颈粗短，母羊颈细长。该羊背腰平直，前胸深阔，四肢粗长，身体结实紧凑。

南江黄羊性成熟早，生长速度快。3 月龄就有初情表现，母羊初配最好在 6 月龄以上，公羊在 12 个月左右。产羔率为 200%。公羔初生重平均为 2.3 千克，母羔 2.14 千克。6 个月公羔 26.58 千克，母羔 20.51 千克。周岁的公母羊体重分别达到 34.43 和 27.3 千克。屠宰的最佳时间为 8～10 个月。屠宰率在 47%以上。净肉率 35.7%。

二、毛（绒）用羊品种

毛用羊主要以生产优质羊毛为主。根据毛的细度分为细毛羊、半细毛羊和粗毛羊，以产绒为主的山羊叫绒山羊。细毛羊主要品种有国内的中国美利奴羊、新疆细毛羊、内蒙古细毛羊、东北细毛羊、甘肃细毛羊、山西细毛羊、青海细毛羊、阿勒泰肉用细毛羊等，以及国外前苏联美利奴羊、高加索细毛羊、阿尔泰细毛羊、澳洲美利奴羊等。半细毛羊主要有国内的青海半细毛羊、陵川半细毛羊、东北半细毛羊、云南半细毛羊、内蒙古半细毛羊等；国外的罗姆尼羊、考力代羊、茨盖羊等。粗毛羊有蒙古羊、西藏羊、哈萨克羊等。绒山羊主要有辽宁绒山羊、内蒙古绒山羊、新疆白绒山羊、奥伦堡绒山羊。下面介绍几个主要的品种羊。

1. 中国美利奴羊

美利奴羊是我国培育的优质细毛羊品种，分布于全国的大部分省（区），尤其是北方省（区）较多，是我国利用澳洲美利奴羊和波尔华斯羊、新疆细毛羊、军垦细毛羊杂交培育而成的。成年公羊剪毛后平均体重 90 千克以上，剪毛量 17 千克左右，净毛率 59%。成年母羊剪毛后体重 40～45 千克，毛长 7.5～10 厘米，羊毛细度 64 支。

中国美利奴羊被毛白色，密度大，有明显的弯曲。胸深背平直，后躯丰满。四肢结实，母羊无角，公羊少量有螺旋形角。整个体型呈长方形。

该羊适合我国的自然和生态环境，细毛质量上乘，可以用来做高档衣料，有广阔的市场和发展前景。

2. 新疆细毛羊

也叫新疆羊，中心产区位于新疆伊犁哈萨克自治州，分布于新疆各地，是我国地方的优良肉毛兼用羊。该羊体质结实，结构匀称，体躯深长。胸宽深，背平直，后躯丰满，四肢结实。被毛为白色。成年公羊体高 75.3 厘米，体长 81.7 厘米，体重 93 千克，产毛量 12.2 千克，毛长 10.9 厘米。成年母羊平均体高 65.9 厘米，体长 72.7 厘米，体重 45 千克，剪毛量 5.5 千克，毛长 8.8 厘米。该羊的净毛率为 50%以上，羊毛细度以 64 支为主，含脂量 12.6%。

新疆细毛羊的产肉能力也很强，屠宰率为 50%，净肉率为 40%，产羔率 140%。

3. 东北细毛羊

东北细毛羊是由前苏联的细毛羊和澳洲美利奴羊等进行杂交选育出来的，现分布于全国的大部分省（区），尤其在北方地区分布较广。

东北细毛羊被毛白色，体质结实，体型匀称，公羊有螺旋形角，母羊无角。成年公羊的体重 84 千克，剪毛量 13.4 千克，毛长 9.33 厘米；成年母羊体重 45.4 千克，剪毛量 6.1 千克，毛长 7.4 厘米。净毛率 35%～40%。该羊的屠宰率 44%以上，经产母羊的产羔率 125%，是我国的宝贵的羊品种资源。

4. 澳洲美利奴羊

澳洲美利奴羊是世界上优质的细毛羊品种，产于澳大利亚。其特点是毛质优良，羊毛长而明显弯曲、洁白、光泽好，净毛率高，密度大，细度均匀，对各种环境气候有很强的适应性。体型近似长方形，腿短、体宽、背部平直，后躯肌肉丰满；公羊颈部由 1～3 个发育完全或不完全的横皱褶，母羊有发达的纵皱褶。羊毛覆盖头部至两眼连线，前肢达腕关节，后肢达飞节。共分为三种类型：细毛型、中毛型、强毛型，每种类型又分为有角羊和无角羊。细毛型成年羊体重公羊为 60～70 千克，母羊为 38～42 千克；剪毛量公羊为 7.5～8.5 千克，母羊为 4～5 千克，羊毛细度 70～80 支，毛长 7～10 厘米，净毛率 63%～68%；中毛型成年羊体重公羊为65～90 千克，母羊为 40～44 千克；剪毛量公羊为 8～12 千克，母羊为 5～6 千克，羊毛细度 60～64 支，毛长 7～13 厘米，净毛率 62%～65%；强毛型成年羊体重公羊为 70～100 千克，母羊为42～48 千克；剪毛量公羊为 8.5～14 千克，母羊为 5～6.5 千克，羊毛细度 58～60 支，毛长 9～13 厘米，净毛率 60%～65%。

5. 青海半细毛羊

青海半细毛羊对严酷的高寒环境条件具有良好的适应性，对饲养管理条件的改善反应明显。

该品种系采用复杂杂交方式育成。根据含罗姆尼羊血液的多少，分为罗茨新藏和茨新藏两个类型。二者比较，罗茨新藏型头稍宽短，体躯粗深，四肢稍矮，公、母羊都无角；茨新藏型虽含有 1/4 罗姆尼羊血液，但体型外貌近似茨盖羊，体躯较长，四肢较高，公羊多有螺旋型角，母羊无角或有小角。

成年公羊剪毛后体重 64.1～85.6 千克，母羊 35.3～46.1 千克；成年公羊平均剪毛量为 5.98 千克，母羊 3.10 千克。毛的细度为 48～58 支，以 50～56 支为主。成年公羊平均毛长 11.72 厘米，母羊 10.01

厘米。体侧毛净毛率平均为61%。羊毛呈明显或不明显的波状弯曲，油汗多呈白色或乳黄色。

6. 罗姆尼羊

产于英国东南部的肯特郡罗姆尼和苏塞克斯地区。以当地繁殖的体格硕大而粗糙的羊为母本，莱斯特公羊为父本杂交，经长期的精心选择和培育而成。具有早熟、生长发育快、放牧性强和被毛品质好的特性。

罗姆尼羊体质结实，公母羊无角，额颈短，体躯宽深，背部较长，前躯和胸部丰满，后躯发达。被毛呈毛丛-毛辫结构，白色，光泽好，羊毛中等弯曲，匀度好。蹄为黑色，鼻和唇为暗色，耳及四肢下部有皮肤色素斑点和小黑点。

我国饲养的罗姆尼羊，分别引自英国、新西兰和澳大利亚，其生产性能如下。

(1) 英国罗姆尼羊　成年羊体重公羊80千克，母羊41千克。剪毛量，成年公羊7千克，母羊3.5千克。毛长成年公羊13厘米，母羊11.5厘米。毛细50～60支，净毛率45.5%～53%。产羔率104.6%。

(2) 新西兰罗姆尼羊　成年羊体重公羊为77.5千克，母羊为43千克。剪毛量成年公羊7.5千克，母羊4千克。毛长成年公羊15厘米，母羊12.5厘米。毛细44～46支，净毛率58%～60%。产羔率106%。

(3) 澳大利亚罗姆尼羊　成年羊体重公羊为87千克，母羊43千克。剪毛量成年公羊7.23千克，母羊3.5千克。毛长公羊15.5厘米，母羊13厘米。净毛率60%。产羔率105.5%。

罗姆尼羊自引入我国后，同本地母羊杂交，以新西兰罗姆尼羊的利用效果较好，它参与青海高原半细毛羊、内蒙古半细毛羊、陵川半细毛羊、云南半细毛羊等品种和品种群的培育。

7. 考力代羊

考力代羊毛纤维粗细中等，长度适中，是毛纺工业纺制针织绒线或高级粗绒线的优良原料，也可加工成精梳或粗梳毛织品和工业用呢等。考力代羊是最早育成的美利奴羊和长毛种羊的杂交品种。该羊是肉、毛兼用品种，代表细毛羊和长毛种羊在性状上良好的结合，对于一般牧区和农区的生态条件，有良好的适应性。考力代羊毛为白色的同质毛，细度均匀度良好，品质支数 50～58 支（平均直径 25～31 微米）。毛丛结构平齐匀称，长度 10～14 厘米，手感松软，卷曲明显，富有光泽，净毛率 60%～80%，年剪毛量 4～6 千克/头。考力代羊公布很广，主要分布的国家有澳大利亚、新西兰、乌拉圭和阿根廷等。以乌拉圭占比重最高，约占饲养绵羊数量的 22%。在澳大利亚，考力代羊毛的产量仅次于美利奴羊毛，占第 2 位。中国曾在 20 世纪 30 年代和 40 年代引进考力代羊，1949 年后又陆续从新西兰和澳大利亚等国引进数量更多的考力代种绵羊，现在已有近万只种羊分布在黑龙江、吉林、辽宁、安徽、山东、四川、贵州等省。在育种方面，考力代羊已用作正在培育中的东北半细毛羊和安徽半细毛羊的主要父本。

8. 蒙古羊

蒙古羊属于粗毛绵羊品种。在中国数量最多、分布最广。原产蒙古高原。由于分布地区不同，外形和性能差异较大。一般公羊有螺旋形角，母羊多无角，体格中等，短脂尾。被毛多为全白色，或头、颈、四肢为黑色或褐色。产羔率 105%～110%。每年春、秋季剪毛 2 次，年平均剪毛量 1～1.5 千克。屠宰率 45%～50%。体质结实，适应性强，能耐粗放的管理。蒙古羊的分支有乌珠穆沁羊和巴音布鲁克羊。

9. 辽宁绒山羊

辽宁绒山羊原产于辽宁省东南部山区步云山周围各市县，属绒肉兼用型品种，因产绒量高、适应性强、遗传性能稳定、改良各地土种山羊效果显著而在国内外享有盛誉。现主要分布在盖州及其相邻的岫岩、辽阳、本溪、凤城、宽甸、庄河、瓦房店等地区。

辽宁绒山羊羊公、母羊均有角，有髯，公羊角发达，向两侧平直伸展，母羊角向后上方。额顶有自然弯曲并带丝光的绺毛。体躯结构匀称，体质结实。颈部宽厚，颈肩结合良好，背平直，后躯发达，呈倒三角形状。四肢较短，蹄质结实，短瘦尾，尾尖上翘。被毛为全白色，外层为粗毛，且有丝光光泽，内层为绒毛。

羊生产发育较快，1 周岁时体重 25～30 千克，成年公羊在 80 千克左右，成年母羊在 45 千克左右。据公羊屠宰前体重 39.26 千克，胴体重 18.58 千克，内脏脂肪 1.5 千克，屠宰率为 51.15%，净肉率为 35.92%。母羊屠宰前体重 43.20 千克，胴体重 19.4 千克，内脏脂肪

2.25 千克，屠宰率为 51.15%，净肉率为 37.66%。

辽宁绒山羊的初情期为 4～6 月龄，8 月龄即可进行第一次配种。适宜繁殖年龄，公羊为 2～6 周岁，母羊为 1～7 周岁。每年 5 月份开始发情，9～11 月份为发情旺季。发情周期平均为 20 天，发情持续时间 1～2 天。妊娠期 142～153 天。成年母羊产羔率 110%～120%，断奶羔羊成活率 95%以上。辽宁绒山羊冷冻精液的受胎率为 50%以上，最高可达 76%。

辽宁绒山羊因其优秀的品质被专家称作“纤维宝石”，是纺织工业最上乘的动物纤维纺织原料。羊绒细度平均为 15.35 微米，净绒率 75.51%，强度 4.59 克，伸直长度 51.42%，绒毛品质优良。

辽宁绒山羊种用价值高，在改良和提高我国各省（区）绒山羊品质方面起着至关重要的作用。

10. 奥伦堡山羊

原产于乌拉尔山地区，主要分布在俄罗斯乌拉尔山南部和东西两侧的奥伦堡洲和哈萨克斯坦的部分地区。奥伦堡山羊绒制成的头巾世界闻名。

奥伦堡绒山羊公、母羊均无角，90%被毛为黑色，其次为灰色或褐色，纯白者极少。成龄公羊体重 70 千克，平均产绒 300～400 克；成龄母羊体重 45 千克，平均产绒 403 克；绒细度平均为 16 微米，平均长度为 5～6 厘米。

三、裘皮用羊

1. 中国卡拉库尔羊

主要分布于新疆牧区等地。外貌特点是毛色，绝大部分为黑色。头稍长，耳大下垂。公羊多数有角，呈螺旋形，向外伸展；母羊多无角。胸深宽，四肢结实。尾肥厚，尾尖呈“S”状弯曲，下垂到飞节。

中国卡拉库尔羊的毛卷多数是平轴卷，剪毛量成年公羊 3 千克，成年母羊尾 2 千克。产羔率 105%～115%，屠宰率 51%。

中国卡拉库尔羊是我国培育的羔皮羊品种，主要由新疆、内蒙古的纯种卡拉库尔羊与库车羊、蒙古羊、哈萨克羊经高代杂交培育而成。新疆饲养该品种羊的草场主要为荒漠草场和低地草甸草场，内蒙古主要为荒漠和半荒漠草场，该品种羊适应性强，耐粗饲。

该品种羊头稍长，鼻梁隆起，耳大下垂，公羊多数有角，呈螺旋形向两侧伸展，母羊多数无角。胸深体宽，尻斜，四肢结实，尾肥厚。毛色主要为黑色、灰色和金色。被毛的颜色随年龄的增长而变化：黑色羊羔断奶后，逐渐由黑变褐，成年时被毛多变成灰白色、灰色，到成年时变成白色。

中国卡拉库尔羊的主要产品是羔皮，即生后 2 天以内屠宰剥取的皮。羔皮具有独特而美丽的轴形和卧蚕卷曲，花案美观漂亮。中国卡拉库尔羊除生产羔皮外，还具有多种产品，其产毛量较高，成年公羊产毛量为 3.0 千克，母羊为 2.0 千克。羊毛是编织地毯的上等原料，还可制毡、精呢和粗毛毯，中国卡拉库尔羊羊肉味鲜美，屠宰率高。成年公羊体重为 77.3 千克，母羊为 46.3 千克，屠宰率为 51.0％。

2. 滩羊

滩羊是著名的裘皮用绵羊品种，主要分布于宁夏等地和周边地区，是当地培育出来的优良品种。滩羊体格中等大小，结构结实，体质结实，头部清秀，鼻梁隆起。公羊有螺旋形外展的大角，母羊有小角或无角，背腰平直，脂肪尾，尾根部宽，向下逐渐变小呈三角形，四肢结实。体躯毛白色，头多为黑色、褐色或黑色、褐色、白色相间。

滩羊每年春秋剪毛 2 次，毛长 12 厘米，公羊平均剪毛 1.6～2.0 千克，母羊 1.5～1.8 千克。净毛率 44％～51％。产羔率90％～98％。成年公羊平均体重 44 千克，母羊 42 千克，屠宰率 38.3％。滩羊的裘皮利用价值高，但是产肉量低，有一些地区用萨福克等优良肉羊同滩羊杂交，提高产肉性能。

3. 中卫山羊

中卫山羊又称中卫裘皮山羊或沙毛皮山羊。主要产于宁夏回族自治区的中卫县，分布于宁夏、甘肃等地，现被引入到十几个省（区）。

中卫山羊体格中等大小，被毛纯白色，额部丛生弯曲的长毛，公母羊均有角，公羊角呈半螺旋形，母羊角呈小剪刀状。中卫山羊头部清秀，鼻梁平直，体短而深。四肢端正，背腰平直。成年公羊体重 30 千克，母羊 20.8 千克；公羊产绒 160 克，母羊产绒 140 克。中卫山羊的皮张属于沙毛皮，自然干面积 1200 平方厘米以上。

四、乳用羊

1. 萨能山羊

(1) 体型外貌　羊身体结实，结构匀称，乳用性明显；头长清秀，鼻直口方眼大，耳长而直立。母羊颈长、胸宽、背平、腰长、腹大而不下垂，尻部宽长，多为斜尻；乳房大，多为大圆形，质地柔软，乳头对称、大小适中。公羊头大颈粗，胸部宽深，背腰平直，腹部紧凑，外形雄伟，睾丸发育良好。公母羊四肢结实，肢势端正。被毛白色，部分羊头部、耳、鼻、唇、乳房等皮肤上有黑斑，大多数羊无角有髯，部分有肉垂。

(2) 生产性能　萨能山羊在1周岁前生长较快，1岁以后生长速度变慢，但仍能维持生长。1月龄内，日增重可达180克：2月龄后日增重降为100克；3～4月龄后，采食能力增强，对饲料消化吸收率提高，1周岁时，公、母羊体重分别可达54千克和34千克。成年公羊78千克，母羊47千克。另据测定，萨能羊屠宰率为49.7%，净肉率39.5%。

(3) 繁殖性能　萨能山羊性成熟早，繁殖率高，母羊初情和公羊性成熟一般在4～5月龄，公母羊多在8～10月龄配种。发情季节为每年8月份至翌年2月份，9～11月份发情最多，母羊发情周期平均21天，发情持续期28.5小时（16～40小时），排卵时间在发情后30小时，妊娠期约150天。产羔率，第1胎144%，第2胎190%，3～5胎超过200%。种羊的利用年限为6～7年。

2. 关中奶山羊

关中奶山羊是分布在陕西关中平原的土种山羊和杂种奶山羊与西农莎能奶山羊多年杂交培育的高代杂交类群，是我国培育的奶用山羊品种之一。关中奶山羊体质结实，乳用型明显，遗传性能稳定，产奶性能好，是一个较好的奶山羊品种。

(1) 体型外貌　关中奶山羊头长，额宽，眼大，耳长，鼻直，有的羊有角、有髯。颈下部有肉垂。母羊颈长胸宽，背腰平直，腹大不下垂，尻部宽长，倾斜适中。乳房大，呈圆形，乳头大小适中。公羊头大，颈粗，胸部宽深，腹部紧凑。四肢结实，蹄质坚实，蹄壁蜡黄色。部分羊耳、唇、鼻及乳房皮肤上有大小黑斑，老龄羊更盛。毛被白色，毛短，皮肤粉红色。

(2) 体尺及体重　关中奶山羊公羊体高 80 厘米左右，体长 85 厘米左右，体重 80 千克；母羊体高 70 厘米，体长 75 厘米，体重 48 千克。公羔体重平均为 3.2 千克，母羔平均为 3.1 千克。

(3) 生产性能　性成熟早、繁殖力强、多产双羔，平均泌乳期 8 个月左右，泌乳期产奶量 500～600 千克，乳脂率为 3.6%～3.8%。

① 产乳性能。关中奶山羊泌乳性能以 2～3 胎产奶量最高，第 1 胎中以第 3 个月泌乳量高，第 2、第 3 胎中以第 2 个月泌乳量高。奶山羊鲜奶成分：干物质占 12.8%，蛋白质占 3.53%，脂肪占 4.12%，乳糖占 4.31%，灰分占 0.48%。

② 繁殖性能。关中奶山羊公、母羊性成熟一般在 4～5 月龄。公、母羊多在 7～8 月龄配种。种羊利用年限为 5～7 年。妊娠期为 150 天。多产双羔，产羔率平均为 108%。

(4) 适应性　关中奶山羊适应于亚热带和温带气候，适于放牧或舍饲。耐粗饲，抗病力和适应性强。

五、兼用型羊

羊浑身是宝，任何品种羊都有兼用性，有的肉乳兼用，有的肉裘兼用，有的还具有多用性。在育种的方向上要突出增加多种生产性能。

小尾寒羊是我国优良的肉毛兼用型绵羊品种，种源主要分布在山东和河南两省，被业内专家誉为“中华国宝”、“世界奇羊”。小尾寒羊具有适应性强、耐粗饲、体型大、成年公羊体重 150～200 千克、产羔多、每胎 2～4 羔、饲养效益高的特点。近年来，国内许多地方均有引种，饲养效益显著。

小尾寒羊是我国地方优良品种，以梁山为中心产区，被誉为万能型的国宝、世界名珠，是任何一个绵羊品种无法比拟的。它具有个体大生长发育快、繁殖率高、耐粗饲、舍饲性能好、抗病能力强、适应性能好、肉用商品价值高等优点。

(1) 体型外貌　小尾寒羊体型匀称，体质结实。鼻梁隆起，耳大下垂。公羊头大颈粗，有较大螺旋形角；母羊头小颈长，有小角、姜角或角根。公羊前胸较深，髻甲高，背腰平直，体躯高大，侧视呈方形。四肢粗壮，蹄质结实。脂尾略呈椭圆形，下端有纵沟，尾长不超过飞节。毛白色、异质，有少量干死毛，少数个体头部有色斑，有的羊眼圈周围有黑色刺毛。根据被毛形态可分为裘皮型、细毛型和粗毛型三种，三者比例分别为52.89%、39.58%和7.53%。裘皮型小尾寒羊数量较多，体格较大，产羔率高，毛股清晰，花弯多而明显，花穗美观，制裘价值高；细毛型小尾寒羊毛细而密，毛股不清晰，花弯少，体质精致紧凑，体格较小，产肉好。粗毛型小尾寒羊数量较少，毛股花弯大，羊毛粗硬干燥，有较多的干死毛，体格大而骨骼疏松。

（2）生产性能　小尾寒羊生长发育快，产肉性能高，3月龄羔羊平均体重16.8千克，日增重300～450克，屠宰率平均50.6%。公母羊性成熟早，母羊3～6月龄即可发情，当年产羔。母羊发情多集中在春、秋两季，正常发育母羊1年2胎，1胎2～4羔，多者5～7羔。公羊雄性好，交配能力强，一般日交配2～4只羊。小尾寒羊可每年剪毛2次，公羊平均剪毛3.5千克，母羊2.1千克，毛被为异质毛，平均净毛率63.0%。

六、普通羊

1. 特克塞尔羊

（1）特克塞尔羊主要繁殖在荷兰。在19世纪中叶，由当地沿海低湿地区的一种晚熟但毛质好的母羊同林肯羊和来斯特公羊杂交培育成的。

（2）生产性能　公羊体重110～130千克，母羊70～90千克。剪毛量5～6千克，毛长10～15厘米，毛细50～60支。羔羊生长快，4～5个月龄体重可达40～50千克。屠宰率55%～60%。产羔率150%～160%。

英国将该品种作为生产肥羔的终端品种。20世纪60年代初法国曾赠送我国一对特克塞尔羊，饲养在中国农业科学院畜牧研究所。

2. 南丘羊

南丘羊为短毛型肉用绵羊品种，因原产于英格兰东南部丘陵地区而得名，原名叫丘陵羊。18世纪后期育成，为最古老的肉用羊品种，也是英国肉羊中肉质最好的品种。南丘羊适于丘陵山地放牧，利用饲料能力很强，性情温驯，是适于集约化管理的理想羊种，具有多胎性、早熟性、羔羊易育肥、肉质嫩等特点。该品种在欧洲各国、非洲、大洋洲、美洲主要养羊国家均有饲养。

（1）外貌特征　南丘羊毛色呈淡灰色，嘴、唇、鼻端为黑色，体格中等，公、母羊均无角。体呈圆形，颈短而粗，背平体宽，肌肉丰满，腿短。公羊体型中等，体重80～88千克，母羊体重60～88千克

（2）生产性能　成年公羊体重80～110千克，母羊60～80千克，胴体品质好，屠宰率60%以上，剪毛量2～2.5千克，毛长5～8厘米，毛细50～60支。产羔率100%～120%。

（3）品种利用　该品种曾对汉普夏、萨福克和道赛特等适于丘陵放牧品种的发展起过重要作用。但近年来，由于南丘羊体格较小，已竞争不过大型品种，数量下降。通常仅在肉用羊杂交中作终端杂交父系品种使用。公羊与雪洛普夏羊、汉普夏羊、牛津羊或美利奴羊杂交，所产羔羊肉肉质好。由于体小，现在作为生产肥羔的父系羊优势已经消失。

3. 哈萨克羊

哈萨克羊为中国三大粗毛羊品种之一，肉脂兼用，具有较高的肉脂生产性能。作为母系品种参与了新疆细毛羊和中国卡拉库尔羊品种的培育。该品种羊鼻梁隆起，耳大下垂，公羊具有粗大的角，母羊多数无角。背腰宽，体躯浅，四肢高，粗壮，脂肪沉积于尾根而形成肥大的椭圆形脂臀。哈萨克羊肌肉发达，后躯发育好，产肉性能高。成年公、母羊平均体重分别为60.0千克和45.0千克。屠宰率为4.90%左右。哈萨克羊被毛异质，腹毛稀短，毛色以全身棕褐色为主，纯白或纯黑的个体很少。成年公羊剪毛量平均为2.63千克，母羊1.88千克。

4. 长江三角洲白山羊

（1）主要分布在江苏南通、苏州、扬州，上海郊县和浙江的嘉兴、杭州等地，是我国生产笔料毛的山羊品种。

（2）公母羊均有角、有髯，头呈三角形，前躯窄，后躯丰满，背腰平直，被毛短而直，光泽好，羊毛洁白，弹性好。

（3）长江三角洲白山羊羊毛挺直有峰，是制作毛笔的优质原料。成年公羊体重28.6千克，母羊18.4千克，羯羊16.7千克，初生时公羔1.2千克，母羔1.1千克，当地群众喜吃带皮山羊肉。羯羊肉质肥

嫩，膻味小。所产板皮品质好，皮质致密、柔韧，富光泽。性成熟早，母羊6～7月龄可初配，经产母羊多集中在春秋两季发情。2年产3胎，初产每胎1～2羔，经产母羊每胎2～3羔，最多可达6羔，平均产羔率228.6%。

5. 科尔沁细毛羊

（1）分布和品种特征　科尔沁细毛羊是以当地蒙古羊为母本，新疆细毛羊、阿斯卡尼细毛羊、斯达夫细毛羊为父本，采用复杂杂交和引血提高等方法培育而成。1987年经自治区人民政府正式命名，1988年后导入澳美羊血液，羊毛品质有了显著提高。主要分布在通辽市的奈曼旗、科左中旗、开鲁等地。目前，品种数量已发展到25万只。

（2）生产性能　成年公羊毛长11.5厘米，产污毛11.46千克，成年母羊毛长9.48厘米，产污毛5.75千克，羊毛细度以64支为主，净毛率51.4%。

6. 西藏羊

西藏羊是我国古老的绵羊品种，数量多，分布广，原产于西藏高原，可分为草地型和山谷型，是我国三大粗毛羊品种之一。

（1）外貌特征　草地型和山谷型的外貌特征有较大差异。草地型体质结实，头部呈三角形，鼻梁隆起，公母羊均有角。前胸开阔，背腰平直，骨骼发育良好。四肢粗壮，蹄质坚实。体躯白色，头、肢杂色者居多。山谷型体格小，头呈三角形，鼻梁隆起。公羊大多有角，母羊大多无角或有小角。背腰平直，体躯呈圆桶状，尾短小呈圆锥形。

（2）生产性能　草地型西藏羊成年公、母羊体重分别为49.8千克和41.1千克，剪毛量分别为1.3千克和0.9千克。毛被属异质毛，干死毛重量比为2.5%。母羊1年产1胎，每胎大多产单羔。山谷型西藏羊成年公、母羊体重分别为19.7千克和18.6千克，剪毛量分别为0.6千克和0.5千克，毛色杂。

7. 雷州山羊

雷州山羊是我国广东省以产肉、板皮而著名的地方山羊品种，原产于雷州半岛一带，因此而得名。雷州山羊成熟早，生长发育快，肉质和板皮品质好，繁殖率高，是我国热带地区的优良山羊品种。

（1）外貌特征　雷州山羊毛色多为黑色，角蹄则为褐黑色，也有少数为麻色及褐色。麻色山羊除被毛黄色外，背部、尾及四肢前端多为黑色或黑黄色，有的面部有黑白纵条纹相间，或腹部及四肢后部呈白色的。雷州山羊面直，额稍凸，公、母羊均有角，公羊角粗大，角尖向后方弯曲，并向两侧开张。耳中等大，向两边竖立开张，颌下有髯。公羊颈粗，母羊颈细长，颈前与头部相连处较狭，颈后与胸部相连处逐渐增大。背腰平直，乳房发育良好，多呈球形。

（2）生产性能　雷州山羊体重，成年公羊平均为54.1千克，母羊平均为47.7千克，阉羊平均为50.8千克。雷州山羊屠宰率为50%～60%，肉味鲜美，纤维细嫩，脂肪分布均匀，膻味小。雷州山羊板皮，具有皮质致密、轻便、弹性好、皮张大的特点，熟制后可染成各种颜色。性成熟早，4月龄即可性成熟，11～12月龄即可初配，产羔率为150%～200%。根据体型将雷州山羊分为高脚种和矮脚种两个类型。矮脚种多产双羔；高脚种多产单羔。具有繁殖力强、适应性强、耐粗饲、耐湿热等特点。

8. 阿勒泰羊

阿勒泰羊主要产于新疆北部的福海、富蕴、青河等县，是哈萨克羊种的一个分支，以体格大、肉脂生产性能高而著称。

（1）体型外貌　体格大，体质结实。公羊具有大的螺旋形角，母羊中2/3有角。公羊鼻梁深，鬐甲平宽，背平直，肌肉发育良好。四肢高而结实，股部肌肉丰满，在尾椎周围沉积大量脂肪而形成“臀脂”，下缘正中有一浅沟将其分成对称的两半。母羊乳房大，发育良好。毛色主要为棕褐色，部分个体为花色，纯白、纯黑者少。

（2）生活习性　阿勒泰羊羔羊生长发育快，产肉能力强，适应终年放牧条件。夏季放牧于阿勒泰山的中山带，海拔1500～2500米，春秋季牧场位于海拔800～1000米的前山带及600～700米的山前平原，冬季牧场主要在河谷低地和沙丘地带。

（3）生产性能　阿勒泰羊属肉、脂兼用粗毛羊。生长发育快，适于肥羔生产。4个月龄公羔平均体重为38.9千克，母羔为36.7千克；1.5岁公羊为70千克，母羊为55千克；成年公羊平均体重为92.98千克，母羊为67.56千克。成年羯羊屠宰率52.88%，胴体重平均为39.5千克，脂臀占胴体重的17.97%。产羔率110.3%。阿勒泰羊春、秋各剪毛1次，平均剪毛量成年公羊为2千克，母羊为1.5千克；当年生羔羊为 0.4 千克。阿勒泰羊毛质较差，主要用于擀毡。

9. 成都麻羊

成都麻羊分布于四川成都平原及其附近丘陵地区，目前引入河南、湖南等省，是南方亚热带湿润山地陵丘的山羊品种，为肉乳兼用型。成都麻羊具有生长发育快、早熟、繁殖力高、适应性强、耐湿热、耐粗放饲养、遗传性能稳定等特性，尤以肉质细嫩、味道鲜美、无膻味及板皮面积大、质地优为显著特点。

(1) 外貌特征　头中等大小，两耳侧伸，额宽而微突，鼻梁平直，颈长短适中，背腰宽平，尻部倾斜，四肢粗壮，蹄质坚实呈坚实。体格较小，被毛深褐，腹下浅褐色，两颊各具一浅灰色条纹。具黑色背脊线。肩部亦具黑纹沿肩胛两侧下伸。四肢及腹部毛长。

(2) 生产性能　成年个体体高 0.59～0.68 米，体长 0.63～0.65 米，胸围 0.70～0.81 米，体重 29～39 千克。屠宰率为 46.9%～51.4%。4～5 月龄性成熟，12～14 月龄初配，常年发情，每年产两胎，妊娠期 142～145 天，一产的产羔率为 215%。母羊泌乳期为 5～8 个月，共产乳 70 千克左右。成都麻羊的板皮致密、张幅大、弹性好、板皮薄，深受国际市场欢迎。

10. 兰德瑞斯羊

兰德瑞斯羊产于芬兰，属于芬兰北方短脂尾羊。

(1) 外貌特征　公羊有角，母羊大多数无角，体格大，体长而深，但不宽，骨骼较细。

(2) 生产性能　该品种羊最大的特性是繁殖能力强，母羊平均每胎产羔 2～4 只。成年公羊体重 80～90 千克，母羊 60～70 千克。剪毛量公羊 2.5～4 千克，母羊 2～3 千克，毛长 14～19 厘米，羊毛细度公羊为 46～56 支，母羊为 44～58 支，羊毛匀度、光泽和弯曲良好，净毛率 64%～75%。产羔率在 300% 以上。在正常饲养管理条件下，5 个月龄羔羊体重可达 32～35 千克。由于该品种羊繁殖力强，全世界已有 20 多个养羊国家引入该品种羊，同当地 40 多个品种羊杂交，提高被改良品种的繁殖力，由每胎 1.3 只增至 1.9 只，提高 40.7%。

11. 杜泊羊

杜泊羊原产于南非，是驰名全球的优秀肉用绵羊。该品种表现了优良的品质特性及很好的种用价值。

（1）外形特点　体格大，体质好，体躯长、宽、深，形似圆桶状，肢短骨细；被毛纯白，头毛分黑、白色两种，多数羊初春后有自然脱毛现象，全身底毛为覆盖毛紧贴皮肤。

（2）生长发育　经济早熟是杜泊羊的最大优点。中等以上营养条件下，羔羊初生重4～5.5千克，断奶重34～45千克，哺乳期平均日增重350～450克；周岁公羊体重80～85千克，母羊60～62千克，成年公羊体重100～120千克，母羊85～90千克，周岁前以高、长增长最快，1～1.5岁主要是宽、深增长，胸围很大。

（3）产肉性能　杜泊羊以产肥羔肉特别见长，胴体肉质细嫩、多汁、色鲜、瘦肉率高，被国际誉为“钻石级肉”。4月龄屠宰率51%，净肉率45%左右，肉骨比9.1∶1，料重比1.8∶1。

（4）产毛性能　年剪毛1～2次，剪毛量成年公羊2～2.5千克，母羊1.5～2千克，被毛多为同质细毛，个别个体为细的半粗毛，毛短而细，春毛6.13厘米，秋毛4.92厘米，羊毛主体细度为64支，少数达70支或70支以上；平均净毛率50%～55%。

（5）繁殖性能　公羊5～6月龄性成熟，母羊5月龄性成熟；公、母羊分别为12～14月龄和8～10月龄体成熟；情期受胎率大群初产母羊58%，经产母羊66%，两个情期受胎率可达98.4%；妊娠期平均148.6天，产羔率平均177%，羔羊断奶成活率大群平均97.2%，其中单胎羔为100%；杜泊羊为常年发情，在陕南多在8月份至翌年4月份发情，集中于8～12月份，产羔间隔8个月，可2年3产。该品种具有很好的保姆性与泌乳力，这是羔羊成活率高的重要因素。

（6）适应性　杜泊羊被推广到全国各地的温带各气候类型，都表现出了良好适应性，耐热抗寒，耐粗饲，唯因体宽腿短，30°以上坡地放牧稍差，但在较平缓的丘陵地区放牧采食和游走良好。

（7）种用价值　杜泊羊遗传性很稳定，无论纯繁后代或改良后代，都表现出极好的生产性能与适应能力，特别是产肉性能，是目前我国引进和国产肉用绵羊品种不可比拟的。该品种皮质优良，也是理想的制革原料。

12. 欧拉羊

欧拉羊产于甘南州玛曲草原，是藏系绵羊种。体型高大，成年公羊体重75千克，母羊重60千克，远大于一般羊种。耐高寒，生长快，肉质细腻，肉味鲜美。

（1）品种特点　欧拉羊体格高，体重大，肉脂性能好，对高寒草原的低气压、严寒、潮湿等自然条件和四季放牧、常年露营放牧管理方式适应性很强。欧拉羊头稍长，呈锐三角形，鼻梁隆起，公、母羊绝大多数有角，角形呈微螺旋状向左右平伸或略向前，尖端向外。四肢高而端正，背平直，胸、臀部发育良好。尾呈扁锥形，尾长13～20厘米。被毛纯白者不多。根据赵有璋等（1977年）的研究，在2242只母羊中，全白者占0.67%，体白者占11.95%，体杂者占86.44%，全黑者占0.94%。

（2）生产性能

① 产肉性能。6月龄公羊平均体重35.14千克，母羊31.44千克；1.5岁公羊平均体重48.09千克，母羊为52.76千克；成年公羊平均体重66.82千克，成年母羊52.76千克。1.5岁羯羊胴体重18.05千克，内脏脂肪重0.74千克，屠宰率47.81%；成年母羊胴体重25.83千克，内脏脂肪重2.15千克，屠宰率48.1%；成年公羊胴体重30.75千克，内脏脂肪重2.09千克，屠宰率54.19%。

② 产毛性能。欧拉羊被毛稀，死毛多，头、颈、尾、腹和四肢均覆盖短刺毛。在成年母羊的毛被中，无髓毛占39.03%，两型毛占25.44%，有髓毛占7.41%，死毛占28.12%。剪毛量成年公羊平均1.0千克，成年母羊为0.86千克，净毛率76%。

③ 繁殖性能。欧拉羊繁殖率不高，每年产羔1次，在多数情况下每次产羔1只。

13. 金蒙黄羊

金蒙黄羊是采用国外优良原种黄羊和国内蒙藏优良羊杂交提纯、优选而成的优质新品种，也是我国肉用性能最好的山羊新品种，是国家重点推广的品种。金蒙黄羊抗寒、抗热、抗病能力强，适于圈养、放养。

（1）外貌特征　金蒙黄羊分无角和有角两种类型，被毛呈黄褐色、光亮，毛短，被毛内层有少量绒毛，背部有黑色背直粗线。全身结构紧凑，前胸广大而圆深，背腰平直，体躯呈长方形，体格较大，比同龄地方品种重86%以上。

（2）生产性能

① 繁殖力。金蒙黄羊抗病力强，耐粗饲，适应能力强，而且成熟早，生长快，四季发情，繁殖率高，每年产两胎，每胎产羔2～4只，最多6只。泌乳好，母羊护羔母性好，羔羊成活率高。金蒙黄羊生长快，出生4～6个月体重可达到40千克，精心饲养4个月即可出栏。

② 产毛性能。金蒙黄羊皮张透气性能好、不掉毛、排湿抗寒、耐热、耐退化、色泽好、细致光洁、厚薄均匀、强度高、弹性好，是制革出口的上等优质原料，毛是加工毛笔的优质原料。

③ 产肉性能。金蒙黄羊经有关部门鉴定，属绿色保健肉食品，其肉无膻味、氨基酸种类齐全，肉质细嫩鲜美，低脂肪，高蛋白，高钙，胆固醇含量低，含铁量高，并含有很多能燃烧体内脂肪的肉毒碱，常吃有利于人们减肥。经日本专家试验证明，肉毒碱还有提高神经传导物质乙酰胆碱生长的作用，具有防止脑老化的功效，是人们所必需的最佳保健肉食品，也是中老年的最佳补品。

14. 乌骨羊

乌骨羊是湖南省的珍稀名特优地方畜种，主要产于云台溶洞群一带，这里属典型的喀斯特地貌，在特殊的自然生态环境和特定条件下，经过长期自然繁育而成的。该羊的毛、皮、骨、唇舌、口腔均呈黑色，这一新的发现，填补了我国史书乌骨羊无记载的一项空白，是羊中的极品。

(1) 生活习性　乌骨羊具有适应性强，食性广，耐粗饲，可吃各种杂草、树枝叶、秸秆、秧蔓、牧草等各种粗饲料。该羊生长发育快，个体大，成年羊可达90千克以上。性成熟早，初怀期5～6月龄，发情周期平均21天，妊娠期平均148天，每窝一般产羔2只，产后发情平均20天。

(2) 药用价值　乌骨羊肉质鲜美，黑色素含量丰富，具有滋阴补阳的双重保健功能。肉：益气补虚，用于腰膝酸痛。骨：祛风止痛，用于风湿、四肢麻木等。羊胎盘可益肾、壮阳、补虚、调经，产后滋补有特效。另外，心、肝、胆、血、肾、甲状腺等均可入药。所以乌骨羊全身都是宝，具有向药品、营养保健品深层次开发的趋势，未来具有不可估量的价值。

(3) 养殖前景　养殖乌骨羊经济效益高，饲料成本低。由于该品种羊稀有珍贵，产品供不应求。每只羊售价3000～5000元，而且还是有价无货。养殖乌骨羊已成为一个新型短、稳、快、高收入的致富好项目。

15. 建昌黑山羊

（1）产地　建昌黑山羊产于四川会理、会东县。

（2）体型外貌　体格中等，结构匀称，公母羊大多有角，有髯，被毛大多为黑色，光泽好，少数为白色、黄色和杂色。毛被内层长有绒毛。

（3）生产性能　成年公羊平均体重31.1千克，母羊28.9千克，2月龄断奶公羔7.1千克，母羔7.14千克，周岁公羊体重相当于成年时的71.6%，周岁母羊相当于成年时的76.4%，周岁羯羊宰前体重22.1千克，屠宰率45.1%。板皮厚薄均匀，富有弹性。该羊4～5月龄性成熟，7～8月龄初配，母羊年产一胎，产羔率平均116.0%。

16. 板角山羊

（1）产地　产于四川东部的万源、城口、巫溪、武隆等县，是肉用性能好的优良山羊品种。

（2）体型外貌　公母羊均有角、有髯，体躯呈圆桶状，肋骨弓张良好，背腰平直，四肢粗壮，毛色以白色为主，少数为黑色和杂色。

（3）生产性能　板角山羊产肉性能好，成年公羊平均体重40.5千克，母羊30.3千克，2月龄断奶公羔9.7千克，母羔8.0千克，成年羯羊宰前体重38.9千克，屠宰率55.7%。板皮弹性好，质地致密，张幅大。6～7月龄性成熟，一般2年产3胎，高山寒冷地区1年产1胎。平均产羔率为184.0%。

17. 陕南白山羊

（1）产地　产于陕西南部地区。

（2）体型外貌　头大小适中，鼻梁平直，胸部发达，背腰长而平直，四肢粗壮，以白色为主，少数为黑、褐色或杂色。

（3）生产性能　陕南白山羊成年公羊体重33.0千克，母羊27.3千克，6月龄羯羔体重相当于成年的51.5%。各龄羊屠宰率和净肉率都高，肉质细嫩，膻味小。板皮致密且富有弹性，还有一定的产毛和产绒能力。性成熟早，8～12月龄可初配，产羔率平均259.0%。

18. 隆林山羊

（1）产地　主产于广西壮族自治区的隆林县

（2）体型外貌　隆林山羊体格健壮、结构匀称、身长体大，体躯近似长方形，肋骨弓张良好，后躯比前躯略高。头大小适中，母羊鼻梁较平直，公羊鼻梁稍隆起。公母羊均有须髯，耳大小适中，耳根较厚，耳尖较薄。公母羊均有角，幼龄时角呈圆形，成年后略呈扁形，并向上向后向外呈半螺旋状弯曲，也有少数呈螺旋状弯曲的。角有黑色、石膏色两种，即白羊角呈石膏色，其他毛色的羊角呈黑色。颈粗细适中，公羊颈略粗于母羊。

（3）生产特点　生产发育快，羔羊初生平均体重为2.19千克；6月龄育成公羊为21.05千克；母羊为17.06千克；周岁母羊为27.8千克；成年公羊平均体重为52.5千克，成年母羊为40.29千克；成年阉羊为72千克。肌肉丰满，胴体脂肪分布均匀，肉质嫩而味美，无膻味。繁殖性能较强。年平均繁殖力为1.66胎；性成熟在5月龄左右，母羊一般到8月龄开始配种，小公羊正式被利用配种多在9月龄左右。适应性强，耐寒耐热。

（4）现状　隆林山羊是一个优良的地方品种，数量多，体格硕大，繁殖力强，生长迅速，屠宰率高，目前在主产地建有保种场，主要利用其遗传特点进行杂交改良，向肉乳兼用型发展。

19. 苏尼特羊

（1）产地　内蒙古，主要产于苏尼特左、右旗境内，地处蒙古高原南部，地貌类型由高原、平原、丘陵、沙地和湖盆低地组成。

（2）品种特点　该羊具有抗寒、抗旱、耐粗饲的特点。6月龄羯羊平均体重达38千克，出肉13千克。成年羯肉胴体重一般在34千克左右，净肉达28千克。苏尼特羊不仅体格大，产肉多，而且因经常采食丛生禾本科和各类牧草，使得羊肉肉质鲜嫩多汁，无膻味，而且有胴体丰满、色泽鲜美、细嫩，肉层厚实紧凑，高蛋白，低脂肪，瘦肉率高，肌间脂肪分布均匀，富有人体所需各种氨基酸和脂肪酸，容易消化等优点，是制作"涮羊肉"的最佳原料，历来是北京东来顺饭庄羊肉之上等原料，得到国内外广大消费者的高度评价和喜爱。据专家测定，苏尼特羊肉中，人体所必需的几种主要氨基酸含量明显高于其他羊肉。

（3）现状　苏尼特羊是在半荒漠草原生态环境下长期繁育而成的地方良种。1997年内蒙古自治区人民政府正式命名，并于1986年被锡林郭勒盟技术监督局批准为地方良种。

20. 乌珠穆沁羊

(1) 产地 乌珠穆沁羊产于内蒙古自治区锡林郭勒盟东部乌珠穆沁草原，故以此得名。该羊主要分布在东乌珠穆沁旗和西乌珠穆沁旗，以及毗邻的锡林浩特市、阿巴嘎旗部分地区。乌珠穆沁羊属肉脂兼用短脂尾粗毛羊，以体大、尾大、肉脂多、羔羊生产发育快而著称。乌珠穆沁羊是在当地特定的自然气候和生产方式下，经过长期的自然和人工选择而逐渐育成的。

(2) 外形特征 乌珠穆沁羊体质结实，体格大。头中等大小，额稍宽，鼻梁微隆起。公羊大多无角，少数有角，母羊多无角。胸宽深，肋骨开张良好，胸深接近体高的1/2，背腰宽平，后躯发育良好。肌肉丰满，结构匀称。四肢粗壮，有小脂尾。毛色以黑头羊居多，约占6.2%，全身白色者约占10%，体躯花色者约11%。

(3) 生产性能 乌珠穆沁羊的饲养管理极为粗放，终年放牧，不补饲，只是在雪大不能放牧时稍加补草。乌珠穆沁羊生长发育较快，2.5～3月龄，公、母羔羊平均体重为29.5千克和24.9千克；6个月龄的公、母羔平均达40千克和36千克；成年公羊60～70千克，成年母羊56～62千克，平均胴体重17.90千克，屠宰率50%，平均净肉重11.80千克，净肉率为33%；乌珠穆沁羊肉水分含量低，富含钙、铁、磷等矿物质，肌原纤维和肌纤维间脂肪沉淀充分。产羔率低，仅为100%。

乌珠穆沁羊适于终年放牧饲养，具有增膘快、蓄积脂肪能力强、产肉率高、性成熟早等特性。适于利用牧草生长旺期放牧育肥，或有计划地肥羔生产。同时，乌珠穆沁羊也是做纯种繁育胚胎移植的良好受体羊，后代羔羊体质结实，抗病能力强，适应性较好。

21. 湖羊

(1) 来源 湖羊源于北方蒙古羊，南宋时期随北方移民南下，带入太湖地区饲养、繁衍，到清代已培育形成一种独特的羔皮用绵羊品种。湖羊以生长快、成熟早、四季发情、多产多胎、所产羔羊皮花美观而驰名于世，是我国特有的羔皮品种，也是世界上少有的白色、平毛波浪形花纹的羔皮品种。

(2) 外貌特征 头型狭长，鼻梁隆起，耳大下垂，公母羊均无角，颈、躯干、四肢细长，肩胸不发达，背腰平直，尾为扁圆形短脂尾，全身被毛白色，是世界上目前唯一的白色羔皮用羊品种。

（3）生活习性　由于产于江南，适合潮湿、多雨的气候，和常年小圈喂养的独特饲养管理条件，具有极强的适应能力。

（4）繁殖性能　性成熟早，母羊4～5月龄就能发情配种，四季发情，但配种多集中于春末和秋初。繁殖率高，平均产羔率228.92%，年产2胎，每胎2只羔以上。

（5）产毛性能　湖羊每年春、秋两季剪毛，平均剪毛量成年公羊1.25～2千克，成年母羊2千克，羊毛属异质毛型，适宜织地毯和粗呢绒。羔羊生后1～2天内宰杀剥制、加工的羔皮（小湖羊皮）质量最优，毛纤维束弯曲呈水波纹花案，弹性强，洁白美观，是制作皮衣的优质原料，因此誉为“软宝石”并驰名中外。

22. 格劳玛克羊

（1）产地与分布　该品种原产澳大利亚新南威尔士州。

（2）育成简史　1965年开始杂交工作，采用边区莱斯特公羊与考力代母羊交配，杂交开始时，选择本身是双胎或三胎的边区莱斯特公羊与新南威尔士北部山区选择的430只考力代母羊杂交，一代进行自群繁育，由400只基础母羊群和三个品系的公羊组成试验群，每个品系有2～3只公羊，用来配种的均不超过2岁，目的在于缩短世代间隔，加速遗传进展。三个品系是通过双胎的公羊来提高产羔率；通过选留剪毛量高的公羊，以提高剪毛量；选留体长个大的公羊，以提高肉用性能，其后代胴体中含脂肪少。

（3）品种特性　该品种为肉毛兼用型半细毛羊，肉、毛品质均好，可以获得双重羊产品。羔羊生长发育快、易肥育、体格大，同时便于大群管理。该品种羊分娩时难产少，羔羊成活率高，生长发育快，肉质好，体表脂肪少，胴体大，适合肥羔羊生产。

（4）生产性能　格劳玛克羊的选择主要在公羊进行有关性状的直接选择，主要按照以下指标评定个体：断奶体重单羔35千克，双羔28千克，周岁体重60千克，2岁体重90千克。羊毛细度30微米，毛长12～15厘米，剪毛量5千克以上。净毛率70%，双羔率70%。羔羊由初生到4月龄间日增重，单羔公羊为255克，双羔公羊为185克。68千克重的公羊，第12肋骨部分的脂肪平均厚度为3.2毫米。

23. 波德代羊

(1) 产地与分布 主要产于新西兰，现分布于澳大利亚等地。

(2) 育成简史 1930年以来，在新西兰南岛用边区莱斯特公羊与考力代母羊杂交，在一代杂种中严格进行选择，横交固定至4～5代，经培育成为新品种。波德代羊品种协会于1972年成立，1998年全新西兰登记注册的波德代羊有51.6万只。

(3) 品种特性 波德代羊被毛白色，体格中上等，体躯长而宽平，后躯丰满，脸部及四肢下部无被毛覆盖。波德代羊适应性强，耐干旱、耐粗饲，母羊难产少，同时羔羊成活率高，早熟，合群性好，普遍受到养羊者的欢迎。

(4) 生产性能 成年公羊体重85～95千克，成年母羊50～60千克；成年公羊剪毛量7～8千克，成年母羊4～5千克；毛长10～15厘米，细度30～35微米，净毛率70%。波德代羊母羊泌乳量高，羔羊生长发育快，所产肥羊胴体大、肉用品质好，母羔8月龄可长到45千克。产羔率110%～130%，最高可达180%。

(5) 利用情况 2000年1月份甘肃省引入的波德代羊是我国第一次引入，放在甘肃省永昌肉用种羊繁育饲养，根据1年多的观察研究，波德代羊适应性良好。据2001年测定，2岁公羊体重为118.37千克，母羊为75.84千克，剪毛量公羊为8.2千克，母羊为5.12千克，羊毛生长和羊毛品质良好。抗病力强，生理生化指标都在正常范围之内。

24. 贵州白山羊

(1) 产地 原产于黔东北乌江中下游的沿河、思南、务川等县，分布在贵州遵义、铜仁两地，黔东南苗族侗族自治州、黔南布依族苗族自治州也有分布，目前总数已超过100万只。贵州白山羊是一个古老的山羊品种。在汉代以前，饲养山羊已成为当地的主要家畜，产区群众长期以来就有喜食羊肉的习惯，在当地生态经济环境的影响下，经劳动群众长期选育形成了产肉性能好的优良地方山羊品种。

(2) 体型外貌 头宽额平，公、母羊均有角，颈部较圆，部分母羊颈下有一对肉垂，胸深，背宽平，体躯呈圆桶状，体长，四肢较矮。毛被以白色为主，其次为麻、黑、花色，毛被较短。少数羊鼻、脸、耳部皮肤上有灰褐色斑点。

（3）生产性能　贵州白山羊周岁公羊平均体重为19.6千克，周岁母羊为18.3千克；成年公羊体重32.8千克，成年母羊为30.8千克。贵州白山羊肉质细嫩，肌肉间有脂肪分布，膻味轻。一般在秋、冬两季屠宰。周岁羯羊平均活重24.11千克，胴体重11.45千克，内脏脂肪重1.40千克，净肉重8.83千克，屠宰率53.30%，胴体净肉率68.72%；成年羯羊平均活重47.53千克，胴体重23.36千克，内脏脂肪重4.27千克，净肉重19.02千克，屠宰率57.92%，胴体净肉率69.09%。

贵州白山羊性成熟早，公、母羔在5月龄即可发情配种，但一般在7～8月龄才配种。常年发情，1年产2胎，从1～7胎（4岁左右）产羔率逐渐上升，为124.27%～180%，品种平均产羔率273.6%，年繁殖存活率为243.19%。

25. 林肯羊

原产于英国东部的林肯郡，1750年开始用来斯特公羊改良当地旧型林肯羊，经过长期的选种、选配和培育，于1862年育成。

（1）外貌特征　林肯羊体质结实，体躯高大，结构匀称。头较长，公、母羊均无角。胸部宽深，肋骨弓张良好，背腰平直，后躯丰满。鼻镜和蹄为黑色，耳及四肢下部有皮肤色素斑点。前额有一绺毛，毛色全白，毛被呈毛辫结构，有丝样光泽，大弯曲，匀度及油汗正常，腹毛良好。

（2）生产性能　成年公羊体重120～140千克，成年母羊70～90千克。剪毛量成年公羊8～10千克，成年母羊5.5～6.5千克，净毛率60%～65%。毛被呈辫形结构，有大波状弯曲和明显的丝样光泽，毛长20～30厘米，细度36～40支。产羔率120%。胴体重，成年公羊平均为82.0千克，成年母羊为51.0千克。4月龄肥育羔羊胴体重，公羔为22.0千克，母羔为20.5千克。

（3）利用情况　林肯羊曾经广泛分布于世界各地，目前饲养林肯羊最多的国家是阿根廷。与其他长毛种早熟肉用品种羊相比，林肯羊对饲养管理条件要求比较高，要求繁殖力的条件高，全年要有均衡的青绿饲料和湿润的气候条件。该羊毛被粗而长，丝样光泽，品质好。产肉性能也高，遗传性稳定，杂交改良效果显著，应加强对本品种资源的保存并充分发挥其效能。

26. 马头羊

马头羊是在全国畜禽品种资源调查中新发掘的优良肉用型山羊品种。因该羊无角、头似马头，群众称马羊而定名，已被农业部列为“九五”期间国家重点推广的畜禽良种之一。

（1）体型外貌　马头羊体型高大，躯体较长，胸部深厚，胸围肥大，行走似马。一般周岁羊体重 25～30 千克；成年公羊体重40～50 千克，重的可达 60 千克以上；一般成年母羊体重为 35～40 千克，重的可达 55 千克。马头羊繁殖力强，一般 6～7 月龄开始配种，产后第一次发情为 18～24 天，持续 2～4 天，发情周期为17～21 天，平均为 18 天。怀孕期为 147～151 天；一般 2 年 3 胎，或 1 年 2 胎，每胎产 1～4 羔，平均胎羔 1.83 只。

（2）利用情况　马头羊屠宰率高，母羊出肉率为 49.3%，羯羊可达 53.3%，且脂肪分布均匀，肉质细嫩，味道鲜美，膻气小，蛋白质含量高，脂肪和胆固醇含量很低。马头羊卷羊肉是我国出口创汇的拳头产品，在国际市场上享有很高的声誉，远销伊拉克、叙利亚、黎巴嫩和科威特等国家。马头羊皮张质地柔软，皮质洁白，韧性强，张幅面积大，用途广，经济价值较高。

第三章 羊的繁殖技术

搞好繁殖是品种利用的重要手段。羊的繁殖受遗传、营养、年龄及光照、温度等外界环境条件的影响。要想提高羊的繁殖力，不仅要通过选种选配，选留多胎母羊，以改变其遗传性，而且必须提高繁殖技术，加强饲养管理，并实施配套的综合技术措施来实现羊的多产、优产。

第一节 羊的生殖生理

一、性成熟和体成熟

羊生长发育到一定的年龄，生殖器官已基本发育完全，具备了繁殖的能力，这个时期叫做性成熟。具体表现就是公羊开始具有正常的性行为，母羊开始出现正常的发情并排出卵子。羊到了性成熟时期才具备生殖能力。但是性成熟时并不意味着可以配种，这一时期山羊为3～5月龄，公母羊还没有达到体成熟，如果早配种，一方面阻碍了其本身的生长发育，另一方面生育能力较低，严重影响了后代的体质和生产性能。

羊性成熟后，羊本身的正常发育仍在继续进行，经过一段时间之后，才能达到体成熟，才具备了成年羊所应有的形态和结构。一般5～8月龄达到体成熟。作为良种后代的波尔山羊与本地羊杂交一代，性成熟和体成熟都很迟，6月龄左右出现性行为，体成熟在10月龄左右，为此在羊体成熟时就应该适时配种，以提高羊的生产力和养羊的经济效益。

二、发情与发情周期

母羊达到性成熟年龄时，卵巢出现周期性排卵现象，随着每次排卵，生殖器官也发生了周期性的系列变化，周而复始地循环，直至性衰退以前，通常把母羊有性行为的初期叫发情，把2次排卵之间的时间，整个机体和生殖器官发生的复杂生理过程，称发情周期。山羊的发情周期为18～21天，平均为20天。根据母羊发情生理上的变化，将发情周期分为以下几个阶段。

1. 发情前期

卵巢内的黄体萎缩，新卵泡开始发育，但还小，此时母羊没有性欲表现。阴道检查，子宫颈口不完全开张，几乎无分泌物。

2. 发情期（发情盛期）

发情期也是母羊发情鉴定适时配种的一个主要时期。母羊开始出现强烈的性兴奋，卵巢上卵泡发育增快直至成熟、排卵。阴道检查：阴唇肿胀、充血潮红，腺体分泌加强，子宫颈口完全开张，充满黏液，其颜色清而亮，并从阴道排出。此时母羊表现为极度兴奋，情绪不安，不断地哞叫、爬墙、顶门或站立不停地摆动尾巴，手压臀部摆尾更凶，吃草喝水反刍明显减少，喜欢接近公羊，接受爬跨，同时也爬跨其他羊只。总之，母羊的发情鉴定表现可归纳为四句话：食欲不振精神欢，公羊爬跨不动弹，叫唤摆尾外阴红，分泌黏液稀变黏。以上表现随着卵子的排出，由弱到强，由强到弱，此时输精员应掌握好时期，及时、适时地进行配种。山羊发情持续约为40小时，从发情到配种时间为12～36小时。

3. 发情后期

这时排卵后的卵泡内黄体开始形成，发情期间生殖道发生的一系列变化逐渐消失，恢复原状，性欲明显减退。阴道检查：子宫颈口收缩，周围黏液呈黄色且量少。

4. 休情期（也称间情期）

休情期指发情过后到下一情期到来之前的一段时间，母羊精神状态正常。

另外，本地山羊大部分在产后20～40天发现产后初情，子宫体复原快的山羊20天后可以配种，一般都在出月以后进行。

三、妊娠期

羊的妊娠期是147～153天，平均150天，正常情况下，母羊配种怀孕后，食欲增加，增膘较快，比较温顺，1个月后阴户干燥收缩。

然后计算预产期，以便提前做好接羔的准备工作。

预产期的推算：配种月份加 5，日期减 4 或 2（妊娠期经过 2 月份）。母羊自发情接受输精或交配后，精卵结合形成胚胎开始到发育成熟的胎儿出生为止，胚胎在母体内发育的整个时期为妊娠期。妊娠期间，母羊的全身状态特别是生殖器官相应地发生一些生理变化。母羊的妊娠期长短因品种、营养及单双羔因素有所变化。一般山羊妊娠期略长于绵羊。山羊妊娠期正常范围为 142～161 天，平均为 152 天；绵羊妊娠期正常范围为 146～157 天，平均为 150 天。

1. 妊娠母羊的体况变化

（1）食欲　妊娠母羊新陈代谢旺盛，食欲增强，消化能力提高。

（2）体重　因胎儿的生长和母体自身重量的增加，怀孕母羊体重明显上升。

（3）体况　怀孕前期因代谢旺盛，妊娠母羊营养状况改善，表现毛色光润、膘肥体壮；怀孕后期则因胎儿急剧生长消耗母体营养，如饲养管理较差时，妊娠母畜则表现瘦弱。

2. 妊娠母羊生殖器官的变化

（1）卵巢　母羊怀孕后，黄体在卵巢中持续存在，促使发情周期中断。

（2）子宫　妊娠母羊子宫逐渐膨大生长和扩展，以适应胎儿的生长发育。

（3）外生殖器　怀孕初期阴门紧闭，阴唇收缩，阴道黏膜颜色苍白。随妊娠时间的进展，阴唇表现水肿，其水肿程度逐渐增加。

3. 妊娠母羊体内生殖激素的变化

母羊怀孕后，首先是内分泌系统协调孕激素的平衡，以维持正常的妊娠。妊娠期间，几种主要孕激素变化和功能如下。

（1）孕酮　孕酮是卵泡在促黄体素作用下导致排卵，在破裂卵泡处生成黄体，而后受生乳素的刺激释放的一种生殖激素，又称黄体酮。孕酮与雌激素协同发挥作用，是维持妊娠所必需的生殖激素。

（2）雌激素　雌激素由卵巢释放，继而进入血液，通过血液中雌激素和孕酮的浓度来控制脑下垂体前叶分泌促卵泡素和促黄体素的水平，从而控制发情和排卵。雌激素也是维持妊娠所必需的生殖激素。

四、羊的繁殖生理特点

1. 初配年龄

性成熟是指羔羊出生后，随日龄增长，性器官已发育成熟，公羔有性行为，母羔有发情表现，此时令其配种即能受孕并产生后代。小尾寒羊的性成熟年龄为5～7个月龄。小尾寒羊达到性成熟年龄并不等于身体各部分发育成熟，如果此时进行配种产羔，对交配公、母羊的发育和后代品质都有不良影响。因此，第一次配种繁殖年龄什么时候比较合适，应根据交配公母羊的发育状况决定。如果饲养管理条件好，羊只生长发育和健康状况不错，配种时母羊体重达到成年母羊秋季最高体重的70%以上时进行配种繁殖效果比较理想。

2. 发情与排卵

发情为母羊在性成熟以后所表现出来的一种周期性的生理变化现象。母羊发情后，有以下表现特征。

(1) 性欲　性欲是母羊愿意接受公羊交配的一种表现。母羊发情时，一般不拒绝公羊接近或爬跨，或主动接近公羊并接受公羊的爬跨交配。在发情初期，性欲表现不很明显，以后逐渐显著。排卵以后，性欲逐渐减弱，到性欲结束后，母羊则拒绝公羊接近或爬跨。

(2) 性兴奋　母羊发情时，精神状况发生变化，表现为兴奋不安，鸣叫，摇尾，行为表现异常，采食下降。

(3) 生殖道变化　外阴部充血肿大，柔软而松弛，阴道黏膜充血发红，子宫颈也充血，发情初期有少量分泌物，中期黏液较多，后期分泌物黏稠。小尾寒羊发情持续期为30小时。

(4) 排卵　排卵是指从卵泡中排出卵子，一般都在发情后期，排卵时间在发情开始后12～26小时内。小尾寒羊在一个发情期中一般排卵1～4个，多的可达10个。

3. 配种季节

多数羊种发情季节在春秋两季，随着气候和品种的不同也有常年发情的。小尾寒羊全年发情，1年可产2胎或2年3胎。公羊没有明显的配种季节，但精液的产生及其特征的季节变化是很明显的。公羊的精液质量，一般秋季最好，而春夏两季其质量往往下降。

一年中具体配种时间的确定，应根据计划的产羔次数和产羔时间而定。若要1～2月份产羔，就要在上一年的8～9月份配种；若要3～4月份产羔，就应在上一年的10～11月份配种。

适宜的配种季节：春季4月末至5月份，秋季10月末至11月份是最适宜的配种季节，这样产羔的时间分别为9月末和10月份，以及翌年的2月末及3月份，既避开了炎热的季节配种，又不在严冬季节产羔；既提高了受胎率，又能提高成活率。

第二节　配种方法

一、配种时机

母羊发情持续期2天左右，但个体间差异较大。初次发情时间较短，随着年龄的增加而增加，但老母羊发情持续期又变短，范围为8～60小时。一般是在发情结束前后的几小时内排卵。成熟的卵在输卵管中的存活时间为4～8小时。公羊的精子在母羊生殖道内受精作用最旺盛的时间为24小时左右。为了使精子和卵子得到充分结合的机会，最好在排卵前数小时内交配，比较适宜的时机是发情中期，但是实际上很难做到，因此发情期内多次交配。由于发情周期是在10～29日之间，如果一个月内（一般17天左右）不再发情，其本确定已受胎，受胎羊除极个别外不再发情。

二、配种方法

（一）本交

本交也叫自然交配，是指在繁殖季节，将公羊和母羊混群饲养，实行自然交配。公母羊的比例在1∶(30～40)。本交节省人力，受胎率高。但是要养殖一定数量的公羊，增加养殖成本；优质公羊的利用率低，没办法进行选配，不知道后代的血缘。同时由于公母羊混群饲养造成公羊精力消耗大，不利于公羊管理。同时自由交配不能推算产期，给繁殖管理带来一定的困难。

（二）人工辅助交配

用人工辅助的办法进行交配，是提高受胎率很好的办法。这种方法不仅提高了成功率，也可确定预产期。具体办法是：当公羊爬跨时，一手将圆盘状尾巴向上翻的同时，另一只手护住颈下前躯。这种交配方法，在发情症状不明显的情况下不易掌握交配时间，解决的办法有三个：一是注意观察母羊的发情表现，特别是察看外阴唇是否有黏膜红肿，如确有发情的母羊可进行交配；二是在舍饲和放牧过程中，有母羊接近公羊或公羊追逐母羊等表现时及时交配；三是在公母羊分群饲养的情况下，早晚和放牧前后，有意把公羊放出进行试情，如有发情羊及时交配。

（三）人工受精

人工受精是将公羊的精液用假阴道采出后，经过稀释再输入母羊的生殖道内，使母羊受胎的一种方法。

人工受精有以下几个优点：一是增加了公羊交配母羊的数量，进而扩大了优良种公羊的利用率，每只公羊每年只能配母羊40～70只，而采用人工受精时，每只公羊每年可配母羊700～1500只；二是可以提高母羊的受胎率；三是通过检查公羊的精液，可以避免精液品质不良而造成的不育；四是可以节省饲养种公羊的费用；五是可以避免交配时各种疾病的传播。

人工受精借助于器械，以人为的方法采集公羊的精液，经过精子品质检查和处理，再通过器械将精液注入母羊生殖道内，达到受精的目的。人工受精不仅大大提高了公羊利用率，而且非常适合生产及品种的选育和培育。其过程和操作规范如下。

1. 采精

采精为人工受精的第一个步骤。用于公羊采精的假阴道与牛相比除大小不同外，其他很相似。羊的假阴道比较小，采精温度和采精技术与牛相同，但公羊向前一冲的动作不像公牛来势那样猛，但爬跨迅速，采精员应敏捷，配合公羊的动作。公羊每次射出精子数为20亿～30亿个，因此，在配种季节（9～10月份），可适当增加采精次数。

2. 精液的稀释

常用的稀释液有以下几种：①牛奶或羊奶稀释液。新鲜牛奶或羊奶用数层纱布过滤，煮沸消毒10～15分钟，冷至室温，除去奶皮即可。这种稀释液容易配制，使用方便，效果良好。一般按1∶(2～4)稀释。②氯化钠0.89%（生理盐水）稀释液。这种稀释简便易行，但只能即时输精用，不能做保存和运输用，稀释倍数为1～2倍。精液采出后应尽快稀释，稀释液必须是新鲜的，其温度和精液温度保持一致，在20～25℃室温和无菌条件下进行操作。稀释液应沿集精杯瓶壁缓缓注入，用细玻璃棒轻轻搅匀。稀释精液时，要注意防止精子受到冲击、温度骤变和其他有害因素的影响。

精液稀释的倍数应根据精子密度决定，通常是在显微镜检查下为“密”的精液才能稀释，稀释后的精液每次输精量（0.1毫升），应保证有效精子数在7500万以上。密度不高的精液不能稀释。稀释后的精液输精前应再次进行品质检查。

3. 冻精的解冻

建议羊冻精解冻温度在35～38℃，该温度范围可以保证快速解冻，但要防止水温过热。在解冻之后，须采取措施防止精液冷却到低于30℃，直到输精完毕。山羊精液对冷休克比牛精液要敏感得多，冷休克导致精子更易渗透，出现“渗漏”膜弯曲或卷尾而造成不可逆转的损害。

4. 输精程序

① 将器械集中到现场。紧靠操作区工作台并将器械放置于台上，检查开膣器有无裂缝或缺口。

② 保定母羊。一种方法是让母羊站在架子内，输精员在母羊左边，左膝置于母羊后的躯肋下，提其母羊后腿将其放在左大腿上。这样两只手便可自由操作，但可能不太舒服。另一种方法，是用一大捆干草代替人的腿。提起架子中母羊的后腿，将干草捆放在其身下。草捆应尽量放在后面一些，这样，当它跨在草捆上时臀部的位置才较为合适。这两种方法都可对母羊腹部造成挤压，而有导致生殖道压缩的弊病。法国人广泛采用一种既能克服该弊端，又容易找到子宫颈的技术，即人背靠墙站立，面对着母羊，用大腿夹住母羊颈部，抓起母羊大腿，使其背线对着人的胸部，用前腿站立。以背靠墙的姿势不用多大力气就可抓稳羊，母羊一般不会反抗。

③ 准备插入开膣器。用消毒药液擦净母羊的外阴部和尾巴，给开膣器末端和外阴部涂上无菌润滑油。

④ 插入开膣器。按照母羊尻部的倾斜度，缓慢地将开膣器插入母羊体内，使其达到阴道末端。

⑤ 确定子宫颈位置。可用小手电筒照明进行观察。子宫颈位于阴

道底部，稍向外突出，看起来呈深红色阴影或小孔，就像极小的唇状物。如有黏液妨碍观察，应用吸管吸去。

⑥ 观察子宫颈和黏液。如果子宫颈紧闭而干燥，说明母羊尚未发情。黏液应呈云雾状，如果是清澈的，应延期受精，取出开膣器。

⑦ 解冻精液并准备好输精器具。如使用细管，可用双手迅速摩擦使输精枪变热。将细管枪上的活塞拉回 12.7～17.8 厘米，插入细管，棉花封口端朝向前，切下细管尖使切口整齐。套上细管套并扭紧“0”环。

⑧ 重复步骤①～⑤，把输精器尖端插入子宫颈外口。

⑨ 缓慢地旋转移动，把输精器插入子宫颈。

⑩ 插入深度。将第 2 根同长度的吸管或吸管套插到子宫颈口，测量两根吸管的长度差异，子宫颈通常为 3 厘米左右长，如插入深度比较 3 厘米，则应退回到子宫颈内，要缓慢、稳稳地注入精液，至少需要 5 秒钟。移出开膣器，然后取出受精器，按摩阴蒂。

5. 人工受精技术及注意事项

(1) 人工受精所需的器械和药品　在人工受精前，凡是采精、输精及与精液接触的一切器械、用具都必须彻底清洗、充分消毒后存放在瓷盘内，用消毒过的纱布盖好待用。

① 消毒方法。火焰消毒：主要是对金属器皿。煮沸和蒸汽消毒：主要对润滑剂、稀释液等。

② 采精用品。假阴道外壳、内胎、气嘴、胶塞、集精杯、白凡士林、采精架等。

③ 化验用品。显微镜、pH 试纸、盖玻片、载玻片等。

④ 稀释用品。0.9%氯化钠溶液、柠檬酸三钠、庆大霉素等。

⑤ 输精用品。玻璃或金属输精器、保温箱、开膣器、电筒等。

⑥ 其他用品。药棉纱布、酒精、镊子、瓷盘、脸盆、毛巾、肥皂、消毒药品等。

(2) 采精

① 采精前将假阴道安装好，内胎的平滑面向内，两端留出相等部分翻卷在外壳上，在进水孔一端安上集精杯，用生理盐水冲洗内胎一次，倒掉，然后注入假阴道中温水（水温 50～55℃）；灌水量是夹壁腔容积的 1/2～2/3。

② 灌水后在进水口安上胶塞和气嘴，往内胎上涂白凡士林，要薄而匀，深度为假阴道的1/2～1/3，然后吹气加压，假阴道压力大小以内胎呈三角形裂隙即可，检查假阴道不能漏水、漏气。

③ 采精时假阴道内水温在40～42℃。准备好采精记录表，5.5～9.0的pH试纸，显微镜要调好焦距，箱内温度在35～37℃，选好的载玻片、盖玻片等放在载物台上备用。稀释液pH值在6.5～7.0之间，放进水浴锅或恒温箱内预热，分装瓶同时进行预热。

④ 采精操作：将公羊引至台羊前，采精员要求站在台羊右后侧，右手持假阴道，当公羊爬跨台羊而阴茎还未触及台羊时，迅速将阴茎导入假阴道内。假阴道的方向与公羊阴茎方向一致，并向下倾斜，以便精液集于杯中。当公羊发生前冲动作时，表示公羊射精完毕，公羊跳下时假阴道随阴茎后移，当阴茎自然脱出时，应立即将假阴道向上竖起，取下集精瓶，送入化验室检查。

(3) 精液品质检查及稀释

① 精液品质检查。检查的内容包括公羊品种、耳号、采精日期、采精时间（分钟）、检验室温度、射精量（毫升）、色泽、气味、浓度、活力、pH值、精子畸形率等。绵羊的射精量一般为0.5～5毫升，色泽为乳白色，由于精子密度大，肉眼观察时，可见到精子的翻动现象，称为云雾状，浓度为1毫升15亿～20亿个精子。有少量尿液混入时为浅黄色，如为深黄色则不可用，正常气味为无味或微腥。活力是指发育正常能直线运动的精子占全体精子数的百分比，其评定方法采用10分制，显微镜视野中有60%直线运动的记作“0.6”，有70%直线运动的计作“0.7”，羊的鲜精活力一般在0.6～0.8。正常pH值为6.4～6.6。畸形率是畸形精子占全体精子的百分比，畸形精子形态有大头、小头、双头，中段膨大、纤细、曲折、双层、卷尾、断尾等。

② 精液的稀释。稀释液有：a. 鲜牛奶煮沸15分钟去掉上层的一层油膜；b. 0.9%氯化钠溶液；c. 2.9%的柠檬酸三钠溶液，羊的鲜精液稀释一般在2～3倍之间。但用0.9%氯化钠溶液稀释不可超过2倍，稀释后马上输精。稀释后精液量为2～4毫升，可受精20～40只母羊。

(4) 输精操作

① 输精方法和部位：采用阴道开膣器法（或内窥镜法）。先将阴道开膣器（或内窥镜）均匀涂抹好消毒过的润滑剂，再将它慢慢插入阴道并打开，将装有精液的输精枪枪头插入开张的羊子宫颈1～2厘米深，缓慢推动推杆，使精液缓慢通过子宫颈进入子宫，输精结束后使羊仍保持倒立姿势3～5分钟即可。

② 输精时间：适时输精是保证受胎率高的重要因素。适时输精时间应选择在接近母羊排卵前的0～12小时内，即出现发情征兆的12小时左右。一般上午母羊发情，晚上输精；晚上发情，第二天上午输精。

③ 输精次数：在同样精液质量和排卵前同一时间内输精，只要掌握母羊排卵规律，适时输精，一个情期输精两次和输精一次受胎率差异不显著。所以，一个情期一次适时输精，即可怀孕受胎，这样可节省人力、物力，又可减少对母羊子宫的刺激。

④ 输精标准：建议每头羊输0.25～0.5毫升精液，其有效精子数≥3500万。

（5）绵羊人工受精应注意的问题 羊的人工受精是一项细致的技术性工作，如操作不当，会导致精子质量下降，从而引起受配率降低。

① 清洁卫生：采精时，假阴道的消毒很重要，要保证其无菌操作，先用冷开水洗净晾干后，用95%的酒精消毒，至酒精挥发无味时，再用0.9%的生理盐水擦拭晾干备用。集精瓶用同样的方法消毒。公羊腹部（即阴茎伸出处）的毛必须剪干净，防止羊毛掉入精液内；包皮洗净消毒。环境要求卫生，不允许有尘土飞扬的现象，防止污物、尘埃进入精液而降低精液质量。所有与精子接触的器械绝对禁止带水。发现有水时，可用生理盐水冲洗2次以上再用。输精枪用后应及时用清水冲洗，并用蒸馏水冲1～2次；需连续使用同一支输精枪时，每输完一只羊，应用酒精消毒，并用生理盐水冲洗2次后再用。

② 采精过程中要注意的问题：假阴道内的温度应在45℃左右，不宜太高或太低；手握阴茎的力度要合适，松紧有度，太轻易滑掉，太重则压迫阴茎而不射精。假阴道应置于水平斜向上30°～45°，绝不能向下倾斜，否则射精不多或不射精，要求位置正确，技术到位。整个过程应镇静自若，细心慢慢地进行。在采精过程中，不允许大声喧

闹，不允许太多的人围观，评头论足，使绵羊感受环境压抑而不进入工作状态。绝不允许吸烟，因为烟雾对精子有杀害使用。不能烦躁，不能对公羊拳打脚踢、棍棒交加。

③ 合理利用公羊：对公羊要补足精料，加强营养。公羊的采精一般限制每天1次，如果一天采2次则应隔天再采，每周采精不超过5次。如果次数过多，会造成公羊身体力衰，精子活力降低，甚至造成不射精的现象。采精期间，必须给公羊加精料以补充营养，精料每天1～1.5千克，另外喂鸡蛋2个。这期间，公羊应加强运动，让其有充沛的体力。

④ 配种母羊管理：配种应做好记录，按输精先后组群；准确判断母羊发情是保证受胎率的关键，建议最好用试情公羊法作发情鉴定。在温度较低的季节输精时，输精枪在装精液时温度不宜过低，以防止精子冷休克。

第三节 羊的选育方法

一、选种

（一）选种的目的

选种也叫选择，就是选好的种羊。按照自定的标准从群体中选择优秀的个体。“一粒种子可以改变世界”，“公羊好好一坡，母羊好好一窝”，都是在反应公羊在羊群中的主要地位。选择好的公羊不仅能生产优良的后代，也会给养羊带来好的经济效益。选种就是把优良基因不断延续，改变原有群体的缺点，进而培育出生产能力强的群体。选种是养羊业重要的环节。

（二）选种方法

公羊的选种方法一般有四种。

1. 个体表型选种

个体表型选种就是根据羊的个体品质和性能来选择。一般通过看、查、测等方法选种。“看”主要是看羊的外部特征，要选择体型匀称、体况健康、没有缺陷、被毛颜色符合品种特征、母羊乳房正常及公羊没有单睾、隐睾等。“查”是查羊的档案和历史资料，主要了解羊的年龄、初生重、繁殖能力、生产能力（产毛、产奶、日增重等）。“测”是测定羊的体重、身体各部的数量指标、毛的长度等。

2. 系谱选种

系谱记载了祖先的各项性能、血统等。选择时要重点看生产性能及性状的遗传稳定性和趋势，是代代增强还是减退，尤其是看上三代基因的稳定性。要选择遗传稳定，优点代代增加的个体。系谱也是将来选配的依据，因此在引进种羊的时候，要索取系谱资料。

3. 个体半同胞选种

个体半同胞选种就是通过查看被选羊同父异母的半同胞的表现性状来选种。为了加大利用率，由于优秀的公羊以人工受精较多，因此种羊的半同胞数量增加，很容易获取资料，同时这些数据更有代表性和比较性，是实用且方便的选种方法。

4. 后代测定品质选种

后代测定品质选种是通过对被选羊的后代测定来对种羊进行选种。该方法适合成龄羊，是最直接的选种方法，也是考证遗传稳定性最直接的方法。

二、选配

选配就是对公羊、母羊配偶个体进行选择。选配是根据生产需要，获得优良的后代或者培育优良品种。选配是选种的继续，选种是选配的前提，选配是巩固选种的效果，选配是选种最终的目的。

（一）选配的原则

（1）要有明确的选配目的　如为了提高产肉量，为了改善肉的品质，为了提高产毛量，为了提高繁殖力等。

（2）选择亲和力好的公、母羊交配　如果通过原来的选配达到了预期目的，获得了预期效果，那么再次配种就应维持原来的方案，如若未能达到预期目的，也未获得预期效果，则证明原先相互交配的公、母羊亲和力不好，再次配种则必须改变方案。

（3）公羊的品质一定要高过母羊。

（4）母羊有某缺陷，一定要选择该方面优点突出的公羊选配。不使有相同或相反缺点的公、母羊交配。

（5）公羊、母羊的血缘越远越好　不随意近交，特别是在直接从事商品肉羊生产的过程中一定要避免近交。

(6) 过幼和过老的公母羊之间不交配。

(7) 搞好品质选配 因为只有这样，才能使优秀公羊良好的品质得以巩固并提高，也能使欠佳母羊的不良品质在所生后代身上得到显著改善。

(8) 做好选配记录 选配中出现问题及时解决。

(二) 选配的方法

1. 品质选配

公羊的品质一定是优秀的，但是母羊的品质差异很大，为了巩固或者发展某个优点，就选择这方面优点突出的母羊选配，也叫同质选配。如果要弥补或者纠正母羊的某些缺点，就选择在这方面更加突出的公羊选配，也叫异质选配。

2. 亲缘选配

亲缘选配是指具有一定血缘关系的公母羊之间的选配方式。亲缘选配在生产和育种中经常遇到，有时候也是提纯某种性状的必要手段。但是亲缘选配可能会影响后代的生产性能。一般把选配双方到共同祖先的代数的总和不超过6代者，称为近交；超过6代的为远交。在亲缘选配过程中要及时淘汰品质差的后代，或者不留作种用。

3. 良种繁育体系建设

我国羊除了地方品种资源以外，改良羊按育种阶段基本上可以分为两类：一类是改良阶段，继续引入部分外来品种血统，或正在进行横交固定；另一类是育成阶段，品种已基本定型，进一步作品种内的纯繁提高。目前我国大型羊场多数是自繁自养，很少在商品生产中形成杂种优势。

根据现阶段羊在生产现状及合作育种的优点，良种繁育体系应包括核心种羊场（育种场）、种羊繁殖场和种羊生产场（商品场），并应考虑肉羊人工受精网的建立，扩大优秀种羊的使用面。良种繁育体系建设本着根据品种、羊数量分布及需要量大小设立。繁殖体系中经后裔测验，极少数优秀的母羊可进入核心种羊场。

为了改变这一情况，在育种技术上，可以考虑用血统较远而生产方向一致的系或品种进行杂交，以产生杂种优势。也可以搞地区性的联合育种，有计划地建系，如每个育种场建立一个或两个系，做场间杂交或系间杂交。

育种场的主要任务是：①根据个体或家庭成绩做纯种（系）选育；②根据系间正反交的结果做后裔测定；③为繁殖场提供杂种母羊和纯种公羊，或直接提供纯种公羊和母羊，由繁殖场做杂交。

种羊繁殖场的任务是：①繁殖扩群，为商品场或专业户提供杂种母羊；②向育种场提供公羊后裔测定的结果。

商品场的任务是提供符合收购要求的产品。这一杂交繁育体系，无论是毛用、肉用、皮用、绒用的绵（山）羊都可参考使用，只要商品场的最终产品符合市场需要。

4. 纯种繁育

纯种繁育是指在同一个品种内公母羊之间繁殖和选育的过程。其目的是为了获得品质优良、遗传性能稳定的品种或者品系。种羊的体型外貌、生产性能等指标符合标准，才可以进入核心群，这样可使优良基因在核心群富集，生产性能不断提高。为了加快育种进度，可以采用人工受精和超数排卵及胚胎移植等现代繁育新技术，建成金字塔形的繁育体系，使核心群内常年保持生产性能处于领先水平的优良种公羊。核心群确立以后，进行封闭，开始进行选配。把不符合培育特点的后代及时淘汰，直到遗传性状稳定以后，才能确定为品系。

5. 地方优良品种保种问题

我国是世界上山羊品种资源最为丰富的国家，一批山羊地方品种品质优良又各具特色，如南江黄羊、马头山羊均是较好的品种。黄淮山羊所生产的“汉口路”板皮是正面服装革的重要原料。波尔山羊仅适宜改良部分以产肉为主，且生长性能较差的品种，不能无目的地盲目杂交，以免毁掉宝贵的种质资源。开展杂交改良以前，应先将地方品种划定保护区，建立核心群。

河南奶山羊属于优良品种，是我国引进萨能奶山羊与地方品种经过长期杂交选育而形成的品种。奶山羊在过去几十年的奶业发展中起着不可低估的作用，在未来的奶业发展中还将会受到重视。河南省又是我国奶山羊发展的适宜区。因此，要重视奶山羊的保种和选育，切不能为了眼前利益大批地杂交奶山羊。

河南省鲁山县的牛腿山羊，属于个体大、产肉性能好的肉皮兼用山羊，适应于在山区饲养。但是，该品种的分布范围有限，数量不多。在此，建议不要随便引进（输入）外来品种进行杂交。

在山羊品种的中心产区，要做好品种资源保护工作。划定保护区域，在保护区内，全面开展山羊的纯种繁育，不得进行品种间杂交；禁止引进、饲养其他任何品种的种羊；禁止利用区外其他品种的公羊对区内的山羊进行自然交配或人工受精。建立健全以种羊场为龙头、乡镇示范场为骨干、种羊饲养户为依托的良种繁育体系。要制定选育标准、选育方案。

同时，地方山羊品种普遍选育程度不高；主要以产肉为主，肉皮兼用，但产肉性能欠佳；多数品种在品种内个体间体重及生产性能差异都较大。一些地方品种还存在性能退化、纯种个体数量急剧减少、胡乱杂交等诸多问题。解决肉羊生产中的良种问题，一是引进，二是培育。由于世界上肉绵羊发展较肉山羊发展早且发展速度快，因此肉绵羊育种的许多经验可供借鉴。

在绵羊品种里也介绍了许多地方优秀品种，也应在今后发展中加以保护。

第四节　羊的妊娠与产羔技术

初次配种以后各个年龄阶段的羊统称为成年母羊。成年母羊担负着妊娠、泌乳等各项繁殖任务，应常年保持良好的饲养管理条件，以求实现多胎、多产、多活、多壮的目的。一年中母羊的饲养管理，可分为配种前期、妊娠期和泌乳期三个阶段。母羊的饲养管理重点在妊娠期和泌乳期，其中妊娠后期和哺乳前期尤为重要。

一、配种前期的饲养管理

配种前 1 个月让母羊处于生长状态，不宜过肥，配种前 3 周服用维生素 A、维生素 D 和维生素 E。对哺乳期母羊，要供给适量舐盐，每天还需补饲少量玉米。配种后 2～3 周放入试情公羊，配种前 1～2 个月接种地方性流产疫苗。在配种前 1 个月（前后 6 个月），应对母羊，特别是体况不佳的母羊加强饲养，适当增加精料。在产后 7 个月，应对母羊再次安排配种。

二、妊娠期的饲养管理

前期（妊娠前90天）胎儿发育较慢，母羊所需营养并无显著增加，可以维持空怀时的饲料量。此期的任务是要继续保持配种时的良好膘情，早期保胎。日粮可由50%青绿草或青干草、40%青贮或微贮、10%精料组成。加强管理，不能喂发霉变质、冰冻有霜的饲料，不饮冰碴儿水，不让羊受惊，以防发生早期隐性流产。此期的管理应围绕保胎来考虑，要细心周到，喂饲料饮水时防止拥挤和滑倒，不打、不惊吓。增加母羊户外活动时间，干草或鲜草用草架投给。产前1个月，应把母羊从群中分隔开，单放一圈，以便更好地照顾。产前1周左右，夜间应将母羊放于待产圈中饲养和护理。每天饲喂3～4次，先喂粗饲料，后喂精饲料；先喂适口性差的饲料，后喂适口性好的饲料。饲槽内吃剩的饲料，特别是青贮饲料，下次饲喂时一定要清除干净，以免发酵生菌，引起羊的肠道病而造成流产。严禁喂发霉、腐败、变质饲料，不饮冰冻水。饮水次数不少于2～3次/日，最好经常保持槽内有水让其自由饮用。总之，良好的管理是保羔的最好措施。

三、妊娠后期（91～150天）的饲养管理

妊娠后期胎儿发育很快，母羊自身也需贮备大量的养分，为产后泌乳做准备，因此，须供给充足的营养。若此期母羊营养不足，会造成羔羊初生体重轻、抵抗力弱。妊娠后期须补饲体积小、营养价值较高的优质干草和精料，一般情况下放牧后每日补饲干草1～2千克，由青贮饲料23%、26%麸皮、15%豆粕或麻饼、10%黑豆或豌豆、20%鱼粉、1.5%酵母粉、2%骨粉、1%食盐、0.5%小苏打、1%的微量元素组成。

在产前10天左右多喂一些多汁料和精料，以促进乳腺分泌。年产两胎的母羊应全年补饲精料，日喂量按体重的0.8%喂给，产双羔和产三羔的母羊每只每日再增加一定的精料，分早、晚补给。不喂发霉、腐败、霜冻的饲草饲料，不让羊饮冰水、污水。要坚持运动，以防难产。但不可剧烈运动，以防流产。禁止打羊、吓羊，提防角斗，防止拥挤，不跨沟坎。保胎是此期管理的重点。放牧时要选择平坦开

阔的牧场，出牧、归牧、饮水、补饲都要慢而稳，避免拥挤和急驱猛赶，防止母羊滑跌。不要给母羊服用大量的泻剂和子宫收缩药，以防母羊流产。增加母羊户外活动的时间，保持适量运动。发现母羊有临产征兆，立即将其转入产房。对已进入分娩栏的母羊，应精心护理。

四、如何护理产后的母羊和新生羔羊

(1) 母羊产后整个机体，特别是生殖器官发生剧烈变化，机体抵抗力降低。为使母羊尽快复原，应给予适当的护理。在产后 1 小时左右给母羊饮 1～1.5 升的温水，3 天之内喂给质量好、易消化的饲料，减少精料喂量，以后逐渐转变为饲喂正常饲料。注意母羊恶露排出情况，一般在 4～6 小时排净恶露。检查母羊的乳房有无异常或硬块。

(2) 羔羊产出后，迅速将口、鼻、耳中的黏液抠出，让母羊舔净羔羊身上的黏液。如果羔羊发生窒息，可将两后肢提起，使头向下，轻拍胸壁或用胸部导管向导管内徐徐吹气。进行人工呼吸，将羔羊仰起，前后伸展前肢，同时用手掌轻压两肋和胸部。注意羔羊的保温。在寒冷地区或放牧地区出生的羔羊，应迅速擦干羔羊身体，用接羔袋背回接羔室放入母子栏内。尽快帮助羔羊吃上初乳。母羊产后 4～7 天为初乳分泌期。第 1 天的初乳中脂肪及蛋白质含量最高，次日急速下降。初乳中维生素含量较高，特别是维生素 A。初乳中含有高于常乳的镁、钾、钠等盐类，羔羊吃后有缓泻通便的作用。初乳中球蛋白含有较高的免疫物质。由此可见，初乳营养价值完善，容易被羔羊吸收利用，增强其抵抗力。如果新生羔羊体弱或找不到乳头时或母羊不认羔羊时，要设法帮助母子相认，人工辅助配奶，直到羔羊能够自己吃上奶。对缺奶羔羊和双羔要另找保姆羊。对有病羔羊要尽快发现、及时治疗，给予特别护理。

(3) 对于母羊和生后 3 天以内的羔羊，母子不认的羊，应延长在室内母子栏内的饲养时间，直到羔羊健壮时再转群。为便于管理，母子同群的羊可在母子同一体侧编上相同的临时号码。

第五节　提高羊繁殖力的技术措施

提高繁殖率是饲养管理中的重要环节，也是提高养羊效益的关键，采取技术让羊多发情，缩短繁殖周期，掌握一胎多羔技术，才能获取最大的产出。在提高养羊繁殖效率上应遵循的原则如下。

（1）种畜合理利用原则　适时配种，而不是早期配种，最大限度地提高优秀种羊的利用率。

（2）经济核算原则　不论采用哪一项技术，均要根据企业或羊场的经济承受能力和可能取得的效益而定。在技术方法、药品使用等方面均要进行经济核算。

（3）综合原则　就是通盘考虑提高繁殖效率的技术问题，从饲养管理、提高羔羊成活率和羔羊培育等方面综合考虑，以取得更大的经济利益为目标。

提高羊繁殖力的具体措施如下。

一、加强选育、选配

1. 种公羊选择

从繁殖力高的母羊后代中选择培育公羊。要求体型外貌标准、健壮，睾丸发育良好，雄性特征明显并通过精液质量检查、后裔鉴定等措施发现和剔除不符合要求的公羊。

2. 母羊选择

从多胎母羊后代中选择优秀个体，并注意其泌乳、哺乳性能，也可根据家系选留多胎母羊。

3. 选择多羔公母羊留种

双羔或多羔具有遗传性，在选留种公母羊时，其上代公母羊最好是一胎双羔以上的后备羊群中所选出的。这些具有良好遗传基础的公母羊留作种用，能在饲养中充分发挥其遗传潜能，提高母羊一胎多羔的概率。

二、加强种羊营养

加强种羊营养是提高繁殖率的重要措施。充足的营养使种羊有健康的体况和适度的膘情，公羊保持旺盛的性欲，配种时精液中精子数量多、活力强、受精能力高；母羊可以常年发情，配种妊娠后体质健壮，胎儿发育良好，产后奶水充足，羔羊出生重大，成活率也高，同时母羊产多羔的概率也会增加。因此，无论放牧或舍饲养羊，都必须喂给充足的混合精料。种公羊在非配种期要求每只日喂混合粗料0.5～0.6千克，配种期每只日喂混合精料0.8～1.0千克，粗饲料1.7～1.8千克；母羊每日喂混合精料0.3～0.4千克，妊娠母羊随妊娠天数的增加（尤其后期），还应逐渐增加精料给量。精饲料中必须含有足量的蛋白质、能量、维生素、微量元素和其他矿物质，并保证充足的饮水。青绿饲料对种羊尤其重要。因为青绿饲料可以弥补精粗饲料中营养不足的缺陷，对提高公羊的精子密度和活力、促进母羊体内卵子的发育成熟和多排卵、增加产多羔的概率、促进妊娠母羊体内胎儿的发育和成长、保证产出羔羊初生重大及成活率高都具有重要作用。

三、提高羊群中青壮年母羊的比例

羊群中幼龄初配母羊和老、弱羊繁殖力均不如壮年母羊。据统计，初产羊产羔少，母羊一生中以3～4岁时繁殖率最强，繁殖年限一般为8年。因此，为提高羊群的整体水平，合理调整羊群结构，应有计划地补充青年母羊，适当增加3～4岁母羊在羊群中的比例，及时发现并淘汰老、弱或繁殖力低下的母羊。

四、做好母羊发情鉴定

1. 外部观察法

直接观察母羊的行为、症状和生殖器官的变化来判断其是否发情，这是鉴定母羊是否发情最基本、最常用的方法。

2. 阴道检查法

将羊用开膣器插入母羊阴道，检查生殖器官的变化，如阴道黏膜潮红充血、黏液增多、子宫颈松弛等，可以判定母羊已发情。

3. 公羊试情法

用公羊对羊母进行试情，根据母羊对公羊的行为反应，结合外部观察来判定母羊是否发情。试情公羊要求性欲旺盛，营养良好，健康无病，一般每100只母羊配备试情公羊2～3只。试情公羊需做输精管切断手术或戴试情布。试情布一般宽35厘米、长40厘米，在四角扎上带子，系在试情公羊腹部。然后把试情公羊放入母羊群，如果母羊已发情便会接受试情公羊的爬跨。

4.“公羊瓶”试情法

公山羊的角基部与耳根之间，分泌一种性诱激素，可用毛巾用力揩擦后放入玻璃瓶中，这就是所谓的“公羊瓶”。试验者手持“公羊瓶”，利用毛巾上的性诱激素气味将发情母羊引诱出来。

通过发情鉴定，及时发现发情母羊和判定发情程度，并在母羊排卵受孕的最佳时期输精或交配，可提高羊群的配怀率。

五、实行两次配种

母羊发情时，可实行双重配种或两次配种输精，可提高母羊的准胎率，增加产双羔的概率，由于母羊发情时间短（一般30个小时左右），排出的卵子生存时间也较短，而且有的母羊卵子成熟时间不一致，因此对母羊的一次交配或输精准胎的概率较低，且难以使较多的卵子参与受精。采用两次配种方法，可使母羊生殖道内经常保持具有受精能力的精子存在，增加受精机会。生产上常采用的方法是：对确认发情的母羊，在12小时及24小时后各配种输精一次，一般两次输精间隔10～12小时，可有效提高母羊的受胎率。

六、羔羊早期断奶

羔羊适时提早断奶，缩短母羊哺乳时间可促使母羊提早发情，实现一年多产。早期断奶羔羊需要人为训练羔羊的采食能力，在羔羊10～15日龄时喂一些鲜嫩的青草、菜叶或细软易消化的干草、叶片，以刺激羔羊消化道消化机能的早期形成，及早向羔羊自主采食方向过渡。为使羔羊尽早吃料，开始时可将玉米和豆面混合煮粥喂食或拌入水中让羔羊饮食，也可将炒过的精料盛在盆内，让羔羊自己去舔食，一般羔羊到20～30日后即可正常采食。羔羊4月龄左右即可断奶，一年产两次羔羊的可提早断奶，但发育较差和计划留种用的羔羊可适当延长断奶时间。羊断奶前要加强饲喂管理，一般采取一次断奶法，对代哺式人工哺乳羊仔在10天后逐渐断奶，断奶羊仍要精心饲养。

七、多产羔技术

用一种能促进卵巢滤泡成熟和多排卵的物质，以一定剂量注射到母羊体内，通过激素调节，强化母羊性机能活动，促进母羊卵子的发育和成熟，从而排出较多卵子参与受精，达到一胎多羔的目的。据实验，注射孕马血清或注射双羔素、双胎素，对诱导母羊产多羔，都有一定的效果。

八、其他繁殖技术控制

1. 发情控制

① 激素处理：先对羔羊实行早期断奶，再用激素处理母羊 10 天左右，停药后注射孕马血清、促性腺激素（RMSG），即可引起发情和排卵。

② 阴道海绵法：将浸有孕激素的海绵置于子宫颈出口处，处理 10～14 天，停药后注射孕马血清促性腺激素 400～500 国际单位，经 30 小时左右即可开始发情，发情当天和次日各输精一次。

③ 前列腺激素法：将前列腺素在发情结束数日后向子宫内灌入或肌注，能在 2～3 天内引起母羊发情。

2. 超数排卵

在母羊发情到来前 4 天，肌内注射或皮下注射孕马血清促性腺激素 600～1100 国际单位，出现发情后即行配种，并在当日肌内注射或静脉注射人绒毛膜促性激素（HCG）500～750 国际单位，即可排出卵子。

3. 诱产双胎、多胎

① 补饲催情法：在配种前 1 个月进行。

② 采用双羔素或双胎素：有水剂和油剂两种，水剂制品于母羊配种前 5 周和 2 周颈部皮下注射一次，1 毫升/只；油剂制品于配种前 2 周臀部肌内注射一次，2 毫升/只。

九、繁殖计划的组织实施和技术落实

羊场制订繁殖计划，是养羊生产的一部分，也是最重要、最容易忽视的环节，包括以下内容：

① 搞清适配母羊和参配公羊情况，合理安排配种时间；

② 确定配种方式，采用本交还是人工受精等；

③ 制订选配方案或计划，将繁殖与育种及生产计划相结合；

④ 确定采用的繁殖技术（胚胎移植、频密繁殖、人工受精、同期

发情等)；

⑤ 技术人员的安排与落实。

配种是养羊生产的开始，也是实施选育计划的开始，配种计划和选育方案只有通过配种才能得以实现。所以企业对于配种任务的落实应加以足够重视，严格按技术人员制订的选配计划执行。笔者见到部分企业对于选配计划并不重视，制订选配计划只是形式，有的则没有选配计划。由于缺乏长远考虑，将不合格的种公羊也用于配种，有些配种后不做记录或记录不严谨，这样生产的种羊质量很难保证，也必将制约育种和企业的长远发展。

十、羊的正常繁殖生理指标

为了提高绵羊、山羊的繁殖率、出栏率和商品率，并有计划地安排好羊的产羔时期，以适应养羊业特别是肉羊产业迅猛发展的市场需要，直接生产者和技术指导人员不能不对羊的正常繁殖生理方面的主要指标有系统了解。现就生产中常遇到的有关知识介绍如下，以供参考。

① 性成熟：多为5～7月龄，早者4～5月龄（个别早熟山羊品种3个多月即发情）。

② 体成熟：母羊1.5岁左右，公羊2岁左右。早熟品种可提前。

③ 发情周期：绵羊多为16～17天（大范围14～22天），山羊多为19～21天（大范围18～24天）。

④ 发情持续期：绵羊30～36小时（大范围27～50小时），山羊39～40小时。

⑤ 排卵时间：发情开始后12～30小时。

⑥ 卵子排出后保持受精能力时间：15～24小时。

⑦ 精子到达母羊输卵管时间：5～6小时。

⑧ 精子在母羊生殖道存活时间：多为24～48小时，最长72小时。

⑨ 最适宜配种时间：排卵前5小时左右（即发情开始半天内）。

⑩ 妊娠（怀孕）期：平均150天（145～154天）。

⑪ 哺乳期：一般3.5～4个月，可依生产需要和羔羊生长发育快

慢而定。

⑫ 多胎性：山羊一般多于绵羊。我国中、南部地区绵、山羊多于北方。

⑬ 发情季节：因气候、营养条件和品种而异，分全年发情和季节性发情。一般营养条件较好的温暖地区多为全年发情；营养条件较差且不均衡的偏冷地区多为季节性发情。

⑭ 产羔季节：以产冬羔（12 月份～翌年 1 月份）最好，次为春羔（2～5 月份，2～3 月份为早春羔，4～5 月份为晚春羔）和秋羔（8～10 月份）。

⑮ 产后第一次发情时间：绵羊多在产后第 25～46 天，最早者在第 12 天左右；山羊多在产后 10～14 天，而奶山羊较迟（第 30～45 天）。

⑯ 繁殖利用年限：多为 6～8 年，以 2.5～5 岁繁殖利用性能最好。个别优良种公羊可利用到 10 岁左右。

第四章 羊的饲养管理技术

第一节 羊的生物学特性与消化生理

一、羊的生物学特性

（一）羊的生物学特点

绵、山羊在生物学特性方面有很多共同之处，也有差异。差异之处则表现为：绵羊性情温驯，是家畜中最胆小的动物，自卫能力差，反应迟钝，行动缓慢，喜欢低头采食低矮、短小的牧草，采食较专心，不能攀登高山陡坡；山羊性情活泼好动，神经敏锐，行动敏捷，善攀缘，喜登高，在绵羊不能攀登的山区陡坡和悬崖上行动自如，采食性比绵羊杂，特别喜欢采食灌木的嫩枝细叶，以及某些树木皮。绵、山羊在生物学特性上的共同之处主要有以下几个方面。

1. 合群性

羊的合群性强于其他家畜，绵羊的合群性又强于山羊。利用合群性，可以组织大群放牧，有利于管理。当受到侵扰时，羊会互相依靠和拥挤在一起。放牧中离群的羊，一经呼唤，能迅速入群。在出圈、入圈、通过桥梁和河道等驱赶羊群时，只要“头羊”先行，其他羊只会跟随而来。“头羊”一般为年龄大、后代多、身强力壮的母羊。在生产上利用羊的合群性，放牧时可节省人力、物力，为大群饲养管理和羊只的转场等提供方便。羊合群性强的特点，有时会给管理带来不便。当羊群间距离较近时，少数羊混群后，其他羊也会跟随，造成混群，或少数羊受惊，其他羊也跟着狂奔。对此管理上应当注意预防。

2. 采食能力强，饲料利用广泛

羊嘴尖齿利，上、下腭强劲，门齿向外有一定的倾斜度，有利于啃食低矮的牧草和灌木枝叶。因此，羊的啃食能力强，利用的植物种类广泛。天然牧草、灌木和树木的树叶、藤蔓、农副产品，都可以作为羊饲料。羊利用牧草的种类比其他家畜多，如在半荒漠草场上，牛不能很好地利用或完全不能利用的植物种类达66%，而绵、山羊则仅为38%。所以在退耕还草、山多粮少的地区发展养羊业，能更充分利用自然资源，获得更多的肉、乳、毛、皮等产品。山羊的食性比绵羊更广，除能采食各种杂草外，还偏爱灌木枝叶和野果及树皮，故不仅能利用贫瘠的草场，还可利用绵羊所不能利用的坡度较大的山地、峡谷。

3. 喜干燥、清洁，怕潮湿

羊喜干燥，怕潮湿，潮湿的环境易使羊发生寄生虫病和腐蹄病。但是不同羊种对潮湿气候的适应性也不一样。细毛羊喜欢温暖、干旱、半干旱的气候条件，而肉用和肉毛兼用绵羊则喜欢温暖、湿润，全年温差不大的气候。山羊对潮湿环境的耐受能力要强于绵羊，绒山羊和安哥拉山羊对干燥、寒冷的气候较适应。我国北方地区相对湿度多为40%～60%，适于饲养大多数羊种，特别是细毛羊；而在南方高温高湿地区，较适于发展山羊及长毛肉用羊种，而且应推广漏粪式的楼圈或在羊圈内修建羊床。羊采食前先用鼻子闻，然后再吃，凡带有异味、粘有粪便或腐败变质的饲草、饲料，或已践踏过的牧草都不愿意吃。因此，补饲牧草、精料要在饲槽中进行，而且要勤于清扫饲槽，饮水要勤换，保证水、草、用具清洁，而尤以山羊为甚。

4. 适应性强

羊对不良的自然环境条件有很好的适应性。羊在极端恶劣的条件下，具有强的生存能力，具有很好的耐受性，能依靠粗劣的秸秆、树叶维持生命。由于山羊粗纤维消化率要高于绵羊3.7%，故耐粗饲料能力比绵羊更为突出。山羊汗腺较少，对水的利用率高，在热带、亚热带和干旱的荒漠、半荒漠地区，山羊比其他家畜能更好地适应环境。绵羊由于汗腺不发达，一般耐热性不及山羊，故在夏季炎热时常“扎窝子”。与其他家畜相比，羊的抗病力强，在较好的饲养管理条件下很难发病。同时对疾病反应不如其他家畜敏感，具有较强的耐受力。所以要注意观察羊群，发现精神萎靡，弓腰驼背，放牧时行走缓慢、掉队，食欲不振等异常情况，就要立即查找原因，及时采取治疗措施。

5. 抗病力强

羊的抗病力较强。其抗病力强弱，因品种而异。一般来说，粗毛羊的抗病力比细毛羊和肉用品种羊要强，山羊的抗病力比绵羊强。体况良好的羊只对疾病有较强的耐受能力，病情较轻时一般不表现症状，有的甚至临死前还能勉强跟群吃草。因此，在放牧和舍饲管理中必须细心观察，才能及时发现病羊。如果等到羊只已停止采食或反刍时再进行治疗，疗效往往不佳，会给生产带来很大损失。

（二）羊的生态适应性

影响羊的生态因素包括自然生态因素和社会生态因素。社会生态因素包括经济因素、政治因素，以及历史、文化和人们的生活习惯等。社会生态因素对羊的分布影响很大。自然生态因素中包括许多生态因子，有物理的、化学的和生物的。这些自然生态因素和社会生态因素共同形成了羊的生态环境。某一种群的绵、山羊长期处于相对稳定的生态环境中，就会逐渐形成对这种生态环境的适应性。不同种的绵、山羊对各种不同生态环境的适应性，决定其整个物种的生态特点。

在自然生态因素中，物理因素最重要，基本决定化学因素和生物因素。化学因素和生物因素是物理因素的间接表现。因此我们主要讨论物理因素。

1. 气温

在自然生态因素中，气温是对绵、山羊影响最大的生态因子，直接或间接地影响绵、山羊的各种表现和分布。羊是恒温动物，其体温必须保持在适度的狭窄范围内，才能进行正常的生理活动。绵、山羊正常体温的变动范围见表 4-1。

表 4-1 绵、山羊正常体温的变动范围

种类	正常体温/℃	
	平均体温	范围
绵羊	39.1	38.3～39.3
山羊	39.1	38.5～39.7

在不同的环境温度下，羊为了维持体温的相对恒定，必须进行各

种方式的调节。

在等热区内，尤其是舒适区内，羊的产热量很少，除了基础代谢产热外，用于维持的能量消耗降到最低限度。在此区内，羊的饲料利用率和生产力最高，其他各方面的表现也最佳。

当环境温度下降至临界温度时，散热增加，羊必须提高代谢率以维持体温。当环境温度上升到上限临界温度时，羊体散热受阻，体温升高，代谢率也提高。当环境温度过高或太低，羊的体温开始上升或下降，最终会热死或冷死。

绵、山羊的临界温度受很多因素的影响，如营养状态、毛被长度和密度、饲养方式、品种、年龄等。因此，绵、山羊的最适温度很难确定一个明确的范围，表 4-2 给出有关的数据以供参考。

表 4-2 羊的临界温度

管理情况	毛长/毫米	风速/(米/秒)	热代谢率/(瓦/平方米)	临界温度/℃
饥饿,舍饲	10	0.2	50	25
维持	60	0.2	50	9
舍饲	60	0.2	70	−7
舍外剪毛	10	0.9	90	13
有风	10	4.3	90	19
有风,毛干	6	4.3	90	−3
有风,毛湿	60	4.3	90	12
全价饲养	40	4.3	150	−40
初生羔羊,被毛潮湿				26
初生羔羊,被毛干燥				16

在我国北方地区，夏秋季节的温度基本上处在绵、山羊的等温度区（或舒适区），也正是水草丰盛、牧草营养价值较高的时期，在该阶段，羊新陈代谢旺盛，食欲较高，采食量大，是绵、山羊放牧抓膘的好时机。一般情况下，放牧羊群每年通过夏秋 3～4 个月的放牧抓膘，每只羊平均增重都在 10 千克以上，为随后的冬春枯草季节和越冬打下良好的基础。但是在冬春季温度过低时，特别是在风速大、空气湿度大或降雪的情况下，对绵、山羊的健康危害较大，此时体散热

较多，加之采食能量不足，往往使羊出现肌肉收缩、躯体卷曲、打寒颤等冷应激现象。严重时脉搏缓慢，新陈代谢降低，呼吸变慢，血液循环失调，甚至冻僵而死。这个时期是我过北方牧区绵、山羊特别是羔羊饲养管理的关键时期。

在我国南方地区，夏秋季节温度很高，气温超过30℃的天数较多，这个时期，绵、山羊的采食量下降，甚至停止采食，在中午温度高时经常出现扎群喘息的现象，体温升高，心率加快，呼吸频率增加，继而发生中暑甚至死亡。

气温对绵、山羊的繁殖也有明显影响。一般来说，高温比低温对羊的繁殖力影响大。高温使母羊发情率、受胎率、产羔率降低，使公羊性欲下降，精液的数量和质量降低。高温对绵羊生殖能力的影响可以通过表4-3加以说明。该试验是为研究萨福克羊和有角陶赛特羊对马来西亚热带高温、高湿环境的适应而设计的。表中马林羊是当地的绵羊品种，萨福克羊和有角陶赛特羊在该试验开始时已引入马来西亚6个月，试验期为1年。试验期内夜间平均气温为27.6℃，白天平均气温为32.5℃。供试羊白天放牧，夜间舍饲在凉棚里，每只羊每天补饲全价混合精料300克，公羊生殖能力每2周测定1次（表中数据为平均值）。从表中数据可见，高温对羊的生殖力有很大影响，公羊的射精量和精子活力明显低于正常水平，母羊产羔率极低（正常值为130%～150%）。

表4-3　高温对绵羊生殖能力的影响

观察项目	有角陶赛特羊	萨福克羊	马林羊
精子活力/%	37.6	45.5	76.7
射精量/毫升	0.54	0.52	0.51
爬跨次数	2.2	1.73	2.06
产羔率/%	45.5	65.6	75.8
每胎产羔/头	1.1	1.2	1.3
单羔率/%	89	73	64.5

一般来说，遮阳和剪毛可以显著降低高温对公羊精液品质的影响。根据中国科学院内蒙古、宁夏综合考察队等有关研究资料，在我

国不同生产类型的绵羊对气温适应的生态幅度见表4-4。

表4-4 不同生产类型的绵羊对气温适应的生态幅度

绵羊类型	掉膘极端低温/℃	掉膘极端高温/℃	抓膘气温/℃	最低抓膘气温/℃
细毛羊	≤-5	≥25	8～22	14～22
半细毛羊	≤-5	≥25	8～22	14～22
卡拉库尔羊	≤-10	≥30	8～22	14～22
粗毛肉用羊	≤-15	≥32	8～24	14～22

2. 湿度

空气相对湿度的大小也影响羊体热的散发。在一般温度条件下，湿度对羊的体热的调节影响较小。但高温时，由于羊主要靠蒸发散热，因而空气的相对湿度越高，羊体的蒸发散热率越低。所以在高温高湿的环境中，羊体散热更为困难，更易引起羊，特别是细毛羊的热应激。在高温高湿的环境中，有利于微生物和寄生虫的繁殖，因此，也容易造成羊的各种疾病，特别是腐蹄病和寄生虫。

根据内蒙古、宁夏考察队等研究资料，在我国不同生产类型的绵、山羊对水分条件适应的生态幅度见表4-5。

表4-5 不同生产类型的绵、山羊对水分条件适应的生态幅度

绵羊类型	适应的相对湿度/%	适应的年降水/毫米	最大适宜的相对湿度/%
细毛羊	50～75	300～700	60
半细毛羊	50～80	450～1000	60～70
卡拉库尔羊	40～60	100～800	45～50
粗毛肉用羊	55～80	300～800	60～70

3. 光照

光是生命一个极为重要的环境因子，可影响羊的内分泌，特别是激素的分泌。光照对羊繁殖具有明显的作用。在自然界，由于温度、湿度、气压、降水等环境因素多变，而光照具有稳定性和规律性。因此，在长期的物种进化过程中，羊和许多其他动物一样选择了光周期这一信号作为繁殖机能的“触发器”。

光照对羊繁殖功能影响的具体生理机制是很复杂的。近年来，国内外大量研究表明：松果体分泌的褪黑激素在光周期变化和羊繁殖季节性变化之间传导作用。光照控制着褪黑激素的分泌。因此，褪黑激

素的分泌呈白天低、夜间高的昼夜节律性变化和短日照分泌增加、长日照分泌减少的季节性变化规律。因而，褪黑激素能代表光照变化信息来控制羊的繁殖生理变化。

研究表明，羔羊的性成熟时间受光照控制。羔羊的性活动开始一般发生在短日照下，Foster通过对秋季生羔羊的研究表明，10月份出生的萨福克羔羊，初情期开始在49周龄（次年9月24日），显著迟于对照组3月份生春羔初情期到来时间31周龄（当年10月4日）。当将秋羔置于人工模拟春羔所经历的自然光源的光照制度下时，则秋生羔可在正常时间31周龄出现发情。Ebling将春羔在夏至时移入人工长日照下，结果羔羊垂体分泌的LH水平开始升高的时间显著推迟到52周龄，而对照组羊在自然光照下LH水平开始升高的时间为28周龄。以上研究结果表明：光照控制着羔羊的性成熟时间，羔羊出生后，必须经历光照时间由长变短的光周期才能在正常年龄达到性成熟。

成年绵羊的繁殖也受光照的影响，其作用也是通过褪黑激素来实现的。Bittman用萨福克成年羊做试验，将3组羊同时置于先90天长日照（16L∶8D）、后90天短日照（8L∶16D）的光照制度下，对照组不切除松果体，两个处理组都切除松果体。结果对照组羊在短日照处理55天后，LH水平开始升高，处理组1LH水平在短日照处理中未见升高。处理组2在试验期间进行了外源褪黑激素与对照组血液中褪黑激素变化模式相一致的措施，结果该组羊在相当短日照后的67天LH水平开始升高。这说明成年绵羊的繁殖也受褪黑激素的控制。但是，成年绵羊繁殖控制比较复杂，可能还受其他因素的影响，有待进一步研究。

4. 季节

季节对羊的影响实际上是各种自然因素对羊综合作用的结果。羊长期适应季节交替变化的结果使羊的生长、发育和生殖等一系列生命活动也呈季节性变化。首先，季节变化引起的植物生物量变化是对羊影响最大的因素。在我国北方草原区，羊的体重随季节植物生物量的变化而呈现规律性波动，形成“夏饱、秋肥、冬瘦、春乏”的现象。羊的繁殖虽然主要受光照周期变化的调节，但也与植物生物量呈现一致的变化规律。在北方地区，羊的产羔季节为春季，这样有利于羔羊出生后的生长发育，因而也有利于种群的延续；而在南方地区，由于植物生物量的季节性变化较小，常年有丰富的饲料供应，羊的繁殖基本不受季节的影响，多数品种在舍饲条件下都可四季繁殖。

除植物生物量外，季节变化时温度、降水量及光照长度的变化也可单独或综合对羊产生直接影响。比如，山羊绒生长的季节性变化主要是受光照长度季节性变化的控制；而绵羊生长、羊皮厚度等的季节性变化不仅受植物生物量变化的影响，随季节变化而变化的温度、湿度、光照，甚至饲养方式的不同都对其有不同程度的影响。

此外，风速风向、海拔高度、地形与土壤等也都是生态因子，对羊的生长发育都有一定的影响。舍饲养羊就是要消除和减少自然生态因子对养羊生产的不利影响，从而提高养羊生产水平。

5. 不同品种对生态条件的要求

不同生产方向的品种要求不同的生态条件，这是羊在长期的进化过程中形成的。引进新品种或进行杂交改良时，必须考虑当地生态条件是否符合该种羊的要求。自然生态因素包括温度、湿度、风力、海拔、光照、地形、草质和草量等。这些因素综合构成了羊的外界环境。

生态条件变化太大时，羊无法很快适应，产生应激反应，使羊的生产性能降低，生长发育受阻，体重减轻，体格变小；公羊、母羊性机能减弱，公羊精液中畸形精子增多，母羊发情不正常，不孕率增加；羊成活率降低，发生呼吸系统疾病，寄生虫病、腐蹄病增加。这些不良现象的产生，当然也与人为的饲养管理条件有关，但生态条件是主要因素。

根据不同类型羊的品种在世界各地的发展历史及主要分布地区的生态条件，可以归纳出不同类型羊品种对生态条件的要求。

二、羊的消化系统结构及其机能特点

（一）消化系统构成

羊的消化器官由口腔、食管、胃、小肠和大肠等组成。

1. 口腔和食管

羊嘴尖唇薄，上唇中央有一条纵沟，门齿锐利而稍向外倾斜，吃草时口唇和地面接近，有利于啃食低矮的牧草和灌木枝叶，并能拣食散落地面的农作物籽实和树叶。羊的舌前端较尖，舌面上有短而钝的乳头，舌尖光滑，可协助咀嚼和吞咽。

2. 胃

羊属于小反刍家畜，有4个胃。第一胃：瘤胃，在腹腔左侧，呈椭圆形，黏膜为棕黑色，表面有无数密集的乳头。第二胃：网胃，呈球形，内壁分割成很多网络如蜂巢状，又叫蜂巢胃。第三胃：瓣胃，内壁有纵列的褶膜。第四胃：皱胃，呈圆锥形，由胃壁的胃腺分泌胃液，主要是盐酸和胃蛋白酶，食物在胃液的作用下，进行化学性消化。前三个胃由于没有腺体组织，因此称前胃。第一、第二胃紧连在一起，其消化生理作用基本相似，除机械作用外，还具有广泛的微生物活动，分解消化食物；第三胃则是对食物进行机械压榨作用。其中，以瘤胃的容积最大，各胃容积占复胃总容积的比例见表4-6。

表4-6 羊各胃容积占复胃总容积的比例

羊 别	瘤胃/%	网胃/%	瓣胃/%	皱胃/%
绵羊	78.7	8.6	1.7	11.0
山羊	86.7	3.5	1.2	8.6

3. 小肠

小肠是羊消化吸收的主要器官，长度为17～34米，细长而曲折，与体长之比为(25～30)∶1。酸性的胃内容物进入小肠后，经各种消化液的化学性消化，被分解的各种营养物质在小肠下部被绒毛上皮吸收。未被消化的物质，经小肠的蠕动而被推入大肠。

4. 大肠

大肠直径比小肠大，长度比小肠短，为4～13米。大肠的主要功能是吸收水分、盐类、低级脂肪和形成粪便。凡小肠内消化未尽的营养物质，也可在大肠微生物和由小肠液带来的各种酶的作用下继续分解、消化和吸收，剩余残渣成为粪便，排除体外。

（二）反刍机能特点

反刍是指草食动物在食物消化前将食团经瘤胃逆呕到口中，经再咀嚼和再咽下的活动。包括逆呕、再拒绝、再混合唾液和再吞咽四个过程。其机制是饲草刺激网胃、瘤胃前庭和食管沟的黏膜，反射性引起逆呕。反刍可对饲料进一步磨碎，同时使瘤胃保持极端厌氧、恒温

(39～40℃)、pH 值 5.5～7.5 的环境，有利于瘤胃微生物生存、繁殖和进行消化活动。羊在短时间内能采食大量草料，经瘤胃浸软、混合和发酵，随即出现反刍活动。先是逆一个食团于口中，反复咀嚼 70～80 次后，与混合的唾液再吞咽于腹中，如此逐一进行。羊 1 天反复咀嚼食团数约 500 个。

正常情况下，在食入食物后 40～70 分钟，即出现第一次反刍周期。每次反刍平均持续 40～60 分钟，有时可达 1.5～2 小时，反刍次数的多少与饲料种类有密切的关系，饲料中粗纤维含量愈高，反刍时间愈长。绵羊每天反刍的时间约为放牧采食时间（8～10 小时）的 3/4，为舍饲采食时间（3～4 小时）的 1.6 倍。

当羊患病、过度疲劳或受外来强刺激时，都可引起反刍和瘤胃机能减弱或完全停止。反刍一旦停止，食物滞留在瘤胃内，往往由于发酵所产生的气体排不出去，而引起瘤胃膨胀。

（三）瘤胃微生物的作用

瘤胃内存在大量的细菌和原虫，瘤胃每毫升内容物有细菌10^{10}～10^{11}个，原虫 10^5～10^6 个。瘤胃犹如一个“发酵罐”，温度约 40℃，pH 值在 6～8 之间，为微生物的繁殖创造了适宜的环境。瘤胃是一个复杂的生态系统，反刍家畜摄入大量的草料并将其转化为畜产品，主要靠这些微生物复杂的消化代谢过程。

1. 瘤胃微生物能分解粗纤维

依靠微生物产生的粗纤维水解酶，能将饲草中的粗纤维分解成容易消化的碳水化合物（羊能消化粗纤维 50%～80%），从而被羊体所利用，同时形成挥发性低级脂肪酸（VFA），如乙酸、丙酸和丁酸等。这些有机酸，一方面可以与尿素分解后产生的氨，通过微生物的作用合成氨基酸。此外，有机酸可以中和由尿素分解所产生大量的氨，维持瘤胃内正常的酸碱度，不至于使羊发生氨中毒。

2. 利用植物性蛋白和非蛋白氮（NPN），合成“酸体蛋白”

饲料中低质量的植物性蛋白质，通过瘤胃微生物分泌酶的作用，被分解为肽、氨基酸和氨。饲料中的非蛋白氮，如酰胺、尿素等，也被分解为氨。这些分解产物，在瘤胃内能源供应充足和具有一定数量蛋白质的条件下，瘤胃微生物可将其合成微生物蛋白质，进入皱胃和小肠后被消化吸收。微生物蛋白质含有各种必需氨基酸，其比例合适，组成较稳定，生物学价值高，随食糜进入皱胃和小肠，作为蛋白质饲料被消化。

3. 瘤胃微生物可以合成维生素

维生素合成后，一部分在瘤胃中被吸收，其余在肠道中被吸收利用，能满足自身需要，不必另行补充。此外，瘤胃微生物还对脂类有氢化作用，可以将牧草中的不饱和脂肪酸转变成羊体的硬脂酸。同时瘤胃微生物亦能合成脂肪酸。

（四）羔羊的消化机能特点

哺乳时期的羔羊，发挥作用的主要是第四胃，前三个胃的作用很小。因为这时瘤胃微生物的区系尚未形成，没有消化纤维的能力，不能采食和利用饲料。羔羊对淀粉的耐受量很低，小肠消化淀粉能力有限。所吃母乳直接进入真胃，由真胃所分泌的凝乳酶进行消化。因此，应喂给羔羊营养价值高、纤维素少、体积小、能量和蛋白质水平高、品质好、容易消化的饲料。单一吃奶的羔羊瘤胃和网胃发育处于不完善状态。随日龄的增长和采食植物性饲料的增加，前三胃体积逐渐增大，真胃凝乳酶的分泌逐渐减少，其他消化酶逐渐增多，对草料的消化分解能力开始加强，约在20日龄开始出现反刍活动。依据这一特点，在生后15日龄左右开始补饲优质干草和饲料，以刺激促进瘤胃的发育和微生物区系的形成，增强对植物性饲料的消化能力。在羔羊哺乳期，若在精料中添加抗生素饲料25毫克（每羔每日），可提高羔羊体重11%，节省饲料10%，有益无害；但用来喂成年羊则有害无益。

（五）羔羊的适应性特点

哺乳期羔羊各组织器官功能尚不健全，如出生1～2周内羔羊调节体温的技能发育不完善，神经反射迟钝，皮肤保护技能差，特别是消化道黏膜容易受细菌侵袭而发生消化道疾病。但哺乳期羔羊可塑性强，外部环境变化能引起机体相应的变化而发生变异，有利于羔羊的定向培育。

第二节　羊的营养需要及饲养标准

动物所食的饲料，通过消化器官的作用，分解为比较简单的物质而被机体吸收，因此掌握和了解羊消化器官的特点，是对羊只进行科学饲养的基础。

了解羊的营养需要，是确定饲养标准、合理配合日粮、进行科学养羊的依据，也是维持羊健康及其生产性能的基础。

一、羊的营养

羊的营养需要主要包括能量、蛋白质、脂肪、矿物质、维生素和水。

1. 能量

羊呼吸、运动、生长、维持体温等全部生命过程都需要能量。饲料中的有机物质——碳水化合物、脂肪和蛋白质都含有能量。其中碳水化合物是能量的主要来源，包括淀粉、糖和粗纤维。由于羊瘤胃的生理学特点，所以应多供给优质粗饲料，以降低饲养成本。能量单位过去常用卡、千卡、兆卡表示。1 卡即 1 克水从 14.5℃上升到 15.5℃所需的能量。近年来研究营养代谢多以焦耳为能量单位。卡与焦耳的等值关系为：1 卡（cal）=4.184 焦耳（J），1 千卡（kcal）=4.184 千焦（kJ），1 兆卡（Mcal）=4.184 兆焦（MJ）。每千克饲料中碳水化合物的能量值约为 17.5 兆焦，脂肪的能量值约为 39.29 兆焦，蛋白质的能量值约为 23.41 兆焦。饲料中的能量并不能完全被羊利用。饲料中的总能减去粪便中所含的能称为消化能（DE）。这种消化能称为表现消化能。表现消化能减去消化过程中产生的甲烷等气体和由尿排出的能称为代谢能（ME）。代谢能也称生理有用能或表观代谢能（AME）。代谢能是羊生命活动所必需的，与其他营养物质有一定的比例，因而在配合高能量或低能量日粮时，其他营养物质也应有相应的比例，这样的饲料才经济合理。试验表明，羔羊每增重 1 克约需消化能 40 千焦，每增重 1 克蛋白质约需消化能 48 千焦，每沉积 1 克脂肪约需消化能 81 千焦。

2. 蛋白质

蛋白质是羊机体必需的重要成分，不但可组成各种组织、器官，而且也是体内酶、激素、抗体及肉、皮、毛等产品的主要成分。蛋白质的营养作用是碳水化合物、脂肪等营养物质所不能替代的。机体蛋白质经 6～7 个月则有半数为新型蛋白质所替代。蛋白质可以替代碳水化合物和脂肪的产热作用。当碳水化合物和脂肪产热供应不足时，蛋白质在体内分解、氧化释放出能量。1克蛋白质可产生18.8千焦的热量。用蛋白质代替碳水化合物产热供能是不经济的。多余的蛋白质在肝脏、血液及肌肉内储存，或经脱氨作用转化为脂肪储存，以备不足之需。饲料中蛋白质供应不足时，会造成羊消化机能减退，生长缓慢，体重减轻，发育受阻，抗病力减弱，严重缺乏时甚至引起死亡。各种饲料中的粗蛋白质含量不同。鱼粉、肉粉、血粉中含量最高，含60%～80%，饼粕类30%～45%，豆科籽实类20%～40%，糠麸类10%～17%，豆科干草类9%～12%，秸秆类3%～6%，块根类0.5%～1%。蛋白质是由20种氨基酸组成的，氨基酸又分为必需氨基酸和非必需氨基酸。羊瘤胃共生着大量细菌和纤毛虫，它们能将饲料中的蛋白质分解，再合成菌体蛋白，甚至能利用非蛋白氮合成菌体蛋白进入小肠内被吸收。菌体蛋白氨基酸平衡，是优质蛋白质，因此，羊对饲料中蛋白质的品质要求不严格，一般也不会缺乏必需氨基酸。因为羊瘤胃微生物能利用尿素、铵盐等非蛋白氮合成菌体蛋白，为此尿素等非蛋白氮化合物可用来喂羊。由于羔羊瘤胃机能发育不全，微生物区系尚未建立，所以羔羊时期（2～3月龄前）至少要提供8种必需氨基酸，即组氨酸、异亮氨酸、亮氨酸、赖氨酸、苯丙氨酸、苏氨酸、酪氨酸和缬氨酸。

3. 脂肪

羊体内的脂肪主要由饲料中的碳水化合物转化为脂肪酸后再合成体脂肪，但羊体不能直接合成十八碳二烯酸（亚麻油酸）、十八碳三烯酸（次亚麻油酸）和二十碳四烯酸（花生油酸）三种不饱和脂肪酸，必须从饲料中获得。若日粮中缺乏这些脂肪酸，羔羊生长发育缓慢，皮肤干燥，被毛粗直，有时易患维生素A缺乏症、维生素D缺乏症和维生素E缺乏症。豆科作物籽实、玉米糠及稻糠等均含有较多脂肪，是羊日粮中脂的重要来源，一般羊日粮中不必添加脂肪。

4. 矿物质

矿物质是构成体组织不可缺少的成分之一，特别是骨骼和牙齿主要由矿物质组成。同时，矿物质参与体内各种生命活动，是保证羊体健康生长必需的营养物质。

（1）钙和磷　钙和磷是羊体内含量很大的矿物质，是骨骼和牙齿的主要成分，约有99%的钙和80%的磷存在于骨骼和牙齿中。钙是细胞和组织液的重要成分，磷是核酸、磷脂和磷蛋白的组成成分。羊日粮中钙磷比例比（2～1.5）∶1为宜。日粮中缺乏钙或钙、磷比例不当时，羊食欲减退，消瘦，生长发育不良，幼畜患佝偻病，成年羊患软骨症或骨质疏松。磷缺乏时，羊出现异食癖，如吃羊毛、砖块、泥土等。一般植物性饲料缺钙，但豆科牧草和苋科植物中含钙量较大。大量饲喂某些含草酸多的青饲料，如菠菜等可妨碍钙的吸收。农作物秸秆磷含量较低，青绿玉米、甜菜叶磷含量最低。谷实类、饼粕、糠麸磷含量较高，动物性饲料如鱼粉含磷丰富。日粮补钙磷则使用骨粉或磷酸氢钙。

（2）钠和氯 钠和氯是胃液组成分子，与消化机能有关。钠和氯也是维持渗透压及酸碱平衡的重要离子，并参与水的代谢。钠和氯元素长期缺乏，则食欲下降。一般用食盐补充钠和氯，食盐既是营养品，又是调味剂，可提高食欲，促进生长。植物性饲料，尤其是作物秸秆含钠、氯较少，因此应经常给羊喂盐，一般按日粮干物质的0.15%～0.25%或混合精料的0.5%～1%补给。青粗饲料中含钾多，钾能促进钠的排出，为此对放牧饲养的羊要多补一些食盐，以粗饲料为主的羊要比以精料为主的羊多喂一些。

（3）铁 铁主要存在于羊的肝脏和血液中，为血红蛋白及各种中短呼吸酶的组成成分。饲料中缺铁时，羊易患贫血症，羔羊尤为敏感。供铁过量可引起磷利用率降低，导致软骨症。幼嫩的青绿饲料和谷类含铁丰富。

（4）铜 铜与铁的代谢关系密切，是许多氧化酶的组成成分，参与造血过程，促进血红蛋白的合成。机体缺铜时，可减少铁的利用，造成贫血、消瘦、骨质疏松、皮毛粗硬、毛品质下降等。日粮中铜过量可引起中毒，尤其是羔羊，对过量铜耐受力较差。一般饲料中含铜较多，但缺铜地区土壤生长的植物含铜量较低，容易引起铜缺乏症，可给予硫酸铜、氯化铜。

（5）锌 锌是构成动物体内多种酶的重要成分，参与脱氧核糖核酸的代谢作用，能影响性腺活动和提高性激素活动。锌还可防止皮肤干裂和角质化。日粮中缺乏锌时，羔羊生长缓慢，皮肤不完全角化，可见脱毛和皮炎，公羊睾丸发育不良。锌在青草、糠麸、饼粕类中的含量较大，玉米和高粱中含锌较少。日粮高钙易引起缺锌。

（6）锰　锰对羊的生长、繁殖和造血都有重要作用，为多种酶的激活剂，能影响体内一系列营养物质的代谢，严重缺锰时，羔羊生长缓慢，骨组织损伤，形成弯曲、骨折和繁殖困难。锰在青绿饲料、米糠、麸皮中含量丰富，谷实及块根、块茎中含量较低。

（7）硫　硫是蛋氨酸、胱氨酸、半胱氨酸等含硫氨基酸的组成成分，硫对合成体蛋白、激素和被毛，以及碳水化合物代谢有重要作用。羊瘤胃中的微生物能利用无机硫和非蛋白氮合成含硫氨基酸，日粮干物质中氮比例以（5～10）∶1为宜。因此在饲喂尿素的同时，可日补硫酸铜10克，使之占日粮干物质的0.25%，可有效提高产毛量，增加羊毛强度和长度，并且对防止羊场毒血症死亡也有一定效果。

（8）钴　钴是维生素B_{12}的组成成分，饲料缺钴会影响维生素B_{12}的合成。土壤缺钴的地区生长的牧草含钴量较低，当每千克饲草干物质含钴量低于0.07毫克时，应补钴，一般选用硫酸钴或氯化钴。

（9）硒　硒是谷胱甘肽过氧化酶的组成成分。该酶具有抗氧化作用，能将氧化脂类还原，防止毒素在体内蓄积。缺硒可引起白肌病，羔羊更敏感。缺硒地区用亚硒酸钠补硒。

5. 维生素

维生素对维持羊的健康、生长和繁殖有十分重要的作用。成年羊瘤胃微生物能合成B族维生素、维生素C及维生素K。在羊的日粮中要注意供给足够的维生素A、维生素D和维生素E。

（1）维生素A　又叫抗干眼病维生素，能促进机体上皮细胞的正常生长，维持呼吸道、消化道和生殖系统黏膜的健康水平，并保障正常视力。维生素A缺乏时，羊采食量下降，生长停滞、消瘦，出现干眼症或夜盲症，母羊受胎率低，易流产或产死胎，公羊性欲低，射精量少。维生素A不直接存在于植物性饲料中，但植物中的胡萝卜素可以在肝脏内转化为维生素A。一般优质青干草和青绿饲料中含有丰富的胡萝卜素。而作物秸秆、饼粕中缺乏胡萝卜素，羊长期饲喂这些饲料时要补充维生素A。市售制品有维生素A乙酸酯和维生素A棕榈酸酯。

（2）维生素D　又叫抗佝偻病维生素，可以增加肠对钙、磷的吸收。维生素D缺乏时会影响钙、磷代谢，食欲不振，体质虚弱，四肢强直，被毛粗糙，羔羊易患佝偻病，成年羊骨质疏松，关节变形，易患软骨病。获得维生素 D 最经济的办法是让羊多晒太阳。因羊的皮肤和被毛上含有 7-脱氢胆固醇，经紫外线照射就能转化为维生素 D_3 而被机体吸收利用。

(3) 维生素 E　又叫生育酚、抗不育维生素，在机体内起催化和抗氧化作用。维生素 E 缺乏时，羔羊易患白肌病，公羊睾丸发育不良，精液品质差，母羊受胎率降低，流产或死胎。一般羔羊每千克日粮干物质中维生素 E 不应低于 15～16 国际单位，成年羊一般日粮所含维生素 E 可满足需要。谷实的胚和青绿饲料中含维生素 E 较多，加工过程中易被氧化破坏。可给予 DL-α 生育酚醋酸酯补充维生素 E。

6. 水

水是羊体重要组成成分之一。水最容易得到，所以有时不把水作为营养物质，这种看法是不完全的。水分是饲料消化、吸收、营养物质代谢、排泄及体调节等生理活动所必需的物质，是羊生命活动不可缺少的物质。一般水分可占体重的 60%～70%。当体内水分损失 5% 时，羊有严重的渴感，食欲废绝；丧失 10%的水分时，代谢紊乱，生理过程遭到破坏；水分损失 20%时，可引起死亡。当羊体内水分不足时，胃肠蠕动减慢，消化紊乱，体温调节功能遭到破坏。特别是在缺水情况下脂肪过度沉积（肥育），会促进肠毒血症的发生，食欲减退，并出现肾炎等症状。饮水不足还会影响食物的适口性。羊需要的水主要由饮水供应。需水量因体重、气温、日粮及饲养方式不同而不同，一般采食 1 千克干物质需水 3～5 千克。每日应让羊自由饮水 2～3 次。

二、饲养标准

根据家畜的不同种类、性别、年龄、体重、生产目的与水平，根据生产实践中积累的经验，结合能量与物质代谢试验的结果，科学地规定一头家畜每天应该给予的能量和各种营养物质数量。这种规定的标准称为饲养标准。它是根据家畜营养需要的测定值和估计量，并在不同饲料广泛变化的条件下，进行大量试验研究所获得的数据基础上推导而来，是一个概括的、系统的、合理的营养需要量或供给量。羊的饲养标准详细参考附录“羊的饲养标准”。

第三节 羊的日粮配合

羊的日粮，就是羊一昼夜所采食的各种饲料的总量（即饲粮）。羊日粮的搭配，就是以奶用山羊的饲养标准为依据，选择不同数量的几种饲料组配成日粮。一个好的羊日粮配方，其营养含量符合羊营养标准，并在饲喂实践中产生增效功能。

一、日粮配合的注意事项

在配合羊日粮时，要将各种饲料搭配好，应注意的事项如下。

(1) 羊是草食动物，其日粮饲料搭配应首先考虑青料这类基础日粮的采食量和从青料中摄取营养量，然后对照羊的饲养标准、羊营养标准中规定的各类营养减去青料中各类营养，求出尚欠营养量，并据此选取混合料。

(2) 羊的日粮配合，要按照羊的饲养标准，由各种饲料组配，组配的饲料要适合羊的采食习性和消化特点，这样才有利于羊的采食和消化，也有利于配合日粮的转化效能，提高饲料利用效益。

(3) 羊的日粮，在饲料搭配上要注意精、粗比例适当。例如，绵羊的精、粗比为4∶6；山羊的精、粗比为3∶7。

(4) 羊的日粮，在饲料搭配上要注意配合饲料的营养性、生产上的有效性和安全无害，还要注意配合日粮容积的适量性。

(5) 要保持一定的粗纤维含量，在配合日粮中粗纤维含量以15%～20%为宜。

(6) 所选饲料要新鲜、清洁，尽可能是本地易得的饲料。

(7) 饲料搭配的营养量要根据羊的产肉、体况、妊娠期、干奶期做适当调整，使其适其需要，发挥效用。

二、日粮配合的原则和方法

日粮是羊一昼夜所采食的饲草饲料总量，日粮配合就是根据羊的饲养标准和饲料营养特性，选择若干种饲料原料并按一定比例搭配，使日粮能满足羊的营养需要的过程。因此，日粮配合实质上是使饲养标准具体化。在生产上，对具有同一生产用途的羊群，按日粮中各种饲料的百分比，配合而成的大量的、再按日分顿喂给羊只的混合饲料，称为饲粮。

1. 日粮配合的原则

日粮配合的原则：一是日粮要符合饲养标准，即保证供给羊只所需要的各种营养物质。但饲养标准是在一定的生产条件下制定的，各地自然条件和羊的情况不同，故应通过实际饲养的效果，对饲养标准酌情修订。二是选用饲料的种类和比例，应取决于当地饲料的来源、价格及适口性等。原则上，既要充分利用当地的青、粗饲料，也要考虑羊的消化生理特点，其体积要求羊能全部吃进去。

2. 日粮配合的步骤

首先，要确定饲喂对象的相应标准所规定的营养需要量；第二，先应满足粗料的喂量，即先选用一种主要的能量饲料，如青干草或青贮料；第三，确定补充饲料的种类和数量，一般是用混合精料来满足能量和蛋白质不足部分；最后，用矿物质补充饲料以平衡日粮中的钙、磷等矿物质元素的需要量。

3. 注意事项

羊是群饲家畜，在实际工作中，对以放牧饲养的羊群，应在日粮中扣除放牧采食获得的营养数量，不足部分补给干草、青贮料和精料(包括矿物质和食盐)。此外，在高温季节或高温地区，羊采食量下降，为减轻热应激、降低日粮中的热增耗而保持净能不变，在做日粮调整时，应减少粗饲料含量，保持较高浓度的脂肪、蛋白质和维生素，以平衡生理需要。抗高温添加剂有维生素C、阿司匹林、氯化钾、碳酸氢钠、氯化铵、无机磷、瘤胃素、碘化酪蛋白等。在寒冷地区或寒冷季节，为减轻冷应激，在日粮中，应添加含热能较高的饲料。从经济上考虑，用粗饲料作热能饲料较精饲料价格低。

4. 日粮配合的方法

羊的日粮是指一只羊在一昼夜内采食各种饲料的数量总和。但在实际生产中并不是按一只羊一天所需来配料的，而是对一群羊所需的各种饲料，按一定比例配成一批混合饲料来饲喂。配合日粮的方法和步骤有多种。一般所用饲料种类越多，选用营养需要的指标越多，计算过程就越复杂，有时甚至用手算不能完成，因此，在现代畜牧生产中，已经应用电子计算机来计算饲料配方，既方便又快捷。

手算常用试差法如下。

第一步，确定每只羊每日营养供给量，作为日粮配方的基本依据。

第二步，计算出每千克饲粮的养分含量，将所规定的每只羊每日营养需要量，除以每只羊、每日采食的风干饲料的千克数，即为每千克饲粮的养分含量（%）。

第三步，确定拟用的饲料，列出选用饲料的营养成分和营养价值表，以便选用计算。

第四步，根据对日粮能量含量的要求，试配能量混合饲料。

第五步，在保持初配混合料能量浓度基本不变的前提下，用蛋白料补替，使能量和蛋白质这两项基本营养指标符合规定要求。

第六步，在能量和蛋白质的含量，以及饲料搭配基本符合规定要求的基础上，调整补充钙、磷和食盐等其他指标。

第四节　各类羊的饲养管理技术

一、肉用羊饲养管理技术

利用各种杂交方法，以本地品种为母本，引进优良肉用品种为父本进行经济杂交，这样培育的商品肉羊既保留了本地羊粗放、适应性强的特点，又有外来优良品种生长速度快、产肉多、肉质好的优点，加上合理利用当地的草山草坡和各种农副资源，就可以取得较大的经济利益。

1. 优质肥羔饲养要点

羔羊具有两个生理特点：一是在6月龄以前，生长发育快，此后，生长速度减慢。二是4月龄以前，瘤胃发育不完全，瘤胃微生物的分解作用相对较弱，因此，食入的精饲料在瘤胃中仅少量降解就进入到真胃内，然后被吸收，这样饲料的利用率较高，经济效益好。

（1）羔羊补饲　可用谷料饲料搭配适量大豆饼（粕），也可用混合精饲料。如玉米45%、麦麸22%、豆粕30%、食盐1%、鱼粉2%。羔羊的精饲料喂量随月龄的增长而增加。20～30日龄，每只羔羊喂量为50～70克；1～2月龄为100～150克；2～3月龄为200克；3～4

月龄为250克，每日补喂2次。

（2）母羊饲养　母羊要在优质的草场上放牧，或者舍饲喂给优质的饲草。同时，每天每只母羊喂给0.4～0.7千克的混合饲料。混合精饲料的组成：玉米60%、麦麸8%、棉籽饼16%、豆粕12%、食盐1%、磷酸氢钙3%。

（3）羔羊早期断奶　在我国目前的生产水平下，供舍饲肥羔生产用的羔羊可以在60日龄断奶，如果补饲条件好，也可以在42日龄以后断奶。

（4）选择育肥羊只　从羊群中挑选个体大、发育好、采食能力强、无疾病的羔羊，组成断奶后的育肥群。最好选择公羔，因为公羔生长快，此时又未达到性成熟。

（5）饲料供应稳定　羔羊断奶后所喂饲料要与补饲一致，这样有利于缓解断奶所造成的应激。育肥期的饲料，也要力求保持原料一致。

（6）营养水平　进行肥羔生产，要求日粮的蛋白质和能量水平均高，粗蛋白质水平达到或接近20%，钙磷比例适宜。

（7）合理配制日粮　除了满足能量、蛋白质和纤维素的要求之外，还要提供维生素和矿物质饲料添加剂及抗生素。

（8）卫生管理　始终要有充足、清洁的饮水供应，舍内通风良好，地面干燥，铺有垫草，饲料不被污染，及时清扫圈舍、场地、料槽、水槽，定期消毒。

2. 羔羊放牧补饲生产要点

（1）安排产羔季节　实行当年产羔当年育肥的生产制度，使育肥羔的出栏时间正好赶在元旦或春节前，以取得可观的经济效益，同时也有利于饲草的供应。为了使羔羊有较长时间的生长育肥期，理想的产羔时间应在每年的初春。

（2）选择育肥时间　一般10月上、中旬开始补加混合精饲料，育肥开始过早会影响羔羊出栏重和皮张质量。

（3）羔羊断奶　一般为2～4月龄断奶，个体大的羔羊可适当提前断奶，对于弱小羔羊，适当延迟断奶时间。

（4）分群转栏　对于断奶后的羔羊，未去势的要去势。要对羔羊进行驱虫和药浴，按照体重和个体大小相近的原则单独组群，单独放牧，单独补饲和管理。

(5) 放牧时间 每天放牧应在7～9小时以上，以增加羔羊采食量，促进生长发育。每天放牧结束回圈之后，应对羔羊补饲粗饲料。入冬以后，粗饲料的投喂量应该增加，喂给质量较好的粗饲料，如花生秧、地瓜秧等。

(6) 补喂混合饲料 每天放牧回圈，应该补喂混合饲料，也有早晚两次补饲的，补喂混合饲料应该定量。随着饲喂月龄的增长而逐渐增加，在出栏前的2个月左右属于集中育肥阶段，应作为补饲的重点，混合精饲料用量要增加。

3. 优质肉羊生产管理要点

(1) 羊去势 公羔出生后18天左右去势，如遇阴天或体弱者可适当推迟。去势最好选在早晨至10时前进行，以便护理。去势可采用刀切法或结扎法。

(2) 羊去角 对有角的羊，应在生后5～10月内进行去角手术。去角的方法有烧烙法和腐蚀法两种。

(3) 断尾 断尾应在羔羊出生10日内进行，此时尾巴较细，出血少。断尾可采用热断法和结扎法。

(4) 剪毛 用于肥羔生产可以不剪毛或剪毛一次，羔羊生产一般剪1～2次毛，即在春秋季各剪一次毛，山羊仅在每年的春天剪一次粗毛。剪毛要选择无风的晴天，使羊不致因剪毛而着凉感冒，剪完毛后，将毛按等级收集，以便出售。

(5) 定期药浴 在药浴前8小时停止喂料，在入浴前2～3小时给羊饮足水，以防止羊喝药液。先浴健康羊，有疥癣的羊最后药浴。

4. 肉羊管理技术要点

(1) 羔羊阉割 凡不做种用的公羔或公羊一律阉割作肥羊。阉割后羔羊性情温驯，管理方便，节省饲料，肉无膻味，且较细嫩。阉割多在春天或秋天进行，天气炎热时不适于公羊去势。最常见阉割法有两种：一是刀切法，常两个人配合，一人保定羊，一人一手握住阴囊上方，以防羔羊的睾丸缩回腹腔内。另一手用消毒的刀在阴囊侧面下方切开一小口，约为阴囊长度的1/3，以能挤出睾丸为度。切开后将睾丸连同精索取出后，消毒切口并撒上消炎粉。手术后不要让羊卧在潮湿肮脏的地方，防止感染。第二种方法是用橡皮筋结扎法，当公羊

1周大时，将睾丸挤在阴囊里，用橡皮筋紧紧地扎在阴囊的上部，以断绝睾丸部的血液流通，约经半个月自行脱落。

（2）分娩和接产　母羊怀孕150天左右就要生产，在临产前，要做好准备，产房地面一定要干燥、清洁、消毒，铺垫短、软、洁净的蓐草，室内温度在10℃以上，准备好接生用的碘酒、药棉等消毒药品，并准备好强心剂、镇静剂、催产剂等。产羔时环境要安静，不能惊动母羊，可偷看而不能围观。母羊临产前1周时间，奶头肿大、直立并能挤出奶汁，阴门肿胀并流出浓黏液，临产前排尿次数增加，烦躁，起卧不安，不断回头看腹部，且用前肢刨地，不时咩叫，食欲减退，停止倒磨。在正常情况下，羊膜破后不久，羔羊双前蹄及头部先露出，胎儿随即落地，产双羔或多羔时，母羊常常疲倦，要准备人工助产。此时可用手在母羊腹部下推举，帮助母羊排出胎儿。羔羊脱离母体后，要及时先把羔羊嘴、鼻、耳中黏液掏干净。羔羊身上的黏液要让母羊舐干或者用火烤干。羔羊脐带可剪断，断口处要涂上碘酒，防止发炎。母羊产后口渴、疲倦，要饮温糖水或稀小米汤。防止母羊因口渴而吃咬羔羊。

（3）修蹄　放牧条件下的肉羊，要保护好羊蹄，如不及时修整，形成变形蹄，会造成肉羊行走困难，难以随群放牧，影响羊只的健康及抓膘。公羊不及时修蹄，会由于行走困难，导致运动不足而降低精液品质。修蹄时间应选雨后进行较好，因为此时蹄质被雨水浸软，容易修整。修蹄时使羊蹲坐在地上，修蹄人用两腿挟住羊体两侧，手握前腿系部，右手持剪子修平角质，切不可削得太深，以免伤及蹄肉，造成跛行，影响行走。先修前蹄，再修后蹄。一次修不好的，可隔2周再修一次。羊只很重时，可两人进行修剪，将羊放倒，一人保定，另一人修剪。

（4）母山羊去势肥育术　公羊去势，可使其性情温顺，生长迅速，肉质肥美，毛皮质量提高，易于肥育。这一优点早已被广大养殖者和消费者所认识。而母山羊的去势肥育却一直被人们忽视。对此，笔者参照母猪“大挑花”去势术，对36只淘汰母山羊进行了去势肥育试验。结果表明，去势母山羊的生长速度、肉的品质、板皮质量及饲料转化率与去势公羊没有显著差异。与非去势母羊相比，则差异十分明显。尤其同等面积的板皮，在价格上，去势母羊比非去势母羊高

10～15元（现行价）。因此，本文着重介绍母山羊卵巢摘除去势术，以便养羊者和畜牧兽医同行在生产实践中参考。

具体手术方法分述如下。

① 去势时间：一般在山羊板皮收获前5～6个月时进行去势。

② 术前准备：常规阉割母猪手术用品，对休情期无种用价值的淘汰母羊术前禁饲6～8小时。

③ 保定：两人保定，采用右侧卧，羊背部向着术者。术者一只脚踩住羊的颈部，另一只脚踩住羊尾，助手将羊的两后肢向后拉直即可。

④ 术部：在髋结节前端2～3指处斜下方3～4厘米处。

⑤ 手术方法：术部常规消毒，用“大挑花”刀作一长2～3厘米的直切口，切开皮肤到腹膜时用刀柄做纯性分离，扩大切口，插进食指，正对腰窝方向深入触摸卵巢和子宫角。当手指摸到卵巢时，将卵巢基部及输卵管钩紧，在腹外拇指配合下，将卵巢沿腹壁移向切口附近，用刀柄钩将左侧卵巢取出。再将手指伸入直肠下方至右侧探摸右侧卵巢，同法钩出，分别结扎，如不结扎卵巢基部完整切除。初学者也可牵出子宫角找到卵巢后摘除，但要注意使子宫恢复原位，然后腹膜、肌肉全层用螺旋缝合2～3针，缝好后用食指插入腹腔检查是否缝着肠管，然后拉紧缝合线打结。皮肤用结节缝合3针，每层缝合应做到认真消毒。术后将羊置于清洁羊舍中，开始2次饲喂时，应适当减饲，并给予易消化而富有营养的饲料。

5. 肉羊冬季育肥

（1）育肥组群原则　凡不做种用的公、母羔羊和淘汰的老、弱、瘦、残羊都可用作育肥。先对其进行去势、驱虫、灭癣、修蹄，然后按老幼、强弱、公母进行分群和组群，这样有利于羊群的安宁和羊的生长发育。但一般而言，幼龄羊比老龄羊增重快，肥育效果好。羔羊1～8月龄的生长速度最快，且主要生长肌肉，选择断奶羔羊做肥育羊，生产出的肥羔肉质好，效益高。因此，一般在羔羊断奶鉴定整群后，将不适合留作种用的羔羊，按性别、体重大小分别组群，分群肥育；淘汰成年羊，按年龄、体重大小分别组群肥育，这样有利于根据其对营养需求的不同情况来调配饲料。

（2）突出效益原则　经济效益的大小，是衡量肉羊育肥成败的关键，而不是盲目追求日增重的最大化。在当地条件下，按照市场经济规律，寻求最佳经济效益。尤其在舍饲肥育条件下，最大化的肉羊增重，往往是以高精料日粮为基础的，肉羊日增重的最大化，并不一定意味着可获得最佳经济效益。因此，在设定预期肥育强度时，一定要以最佳经济效益为唯一尺度。生产中应根据饲养标准，结合育肥羊自身的生长发育特点，确定肉羊的饲粮组成、日粮供应量或补饲定额，并结合实际的增重效果，及时进行调整。

（3）舍饲育肥原则　当气温较低或草场、草坡和田间被冰雪封冻时，可由放牧改为舍饲育肥。以喂优质干青草或青贮饲料为主，每天喂给一定数量的玉米、瓜干、高粱、豆饼等精饲料，还可喂些胡萝卜、南瓜等多汁饲料，以提高适口性，增加羊的采食量。让羊在温暖的羊舍中吃饱吃好饮足，就能使其迅速生长发育和增膘长肉。

（4）适时屠宰原则　生产中应合理组织生产，适时屠宰肥育羊。根据肥育羊开始时所处生长发育阶段，确定肥育期的长短，过短肥育效果不明显，过长则饲料报酬低，经济上不合算。因此，肉羊经过一定时间的肥育达到一定体重时，要及时屠宰或上市，而不应盲目追求羊只的最大体重。

（5）规模确定原则　育肥规模的大小，决定利润的多少，通常而言，规模越大利润越多，但在实际生产中，往往适得其反。由于盲目采购羊只，贪图规模而忽视市场的运作、消费者的承载力，造成规模大、亏损大的现象。因此，在决定饲养规模时，一是要了解销售地的肉类消费水平、个人收入情况，对预售价格做出可靠预测；二是要关注与畜牧业有关的农业产品价格，如玉米、大豆等，这些产品的价格高低直接影响饲料价格的波动，也是肉类价格的晴雨表；三是要根据储存饲草、饲料的数量、总量，确定育肥期的长短和批次。育肥时在合理科学的饲草、饲料搭配下，一般育肥期以60～70天为宜，具体育肥的时间，视进入育肥栏羊只的膘情、大小、日增重速度而定，从经济效益的角度分析，育肥期最好不超过90天。

二、毛（绒）用羊饲养管理技术

1. 品种的选择

绒用山羊品种的好坏，直接影响到生产性能的发挥，特别是毛的质量及数量方面显得尤为突出。

绒用山羊的类型较多，产地各异，生产性能差别较大，按照毛色可分为黑、白、灰、褐杂色等，但目前人们一致认为辽宁盖县的白绒山羊最佳。

2. 满足营养需要是发挥生产潜力的基础

绒山羊食性较广，一般不会造成营养性缺乏，但到了冬季、早春，青嫩多汁饲料往往严重缺乏，此时最易造成以维生素为主的营养供给不足，影响羊只生长发育和被毛生长，甚至会导致疾病的发生。所以，在有条件的地方，最好在7月上旬到8月上旬，饲喂优质牧草，如果青嫩多汁饲料不足，可在补加的青饲料中添加一定量的维生素、微量元素或生长素，在每年进入冬季前，除贮备青嫩多汁饲料外，还要备足其他干草，如玉米秸、豆叶和其他农副产物，这些都是绒山羊越冬的好饲料。对于妊娠羊、产羔羊、种公羊及病弱羊，要视当时饲草情况，每天适当补充精料，这样才能满足妊娠羊的营养需要，满足羔羊正常哺乳，有利病弱羊的及早康复，使绒山羊长年保持中上等体况。

3. 抓绒、剪毛时间及毛绒的保管

绒用山羊每年春季要进行抓绒和剪毛，具体抓绒时期应当根据当地气候条件而定。肉眼可见的抓绒标志是，当发现绒山羊的头部、耳根及眼圈周围的绒毛开始脱落时，即为开始抓毛的时期（一般在4月下旬5月初梳毛），抓毛1～2次，抓完绒毛以后，约1周剪粗毛，抓绒开始时先用稀梳顺毛的方向由颈、肩、胸、背、腰及股各部由上而下将沾在羊身上的碎草及粪块轻轻梳掉，然后用密梳逆毛而梳，其顺序是由股、腰、背、胸及肩部，梳子要贴近皮肤，用力要均匀，不可用力过猛，以免抓破皮肤。在梳毛过程中尽量避免将羊赶到山坡、荒地灌木丛中放牧，以免刮掉绒毛，降低产量，梳剪下的羊毛（绒毛、粗毛）最好及时处理，一时处理不了，要根据羊毛的质量分别放置，宜放在通风、阴凉、干燥的地方保存，切忌用麻丝编织袋包装，为防虫蛀，可放些卫生球之类的防虫药，剪毛后，还要注意防止羊感冒。

4. 要在保护皮毛上下功夫

饲养绒山羊，绒毛的价值关键决定于毛的质量及数量，所以，要在保护被毛上下功夫。经过多年来的实践与观察，对被毛质量、数量影响较大的疾病是疥癣病，此寄生虫病主要为接触性传染病，虫体破坏皮肤的正常结构，阻碍毛的正常生长，致使被毛脱落，毛中夹有大量的皮屑，梳下的毛，数量少，质量差，工艺价值低。因此，要控制疥癣病的发生，除在加强圈舍环境卫生以外，还要求每年剪完粗毛后，抓伤、剪伤已痊愈即开始全群性药浴，第 1 次药浴后，间隔 8～14 天，可再重复药浴 1 次，效果很好，否则，秋冬发生疥癣后，则很难处理。

5. 定期消毒与驱虫

每年春秋两季对羊舍地面、墙壁和用具等各进行 1 次大消毒，春季在起圈后进行，秋季在入冬前进行。每年春秋两季对羊群各进行 1 次驱虫，驱虫期最好舍饲，并把这几天清除的粪便收集起来，集中发酵。

6. 配种年龄与利用年限

掌握绒山羊适时配种的年龄，对羊本身的生长发育、生产性能及生产价值都十分重要。在良好的饲养管理条件下，一般母羊初配年龄在 9 月龄以上，妊娠天数平均在 150 天左右，产羔 20～40 天后，即可再次发情配种，发情周期 16～20 天。公羊宜在 9 月龄以后参加配种，此时，不仅性成熟，而且也达到了体成熟。绒山羊最好的繁殖年龄是在 3～5 岁之间，6 岁以后繁殖力逐步下降。

7. 饮水与啖盐

根据季节特点，每天饮水次数也不一样。春季，每天饮 2～3 次，夏季 4～5 次，秋季 3～4 次，冬季 2 次，供给足量清洁的用水。青草放牧每周啖盐 1～2 次，每次成羊 8～10 克，育成羊 5 克，越冬期，每周啖盐 2～3 次，用量与放牧期相同，羔羊适量补给。啖盐时，可将食盐放在饲料中或饮水中。如用舔盐砖，可放置于地面凸突处或悬挂于铁丝上或墙上，任羊自由舔食。

8. 定期定量补硒

为防止白肌病的发生，对缺硒地区，要制订切实可行的补硒计划，对孕羊、妊娠羊、哺乳羊及羔羊尤为重要。

三、裘皮用羊饲养管理技术

以下以中卫山羊的全程饲养管理，介绍兼用羊的饲养管理，可供其他裘皮用型羊参考。

宁夏中卫山羊选育场是全国唯一从事中卫山羊本品种保种、选育工作的种质资源场。自 1956 年建场以来，为云南、广东、山西、浙江、四川、贵州、广西、江苏、辽宁、黑龙江等省区提供优质种羊 2 万余只，其中种公羊 9854 只。这些种羊的推广，为改良当地山羊发挥了积极作用，产生了显著的经济效益和社会效益。

中卫山羊是我国独特的裘皮用山羊品种，以生产白色裘皮而著称与世。主要分布于宁夏回族自治区中卫香山地区和其毗邻的中宁、同心、海原县和内蒙古的阿拉善左旗，甘肃景泰、靖远等地。该区地形复杂，地势高峻，山峦起伏，沟壑纵横，海拔 1300～2000 米。

中卫山羊属于裘皮用品种，其绒毛品质俱佳，体质结实，耐粗饲，适应力强，遗传性能稳定，终年放牧在半荒漠草原上，耐寒抗署。体格健壮，性情活泼，胆大，行动敏捷，善攀登悬崖、陡坡沟壑，常远途放牧。

1. 外形

初生羔羊体躯宽深，四肢端正结实。全身具有多弯曲丝织光泽的被毛。随年龄的增长而毛股弯曲消失。

成年羊头部清秀，面部平直，额丛生长毛一束，颏部生长较长颏须，公母羊多有角，无角者少。公羊角伸向后上方，外向伸展略具捻曲状大角，其长度 35～48 厘米，母羊角为镰刀形，向后下方弯曲。

体格中等，身短深近于方形，公羊体大于母羊，前躯发育良好，姿态雄壮，母羊后躯发育良好，背平直，体躯各部位结合良好，四肢结实，蹄质坚实。

被毛分内外两层，外层为光泽良好的粗毛，内层为柔软、光滑纤细的绒毛。颜面耳以下，四肢膝关节以上生有波浪形毛股，毛色以白色为主。

2. 生产性能

中卫山羊公羔初生重 2.5 千克，母羔初生重 2.4 千克。成年羊体重公羊 25～30 千克，母羊 20～24 千克。屠宰率：羯羊 44.79%，公羊 42.64%，母羊 40.29%。肉质细嫩，味道鲜美，膻味小，是肉品中之佳品。

中卫山羊裘皮花案清晰，花穗美观，轻暖如玉。皮的面积为 2319.29 平方厘米，重量为 0.445 千克，皮的厚度为 0.066 厘米。

中卫山羊毛具有白色真丝样光泽，被誉为“中国马海毛”。成年羊剪毛量：公羊（206.82±73.52)克，母羊（216.68±54.64)克，长度为16～20厘米，细度为40～50微米。

中卫山羊绒柔软细长，俗称“金丝绒”。成年羊产绒量：公羊(196.02±36.89)克，母羊（161.86±39.26)克。细度为14～16微米，伸直长度为5～7厘米。

3. 繁殖性能

公羊初配年龄为2岁，母羊初配年龄为1.5岁。繁殖率低，多为单胎。

4. 重点保护的性状

中卫山羊裘皮。

5. 改变饲养管理方式，实现生态保护与山羊业的持续发展

放牧是饲养山羊的传统方式。在我国北方的草原牧区，山羊终年放牧，仅在大雪封地或母羊产羔前后补饲草料。由于近几年气候干旱，草场植被退化，仅依靠放牧满足不了山羊生长发育需要。山羊不仅生长发育迟缓，繁殖率低，流产率高，而且产品（绒、毛、裘皮、板皮等）质量下降。实践表明：常年放牧已不适应养羊业的快速发展和生态农业建设的需要。因此，必须改变山羊的饲养管理方式，实现生态保护与山羊业的持续发展。目前，在农牧交错地区，放牧结合舍饲的饲喂方式已逐渐形成。通常在牧草生长旺季进行放牧，并大量储备饲草料，枯草季节舍饲饲喂。春季枯草季节，对生活在半荒漠草原上的中卫山羊进行了不同饲养方式的对比试验。结果表明：放牧饲养的羊只每日采食（放牧＋补饲）的营养物质，仅能满足维持需要量。而舍饲饲养的羊只，其补饲量与放牧羊只相同，粗饲料玉米秸秆粉自由采食，在这种饲养方式下，羊只增重明显提高，且可有效利用农区丰富的秸秆资源，不仅减轻了山羊对冬季牧场的压力，而且对草场植被破坏小，翌年牧草返青早，产草量高。因此，放牧结合舍饲是饲养山羊的有效途径之一。此外，在我国部分农区，饲养山羊应以舍饲为主，饲养场（户）对粗饲料进行加工调制，充分利用农区丰富的饲草料资源，发展山羊业。

6. 饲养管理

舍饲养羊饲养管理技术要求较高，饲料种类要多样化、适口性

好、消化率高、营养全面，投料要定时、定量、定质，并做好圈舍卫生的打扫、消毒等日常饲养管理工作。并注意不同羊群的饲养管理要点，其中对种公羊的饲养管理，在非配种期以粗料为主。每天补喂混合精料0.4～0.6千克即可。配种期从配种预备期开始增加精料营养水平及喂量，先按正式配种期的60%～70%供给，进入正式配种期后，除供给优质的青干草自由采食外，混合饲料日喂量应为0.8～1.2千克。当配种任务繁重时，应提前15天开始每日每只种公羊加喂鸡蛋1～2个。饲喂制度为每日投料2～3次，饮水3～4次，并保持羊舍清洁卫生、干燥和空气流通及羊只的适当运动。

对种母羊的饲养管理，在空怀期喂给空怀母羊的干饲料应为体重的2.5%～3.0%。在配种前1～1.5个月对膘情较差的母羊要加强营养，突击抓膘，甚至实行短期优饲，使母羊发情整齐，保证较高的受胎率和多胎率，同时使产羔集中，提高羔羊成活率。在妊娠早期膘情较好的母羊，供给青粗料，适当补饲精料即可。妊娠后期（后2个月）胎儿生长发育较快，初生重的80%～90%在此期间形成，应增加精料比例，提高营养水平。怀单羔母羊可在维持日粮基础上增加12%，怀双羔母羊增加25%。精料比例在产前40～21天增至18%～30%。哺乳母羊产后头25天喂给高于饲养标准10%～15%的日粮。产双羔的母羊每天应补精料0.4～0.6千克，产单羔母羊每天应补精料0.3～0.5千克，并补给多汁饲料1.5千克以上。但在产后1～3天，对膘情好的母羊不应补饲太多的精料，以防止消化不良或发生乳房炎。当羔羊长到1.5月龄以后，母羊泌乳能力渐趋下降，羔羊已能采食大量青草和粉碎饲料；到3月龄时母乳仅能满足羔羊营养的5%～10%，应尽早断奶，母羊粗料量逐渐减少，增加粗料的饲喂量。母羊精料的推荐配方为：玉米60%、麸皮8%、菜籽饼16%、豆粕12%、食盐1%和矿物质等预混料3%。

羔羊出生30～60分钟内要吃到初乳，并供给清洁饮水和做到保温。产后7～10天，诱导羔羊采食青草和精料。产后15～20天，随着采食能力增强，应补饲混合料，喂料量随日龄调整。通常20～30日龄，每只羔羊日喂量为50～70克，1～2月龄为100～150克，2～3月龄为200克，3～4月龄为250克，每日补喂2次。同时饲喂优质的豆科牧草，凡不作种用的公羔应在产后20天左右去势。产后60～90天，应根据羔羊体格发育情况适时进行断奶整群。羔羊精料的推荐配方为：玉米 54%、麸皮 12%、豆粕 30%、食盐 1%和矿物质等预混料 3%。

断奶后羔羊的舍饲育肥分为精料型日粮育肥、青贮饲料型日粮育肥和颗粒饲料型日粮育肥。其中精料型日粮育肥适用于体重较大的健壮羔羊肥育。断奶初期羔羊体质弱，需喂给以精料为主的饲料，补喂优质牧草及青绿饲料，精粗比例为 40∶60 或 50∶50。离乳 1 个月后，逐渐加大粗饲料喂量，精粗比例为 35∶65。肥育中后期，继续加大精粗饲料比例，达到 30∶70，直到出栏。推荐的补饲精料配方为：玉米 53%、豆饼 29%、麸皮 14%、食盐 1%和矿物质等预混料 3%。补饲量为 500～600 克/日。青贮饲料型日粮育肥是以玉米青贮为主，占日粮的 67.5%～87.5%，但注意此方法不宜用于肥育初期的羔羊和短期强度肥育的羔羊，主要用于育肥期在 80 天以上的羔羊。推荐精料配方为：玉米 55%、麦麸 25%、菜籽饼 8%、豆饼 8%、食盐 1%和矿物质等预混料 3%。颗粒饲料型日粮育肥适合于有饲料加工条件且饲养肉用成年羊和羯羊。颗粒料中秸秆和干草粉可占 55%～65%，精料 5%～40%。典型日粮配方有：禾本科草粉 30%、秸秆 42%、精饲料 25%，矿物质等预混料 3%。喂颗粒料时，最好用自动饲槽投料，雨天不宜在敞圈饲喂，并按每只羊 0.25 千克的量喂青干草，以利于反刍。

四、乳用羊的饲养管理技术

1. 奶山羊产乳期饲养管理

（1）1 周岁以上发育正常的泌乳山羊，每日可采食干草数量相当其体重的 3%～4%（约 2 千克）。奶山羊采食习惯性很强，因此其饲养必须按工作日程进行，同时喂饲要定时定量。每日喂饲次数由挤奶次数而定，一般日喂 2～4 次。喂饲的顺序有两种：一种是先喂给精饲料，后喂给多汁饲料，最后喂给粗饲料；另一种是先喂给粗饲料，再喂给精饲料，最后喂给多汁饲料。总之，要按奶山羊习惯的喂饲顺序进行，不得随意变更。

（2）母羊产后消化力较弱，不宜过早采取催乳措施，否则易造成食滞或慢性肠胃病，因而影响本胎次的泌乳量，重者可影响其终生的消化力。为此产后7日以内每日应给3～4次温水，并加少量麸皮和食盐，以后逐渐增加精饲料和多汁饲料。直到10～15日后，再按饲养标准喂给日粮。但如果产后体况消瘦，乳房膨胀不够，则应早期少量喂给含淀粉的薯类饲料。进入产乳高峰期后，在日粮中除喂给相当于母羊体重2%的青干草和尽可能多的青绿多汁饲料外，再用精料补充总营养之不足。

2. 奶山羊的冬季饲养管理

奶山羊在冬季吸收的营养物质除维持正常的生长发育外，还需要消耗大量的能量以抵御寒冷，怀孕母羊还担负胎儿生长的营养供应。因此，对怀孕的母羊，尤其是尚未成熟而怀孕的小母羊，需要偏草偏料，精心喂养，以优质干草类为主，适当添加少量草叶和萝卜等青绿饲料，也可喂少量的青贮饲料，再搭配饲喂玉米、麸皮及饼类饲料。每日可按照奶山羊体重的3%～4%饲喂干草，每只每月喂250克左右的精饲料。对怀孕前期的母羊，每只每天喂0.25～0.5千克的玉米、麸皮及饼类混合饲料，到产前20天，再适当增加0.25千克左右精饲料，可促进乳房膨胀。同时，要让羊饮温水，特别是怀孕母羊，千万不能让其饮用冰水，以免造成流产。冬季来临要修栏搭圈，防寒防湿，使栏圈保持温暖和卫生。绝对避免踢打、惊吓，防止与其他羊或动物相斗或互相挤压。如无大风雪天，应每天坚持适当运动，增加光照。运动时，注意不能走得太快，出入圈门应防止拥挤。怀孕后期2个月，应停止挤奶，以保证母羊体质健壮和胎儿发育良好。有条件的栏内要铺垫蓐草，水泥地面冬季一定要铺蓐草或干土，这样不易冻坏母羊乳房。

3. 提高奶山羊产奶量的技术措施

（1）坚持放牧　试验表明，奶山羊每日放牧5～6小时，增加羊的活动量，既促进羊体的血液循环和新陈代谢，提高胃肠蠕动和消化能力，增进食欲，增强体质，还可提高产奶量，同时还可让羊吃到营养丰富、适口性好的青草。

（2）温水　水是乳汁的重要成分，因此，每日要供给羊充足的饮水，一日至少饮4次，每次都要饮温汤温水，并加入适量食盐。

（3）喂泡黄豆　黄豆营养丰富，籽粒含脂肪16%～20%，蛋白质36%～42%，并含有丰富的铁、钙和维生素等，是提高母羊乳腺分泌功能的最佳饲料。奶山羊每日喂 100 克泡黄豆，可提高产奶量 0.5 千克以上。乳脂率也高于一般乳品。

（4）增加挤奶次数　改 1 日 1 次为每日 2 次挤奶，产奶量可提高 20%～30%，每日 2 次改为每日 3 次，又可提高 1%。因为乳腺的分泌与乳房的内压呈反相关，也就是乳房越空，泌乳越快。此外，增加挤奶次数，减轻了乳房的内压及负荷量，有效防止了乳汁瘀结引发的乳房炎。

（5）喂碳酸氢钠　碳酸氢钠是一种弱碱，羊日粮中加入一定量的碳酸氢钠，能中和青贮饲料和瘤胃内微生物产生的有机酸，提高产奶量和乳脂率，增加采食量等。

（6）诱导泌乳　羊乳房、胃、肠等疾病，乳腺功能衰退，泌乳量减少，在喂给易消化、富营养的饲料，恢复体力的同时，可用下列方法促其泌乳：①日注射垂体后叶素 10 单位，连用 2 日。②用催乳片或中药黄芪、王不留行、穿山甲、奶浆草各 200 克煎水喂给，每日 1 剂，连用 3 日。

（7）精心管护　5～7 月份是羊产奶高峰期，天气炎热，蚊蝇衍生，羊常因喂养不当或吃了被细菌污染的饲料患胃肠等疾病，产奶量下降，因此，对羊舍要定期消毒和清除粪便，搞好日常的环境卫生。精心饲喂，严把病从口入这一关，及时修建宽敞、隔热通风的凉棚，以防暑降温。每 5～7 天用石灰水、来苏儿对圈舍内外及饮具消毒 1 次，3～5 天清除 1 次粪便，勤换垫土并经常打扫，保持圈舍地面清洁，通风凉爽。切实注意饲料和饮水卫生，饲喂的饲料必须保持新鲜，放置待喂的饲料要保管好，避免苍蝇污染，饮具要每日清洗，防止草料残渣残留或霉变，忌喂变质的饲料，定时检查粪便及健康状况，羊有病要及时防治，保持羊体力旺盛，延长产奶高峰期，提高产奶量。

（8）防治乳房疾病　乳房是母羊分泌乳汁的重要器官，及时防治乳房炎，对保障泌乳旺盛至关重要。在泌乳期，应经常用肥皂水和温清水洗擦乳部，保持乳头和乳晕的皮肤清洁柔韧。如羊羔吸乳损伤了乳头，需暂停哺乳 2～3 天，将乳汁挤出后喂羊羔，患部涂磺胺软膏。每日要按时挤奶，并按摩乳房，以消除乳房炎的隐患。时常检查乳房的健康状况，若乳汁色变，乳房有结块，应局部热敷，活血化瘀。并让羊多饮水，降低乳汁的黏稠度，使乳汁变稀，以便易于挤出。同时，用手不住地轻揉按摩乳房，可边揉边挤出瘀滞的乳汁，直至挤净瘀汁，肿块消失，将乳房炎防治在萌芽期。此外，经常给羊挑喂蒲公英、紫花地丁、薄荷等清凉草药，可清热泻火、凉血解毒，防治乳房炎。

4. 奶山羊养殖技术

奶山羊是一种小型草食奶畜，每胎泌乳期8～10个月，平均泌乳量500～600千克，乳脂率为3.9%，每胎产仔1～3只。奶山羊性情活泼，食草广泛，野草、树叶、藤蔓、菜叶、瓜豆、杂粮等均可饲喂。繁殖快，抗病力强，既可房前屋后舍养，又可放牧。投资少，见效快，节省草料，管理方便，是增加鲜奶供求的好途径。

（1）品种的选择　品种及个体不同，产奶量差异很大。因此，要选择产奶量高的萨能品种、崂山品种或其后代。体型外貌要求头长、颈长、躯干长、腿长、体高，行动敏捷，活泼健壮。

（2）幼羊的饲养　新生羔羊要求吃足初乳，初乳营养价值高，易消化吸收，且具有免疫抗病力，同时对羔羊的生长发育、生产性能产生一定影响。从出生到4日龄的羔羊，全奶是主要饲料，每天4次。40～80日龄可将奶汁、草料并重饲喂，并添加少量食盐、骨汤，草料要求适口性强、品质好、易消化。80～120日龄以草料为主，少量补饲奶汁。120日龄断奶后的羊只，主要以饲草养殖为主，少量补饲精料。

（3）繁殖　山羊的繁殖是有季节性的，以秋季最为集中，一般生长到12～14月龄时就可配种，妊娠期为114～159天，平均150天。

（4）泌乳母羊的饲养　泌乳初期母羊饲料要以优质饲草为主，可任其自由采食。在此基础上，可根据体况肥瘦、乳房膨胀程度、食欲变化等，灵活掌握精料和多汁饲料喂量。奶山羊在产后30～40天达到产乳盛期，在泌乳量不断上升阶段，体内储存的各种养分不断付出，体重不断减轻，此时应充分满足日粮需求量，除每天喂给占体重1%～1.5%优质干草和一定数量精料外，　应尽量多喂给青草、青贮饲料和部分块茎块根类饲料。泌乳量下降时，应视膘情逐渐减少精料。奶山羊的整个饲养过程要保证充足的饮水和补盐，可采用盐槽让其自由舔食。

（5）挤奶　每次挤奶前，要用热水将乳房擦洗干净。挤奶次数应根据乳量多少而定，日产乳3千克以下挤奶2次，日产乳5千克挤奶3次。奶山羊挤奶技术要领如下。

① 擦洗乳房：挤奶前擦洗乳房，水温要保持在45～50℃，先用湿毛巾擦洗，然后将毛巾拧干再进行擦干。这样既清洁，又因温热的刺激能使乳静脉血管扩张，使流向乳房的血流量增加，促进泌乳。

② 按摩乳房：挤奶前充分按摩乳房，给予适当的刺激，促使其迅速排乳。按摩的方法有3种：一是用两手托住乳房，左右对揉，由上而下依次进行，每次揉3～4遍，约0.5分钟；二是用手指捻转刺激乳头，约0.5分钟（超过2分钟，会引起慢性乳头部外伤，招致乳房炎），刺激不要过度，以免造成疼痛；三是顶撞按摩法，即模仿羔羊吃奶顶撞乳房的动作，两手松握两个乳头基部，向上顶撞2～3次，然后挤奶。这3种按摩方法可依次连续进行，因为血液中的催产素于开始刺激后的2分钟时浓度最高，以后便急剧下降，约0.5分钟即结束。为此，擦洗和按摩的时间不可过长，一般不要超过3分钟，否则将会错过最适宜的挤奶时间，引起不良后果，如产奶量减少、乳房发病率增加等。

③ 拳握挤奶：采用双手拳握法挤奶能引起强烈的排乳反射，挤的奶多，方法是先用大拇指和食指合拢卡住乳头基部，堵住乳头腔与乳池间的孔，以防乳汁四流。然后轻巧而有力地依次将中指、无名指、小指向手心收压，促使乳汁排出。每握紧挤一次奶后，大拇指和食指立即放松，然后再重新握紧，如此有节律地一握一松反复进行，操作时双手要分别握住两个乳头，两手动作要轻巧敏捷，握力均匀，速度一致，交替进行。对于个别乳头短小，无法挤压的，可采用滑挤法，即用拇指和食指捏住乳头，由上向下滑动，挤出乳汁。

④ 挤速要快：因排乳反射是受神经支配并有一定时间限制的，因此，要快速挤奶，中间不停，一般每分钟80～100次为宜，挤完1只羊需3～4分钟。切忌动作迟缓或单手滑挤。

⑤ 奶要挤净：每次挤奶务必挤净，如果挤不净，残存的奶容易诱发乳房炎，而且还会减少产奶量，缩短泌乳期。因此，在挤奶结束前还要进行乳房按摩，挤净最后一滴奶。

⑥ 适增次数：乳房内压力越小，乳腺泌乳越快、越多。因此，适

当增加挤奶次数，减少乳房内压力就可增加泌乳速度，提高产奶量。据测算，高产奶山羊，在良好的饲管条件下，每天挤 2 次比每天挤 1 次可提高产奶量 20%～30%，每天挤 3 次比每天挤 2 次可提高产奶量 12%～15%。从实用和方便方面考虑，一般羊应每天挤 2 次，高产羊应每天挤 3 次。

⑦ 做到三定：即每天挤奶要定时、定人、定地，不要随意变更。此外，挤奶环境要安静。

⑧ 检查乳房：挤奶时应细心检查乳房情况，如果发现乳头干裂、破伤或乳房发炎、红肿、热痛，奶中混有血丝或絮状物时，应及时治疗。

⑨ 浸浴乳头：为防止乳房炎，每次挤完奶后可选用 1%碘液、0.5%～1%洗必泰或 4%次氯酸钠溶液浸泡乳头。

⑩ 适时干奶：为使母羊能及时补充身体营养，保证胎儿正常生长发育，有利于下一个泌乳期获得高产，应根据母羊膘情和年龄的不同，在母羊怀孕 3 个月左右，即临产前 2 个月左右停止挤奶，并逐渐进行，开始每天挤 2～3 次，后改为每天挤 1～2 次，再改为每天 1 次或隔 1 天 1 次，隔 2 天 1 次，直至完全停挤。最后一次挤奶后，要通过乳头注入青霉素 80 万～100 万单位，可有效防止干奶期乳房炎的发生。

（6）适时干乳　奶山羊在泌乳近 10 个月时，产奶量逐渐下降，这时必须进行干乳，以使母羊能较好地恢复体况，保障母羊体内胎儿发育和下一个泌乳期的产奶量，增加羔羊出生重量。可通过减少精料、青绿多汁饲料、饮水及挤奶次数达到干乳目的。

（7）创造适宜的生活环境　羊舍要求冬暖夏凉、空气新鲜、清洁干燥。要经常刷拭羊体，促进血液循环，提高泌乳能力，并保持乳品卫生。舍饲养羊每天要保证 3 小时的户外运动，对变形蹄要进行修整。

羊舍附近防止噪声。夏季要防暑降温，冬季注意保暖防寒。

5. 奶山羊饲养七忌

（1）忌养羊图省事　许多养羊户图省事，将秸秆直接扔进羊圈让羊吃，不用铡刀切，也不添加精饲料或矿物质、添加剂等。

（2）忌不搞防疫　大部分养羊户认为羊不易生病，用不着预防免疫，认为驱虫是白花钱。殊不知，传染病、寄生虫对养羊业的危害最大。

（3）忌近亲配种　在羊的繁殖问题上，很多人图方便，不注意选择种公羊，随便配种，结果造成近交，出现品种退化，导致母羊生产性能降低。

（4）忌公、母羊同群饲养　公羊达到性成熟以后，必须与母羊分群饲养。

（5）忌羔羊断奶过早　羔羊断奶过早，不仅影响生长发育，而且还会死亡。

（6）忌让羊过量食用精饲料　有的养羊户为了让奶山羊多产奶或让羊只生长快，一味地给羊添加精饲料，造成羊瘤胃膨胀。有的养羊户突然改变饲料，造成羊只肠胃不适，这些都严重影响奶山羊的生产效益。

（7）忌圈舍消毒不严　如果羊圈潮湿、通风不良，且不定期消毒，羊只容易患下痢、疥癣、腐蹄病等，而且传染病也很难控制。

6. 奶山羊掌骨皮髓宽度比的测定

钙、磷代谢障碍性疾病对牧业生产的危害是人所共知的。因该病发展缓慢，待出现明显的临床症状后，其治疗则比较困难，且治愈后，其生长发育会受到一定的影响，有关该病诊断的报道极多（如平衡试验，血清内钙、磷含量的测定，血清内活性磷酸钙活性的测定等），但均难达到早期诊断本病的目的。

用X射线拍片法测定每立方厘米骨内矿物质含量来早期诊断钙、磷代谢障碍性疾病，能达到预期的目的，但较复杂，难于应用于临床。考虑到掌骨皮髓宽度比，对山羊钙、磷代谢障碍性疾病的诊断有一定的价值，为了探索健康奶山羊掌骨皮髓宽度比，对奶山羊钙、磷代谢障碍性疾病的早期诊断，提供必要的参考数据，故于1986年11～12月份，对49头健康奶山羊拍取了左掌骨侧位X射线照片，测量掌骨皮髓宽度比。现将结果报道如下。

（1）健康奶山羊49只（其中美国国际小母牛项目组织援赠英国莎能奶山羊成年羊26只，第一代幼羊10只，本地奶山羊2只，幼羊11只），均由雅安市畜牧局种羊场提供。

（2）用JF10-2型10毫安携带式X射线机（天津产）拍摄左掌骨

侧位X射线照片。拍片条件：用中速增感屏；千伏值=60千伏；毫安值=10毫安；时间为0.2～0.3秒；靶片距离为70厘米；电源电压为220伏；室温条件下显影、定影、冲洗、晾干。

（3）对晾干的X射线掌骨侧位照片，作骨干中部两皮质宽度和髓腔宽度的测定，求其皮髓宽度比。

7. 新技术在奶山羊生产中的应用

（1）打破发情季节，实行全年配种　奶山羊的发情季节性强，多集中在秋季9～10月份发情，翌年2～3月份产羔。如果采取人工方法，可以打破奶山羊按季节发情的规律，使其在非配种季节发情、排卵和受胎。例如，将浸透氟孕酮的海绵塞入母羊阴道内14天或将浸透前列腺素的海绵放入母羊阴道20天，并同时在发情期注射孕马血清促性腺激素8～10毫升，隔日或连日注射，经3～4天可发情，均可调节产羔时间，使50%的奶山羊在休情期受胎。或者用当归20克、川芎15克、淫羊藿10克、玄参20克、石楠叶5克等中草药，加2碗水，共煎2次，把煎汁混入少量精料让母羊吃或灌服。通过上述办法，可使母羊在非发情季节产羔，解决全年鲜奶供应不平衡的问题。

（2）早配种多胎多仔　奶山羊具有多胎性、繁殖快的特点。抓好配种是繁殖奶山羊的重要环节。什么年龄合适，是学术界争论的问题。笔者认为，传统的配种方法是对12～18月龄的母羊进行配种，而该年龄段配种有缺陷：一是配种年龄太大，不经济；二是也不符合实际。实践证明，在条件优良发育好的情况下，羔羊在长到6～8个月即可配种，可使配种年龄提前数月或1年。这样早就让母羊妊娠和泌乳，可能羔羊本身的生长发育会暂时受阻，但是只要营养跟上去，到羊长到2～3岁时，这种损失即会得到补偿，不会影响使用年限。

（3）应用人工受精技术提高繁殖率　人工受精对良种的推广和扩大繁殖能起到极大作用，能减少家畜疾病的传染和不孕症，提高配种率、减少种公羊的饲养费用。近几年国外一些国家不断研究和改进人工受精和冷冻技术。芬兰、挪威等国试验得出，认为乳糖稀释精液适合羊精液冷冻；英美等国常用甘油-脱脂乳稀释精液；挪威用细管冷冻奶山羊精液。一个发情期后，母羊受胎率为62%，其方法是：用乳糖稀释液（11%乳糖75毫升，卵黄20毫升，甘油5毫升）按1∶(1～3)稀释后，放入冰箱，经3～4小时降温至平衡（3～5℃），然后用注射器将精液分装在聚氯乙烯细管或安瓿中，放入冰箱，再把精液放在液氮的挥发气中（－80℃左右）冷冻或把降温平衡后的精液放在－80℃液氮纱网上滴冻成颗粒，经冷冻处理的精液，在超低温条件下（－196℃）可长期保存，用时解冻输精。通常奶山羊精液的稀释比例，因稀释液的种类而异，在发情中期至末期采取子宫颈内输精，注射6000万～7500万精子，即可获得最高的受胎率。

（4）喂代乳品，使羊羔早断奶 随着奶山羊的经营和集约化生产。用代乳品喂羔羊成为必然趋势，它既可提高生产繁殖率，又可节省总奶量的10%～15%。但是，饲喂代乳品的时间要掌握好，一般不能早于9日龄。8日龄前，要让羔羊吃好初乳，吃足初乳。因为初乳是羔羊的重要食物，初乳营养丰富且容易消化，同时含有较多的抗体，还有轻泻作用，可以加快胎粪的排出。在饲喂代乳品的过程中，还要有一个替换过程，让羔羊慢慢适应，这个过程不能少于4天。代乳品的配方为：70%干脱脂乳、15%动物脂肪、13.5%的小麦面粉及1.5%的矿物质、抗菌素和维生素。饲喂时要将代乳品用水调匀，使其稠度与鲜奶相似。怎样用代乳品培育羔羊呢？羔羊生后第9天开始减少喂奶量和补加代乳品，13日龄停止给奶，每日给1.5～2升代乳品，并保证充足的精料、干草和饮水，40天时停止代乳品，每日给0.5千克的精料。羔羊喂代乳品能保证正常发育，很快增重，羔羊正式喂干草的时间，以出生后6周龄为宜。

（5）利用品种资源，提高羊的品质 对奶山羊品种资源的利用，世界各国有所不同。近几年，我国也非常重视品种资源对乳业发展的重要性。据1979年统计全国奶山羊数量达到110万只，年产羊奶12万吨，占全国总产奶重的13%。陕西省奶山羊数达到40万只，占全国奶山羊的40%，年产奶粉和乳品1000余万吨。全国奶山羊基地县（市）山东省的文登市，先后多次引进萨能羊与本地奶山羊进行改良，也取得明显效益，整个泌乳期增加30天，一个泌乳期的平均产奶重增加274.7千克，平均日产奶重增加1.15千克，增长82.11%。据2001年底统计文登市存养奶山羊达9万多只。

8. 奶山羊配种前应做好驱虫工作

夏末初秋季节，奶山羊进入干乳配种繁殖时期，特别是在河流放牧地带，受河水影响易继发体内外寄生虫，如肝片吸虫、血吸虫、绦虫、肺丝虫、球虫、线虫等影响羊配种。应在配种前做好驱虫，提高羊自身的抵抗力，为配种做好准备。

（1）消化道寄生虫的种类 消化道寄生虫主要有：圆形线虫、包裹蛔虫、结节虫、钩虫、鞭虫等寄生于羊的肠道内，羊肝片吸虫寄生于肝脏内，羊球虫、羊焦虫、附红细胞体等寄生于血液内。其主要症状是体瘦和拉稀粪，贫血，初期吃得多而不长肉，后期不吃草也不吃料。

（2）呼吸系统寄生虫 主要是肺丝虫，其寄生在肺脏内的小支气管内。其主要症状是可视黏膜贫血、拉稀，胸前、腹下水肿，活动时常引起支气管阻塞和刺激支气管并连声咳嗽。咳嗽后咀嚼，嘴角、鼻内流出黏液。羊的膘情差，精神不振，粪便稀，体力衰竭。

（3）体表寄生虫 主要有羊螨属、疥螨属。患部被毛脱落、结痂。

（4）具体的驱虫方法

① 肺丝虫驱除方法：通常是选用左旋咪唑注射液，每只羊按每千克体重4～6毫克计算，一次皮下注射或肌内注射，1周后再注射一次。

② 消化道寄生虫驱除方法：可用精致敌百虫粉，每千克体重按0.07克用量计算后，加清水5千克溶化，配成1%的精制敌百虫溶液，一次空腹灌服，每只羊每天1次，连用3日。可驱除肠道内的一切寄生虫，如线虫、蛔虫。

③ 肝片吸虫驱除方法：用丙硫苯咪唑，当年小羊按体重计算，每千克体重用5～10毫克，一次口服，多年老羊每千克体重按10～20毫克计算，一次空腹灌腹，1周后再重复口服一次。

④ 血液原虫驱除方法：主要是球虫、血吸虫、附红细胞体。球虫最好注射青霉素，每只羊每千克体重用4万～8万单位或口服10万～20万单位，连服4～7天。附红细胞体可注射附红优、血虫净，口服土霉素2～3天为1个疗程。血吸虫可用四氯化碳、三氯苯唑、硝氯酚、科里班等，可用注射液法驱虫，也可用口服法驱虫。

⑤ 体外寄生虫：草粑子（硬蜱）主要寄生在羊耳朵、眼内、腋下、腹下及腹股沟后胯部等。治疗时可选用伊维菌素注射液，皮下注射每千克体重0.1毫升，也可选用虫克星拌料饲喂，每次每千克体重0.2毫克，1周后再重复使用。

五、兼用羊饲养管理

以下以小尾寒羊的全程饲养管理，介绍兼用羊的饲养管理，可供其他兼用型羊参考。

1. 小尾寒羊引种

小尾寒羊是世界上产肉性能最好的绵羊品种，其肉质鲜嫩、无膻味、营养价值高、口感好、饲养快捷，但引种仍需谨慎。引种种羊标准：体型呈长方形、甲宽平、背长、股骨部平直而宽、胸宽深、颈短、皮肤薄而宽松。公羊有螺旋形角；母羊无角或有小角，后躯丰满，肷部皮肤松，四肢结实，肢体端正。种羊一般要从科研部门和大型养殖场引进，经过改良、提纯、复壮。如果不是良种羊，再便宜也不能要。据有关专家认定山东省西南部所产的羊较优。引种时要引进性情温驯、产羔率高、适应性强、市场前景看好、利于成功的鲁西南高腿有角小尾寒羊。

2. 小尾寒羊的鉴定技术

通过小尾寒羊的外貌特征可以鉴定其纯度。

(1) 体型　长而高大，鼻梁隆起，耳大下垂，四肢细高。公羊体躯丰满紧凑，四肢细高而坚实，耆甲微微隆起，背腰平直，侧视呈长方形。成年公羊给人以威武雄壮之感，优良种公羊体高达1米以上。母羊身躯瘦高，眼皮较薄，多呈粉红色，后躯发达，侧视为梯形，优良种母羊体高达90厘米左右。

(2) 毛色　公母羊一身全白，不允许出现杂斑毛，但允许母羊颜面部有黑、褐斑毛。

(3) 毛型　小尾寒羊源于粗毛型的蒙古羊，在长期的选育中，形成了三个毛型。

① 粗毛型。毛直而粗硬、无弯曲，被毛松散，几乎没有毛股。毛纤维中长，绒毛及两型毛约占80%，干死毛约占20%，毛干枯而少油汗。适用于织地毯。

② 半细毛型。毛较细密而柔软，有毛股而不清晰，弯曲较少，毛纤维中绒毛和两型毛约占85%。粗毛约占15%，有油汗而不多。

③ 裘皮型。毛股明显清晰，毛弯曲明显，有美丽的花穗，羔羊毛更突出，毛纤维中两型毛约占90%、粗毛、绒毛、干死毛约占10%。

（4）尾型 尾呈方圆形，长、宽为25～30厘米，长不超过飞节（后膝），尾端状似肉秤钩（向上翻）。

（5）角型 母羊多有镰刀状角及姜牙状角，鹿角状罕见，无角者甚少。公羊具有粗大的螺旋角，角基呈方形者优，角向外翻状如帽翅者较少。

3. 小尾寒羊真假优劣

（1）杂交羊与纯种小尾寒羊的区别 一些产区历史上曾对小尾寒羊进行过杂交改良；加之一些养羊户配种时忽略纯繁纯育，乱配现象存在，所产后代虽与正宗小尾寒羊有相近之处，但生长速度慢，成年个体远不如小尾寒羊，而且母羊产羔率低，经济效益差。

（2）“退化羊”与优选优育羊的区别 一些养羊户虽处产区，所养小尾寒羊也属正宗，但缺乏科学养羊知识，长期近亲交配造成品种退化，逐渐形成退化了的群体，或较原始的类群。虽外貌与小尾寒羊无明显差异，但发育慢、个头小、腿较短、产羔少，而优选优育的小尾寒羊生长快、个体大、产羔多、肉质好。

（3）“湖羊”与小尾寒羊的区别 市场上一些骗子利用一岁半湖羊与小尾寒羊幼羊的相似之处出售。但两者区别是明显的，因育成的湖羊没有犄角，而小尾寒羊大都有角，湖羊体躯呈扁长形，前躯不够发达，后躯稍高，生长发育慢，成年个体小，与小尾寒羊有显著差异。

（4）“去牙羊”与“换牙羊”的区别 一些不法之徒为赚钱而不择手段，有的将已经失去生产能力的老龄小尾寒羊中间2个门齿拔掉，之后谎称是刚刚换牙的年轻羊，以老充小，欺骗买主。鉴别这一现象需明确：羔羊、青年羊乳齿雪白，而永久齿发黄且大；永久齿磨损时间越长、越重，齿长越短，则羊龄越大，即属“老掉牙”的羊或人工去牙的“老龄羊”无疑，切勿购买。

（5）陕西同羊与小尾寒羊的区别 同羊的体型外貌与小尾寒羊近似，但其四肢长度略短，公羊尾大，且公母羊均无角；而小尾寒羊腿高，只有极少母羊无角。

（6）新疆和田羊与小尾寒羊的区别 和田羊虽与小尾寒羊有不少相似之处，但其母羊无角者居多，且由于肋骨开张不良，胸部较窄，成年羊身躯偏小，同时毛色混杂，特别是头部有不规则黑斑，被毛全白者不足20%；而小尾寒羊母羊无角者极少，且胸部开阔，成羊身高体大，毛色纯白无杂。

（7）其他羊与小尾寒羊的区别 一是羊蹄：小尾寒羊羊蹄表面为较鲜嫩而湿润的纯蜡黄色，若发现异色线条则非小尾寒羊；二是放牧时注意观察：小尾寒羊有草吃则不啃树皮，而其他羊啃树皮习以为常。

综上所述，识别小尾寒羊的真假优劣需注意把握3个环节：一看外貌，羊腿要高，个要大，背腰平直，被毛全白，尾型圆且小；二看阴睾，看母羊阴门是否规整、湿润，公羊睾丸是否匀称有弹性；三看牙齿，看下边的八个门齿，一岁半时中间2个门齿换新，以后每年依次换牙，8个牙全部换完时叫“齐口”，此时已是4岁多的老年羊，绝对不能买。同时要防范人为将“齐口”羊的部分门齿实行锉拔改造，冒充1岁半青年羊出售。

4. 小尾寒羊羔羊的饲养方法

从出生至断奶（一般为3.5～4月龄）这一阶段的羊叫羔羊。羔羊是一生中生长发育最快的时期。据资料，小尾寒羊4个月内公羔从3.61千克增长到30.04千克，母羔从3.84千克增长到27.33千克。此时的消化机能还不完善，对外界适应能力差，且营养来源（从血液、奶汁到草料的过程）变化很大。羔羊的发育又同以后的成年羊体重、生产性能密切相关。因此，必须高度重视羔羊的饲养管理，把好羔羊培育关。针对羔羊的生长特点，饲养管理上应把握以下几个环节。

（1）吃足初乳 羔羊出生后1～3日内，一定要使羔羊吃上初乳。初乳系指母羊分娩后1～3日内分泌的乳。初乳不同于正常的乳，黄色浓稠，含丰富的蛋白质、脂肪，氨基酸组成全面，维生素较为齐全和充足，含矿物质较多，特别是含镁多，有轻泻作用，可促进胎便排除，含抗体多，是一种自然保护品，具有抗病作用，能抵抗外界微生物侵袭。初乳对羔羊的生长发育和健康起着特殊而重要的作用。初乳没吃好，将给羔羊一生带来难以弥补的损失。

（2）哺喂常乳 羔羊吃3天初奶后，一直到断奶是哺喂常乳阶段。羔羊生后数周内主要靠母乳为生。首先要加强哺乳母羊的补饲，适当补加精料和多汁饲料，保持母羊良好的营养状况，促进泌乳力，使其有足够的乳汁供应，喂给羔羊足够的全奶。要照顾好羔羊使其吃好母乳，对一胎多羔羊要求均匀哺乳，防止强者吃得多，弱者吃得少。

(3) 及早补饲 为了使羔羊生长发育快，生长性能好，除吃足初乳和常乳外，还应尽早补饲，不但使羔羊获得更完善的营养物质，还可以提早锻炼胃肠的消化机能，促进胃肠系统的健康发育，增强羔羊体质。小尾寒羊生后1周，开始跟着母羊学吃嫩草和饲料。在羔羊10～15日龄后开始给予鲜嫩的青草和细软的优质干草、叶片，亦可将草打成小捆，挂在羔羊能够吃到的架上，供羔羊随时舔食。为了尽快能让羔羊吃料，最初可把玉米面和豆面混合煮稀粥或搅入水中让羔羊饮食，亦可将炒过的精料盛在盆内，使羔羊先闻其香，再舔食，或将粉精料涂在羔羊嘴上，让其反复磨食，等它嗅到味香尝到甜头，就会和大羊一样抢着吃料。

(4) 适度放牧 羔羊适当运动，可增强体质，提高抗病力。初生羔在圈内饲养5～7天后可以将羔羊赶到日光充足的地方自由活动，初晒半小时至1小时，以后逐渐增加活动时间，3周后可随母羊放牧，开始走近些，选择地势平坦、背风向阳、牧草好的地方放牧。以后逐渐增加放牧距离，母子同放牧时走的要慢，羔羊不恋群，注意不要丢失羔羊。30日龄后，羔羊可编群放牧，放牧时间可随羔羊日龄的增加而逐渐增加。不要去低湿、松软的牧地放牧，羔羊舔啃松土易得胃肠病，在低湿地易得寄生虫病。放牧时注意从小训练羔羊听从口令。

(5) 适时断乳 羔羊断奶时，应根据生长发育情况科学断奶，发育正常羔羊，3～4月龄已能采食大量牧草和饲料，具备了独立生活的能力，可以断乳转为育成羔。羔羊发育比较整齐一致，可采用一次性断奶。若发育有强有弱，可采用分次断奶法，即强壮的羔羊先断奶，弱瘦的羔羊仍继续哺乳，断奶时间可适当延长。断奶后的羔羊留在原圈舍里，母羊关入较远的羊舍，以免羔羊念母，影响采食。

断奶应逐渐进行，一般经7～10天完成。开始断乳时，每天早晨和晚上仅让母子羊在一起哺乳2次，以后改为哺乳1次。

5. 小尾寒羊羔羊缺奶的补饲方法

对于无奶吃的羔羊，可用鲜鸡蛋、鱼肝油、食盐三种物品，与开水兑到一起搅拌均匀饲喂。对于少奶的羔羊，可用挤下的羊奶与以上物品混合饲喂，效果更好。其具体方法为：鲜鸡蛋1个、鱼肝油4毫升或1粒、食盐2克、开水100毫升，把鲜鸡蛋、鱼肝油、食盐共入一杯，冲入开水搅拌均匀，待晾至38～40℃时即可喂给羔羊。出生后7天内的羔羊，每日应补喂4～6次，每次50毫升，或者是每日喂量为初生重的1/6～1/4，以后逐日增加。到生后第8天，喂量可增加到0.8～1.0千克。随着羔羊不断长大，15天左右开始训练吃草吃料，并可逐渐减去鱼肝油。1个月后逐步减少喂量，增加补饲草料。

6. 小尾寒羊全舍饲技术

① 对3月龄的小尾寒羊进行舍饲、中等营养水平下的育肥试验，饲料为青干草，不限量，日喂3次，混合精料的喂量依体重的增长而增加，平均每只日喂0.36～0.8千克，分2次喂给。精料的配比为：玉米58％、豆饼25％、麸皮17％。育肥到5月龄，平均日增重达到194.55克，料重比为29∶1，胴体重17.07千克。

② 对农区的小尾寒羊羔羊进行育肥试验，在良好的饲养管理水平下育肥至6月龄，小尾寒羊公羔屠宰前活重平均为47.84千克，胴体重为22.35千克，屠宰率为46.72％，净肉重为17.70千克，净肉率为37％。

③ 对4月龄断奶小尾寒羊的公羔进行高营养水平的全舍饲育肥试验，育肥到5月龄，平均日增生是达到342.15克，料重比为4.89∶1，胴体重达67.6千克，屠宰率为47.94％。

7. 小尾寒羊夏季放牧注意事项

小尾寒羊属蒙古羊系，至今仍保留了蒙古羊的固有习性：怕热不怕冷，喜干燥而厌潮湿。夏季天气炎热，雨水多，空气湿度大，对小尾寒羊生长十分不利。但夏季青草茂盛，又是小尾寒羊的最佳选择。根据小尾寒羊的生活习性，夏季放牧应注意以下几点。

① 不宜长时间远距离放牧。夏季青草茂密，早晨及傍晚各放牧1个小时，羊就可以吃饱。中午在家舍饲，不需要全天放牧。俗话说：“羊跑一趟，一天白放”，由于小尾寒羊游走力差，更要缩短放牧距离，以1天不超过5华里为宜。

② 出牧不宜过早。早晨露水比较多，小尾寒羊应忌食露水草，不宜过早出牧，一般8～9时出牧最佳。下午天气炎热，6点以后再放牧运动。因为早上高草露水少，下午低草水气好，所以在牧草地选择上

要紧持“早放高、晚放低”的原则。

③ 忌草地通风不良、低洼潮湿。天气越热鼻蝇越多，如果放牧环境闷热又不通风，小尾寒羊散发出的味儿比较大，易招引鼻蝇，天气热，羊亦不躲避鼻蝇，很难吃好。在低洼潮湿的环境里放牧，还容易患寄生虫病和腐蹄病。

④ 雨后不放牧。雨后水气较大，此时放牧羊容易患拉稀、膨胀等疾病，所以雨后不要马上放牧。

⑤ 忌在公路旁放牧，容易引起羊痘等传染病。

⑥ 不宜空腹吃蓖麻花。要先在其他牧草地上放牧，然后再在豆科牧草地上放牧。因为空腹吃蓖麻叶或蓖麻花易中毒，如果羊吃了其他饲料以后再食，一方面羊吃得不多，即使吃得多，胃中也有其他草料可将其稀释，并且容易吐出。豆科牧草蛋白质含量比较高，单独在豆科与禾本科牧草混播的草地上放牧。

8. 小尾寒羊春天管理注意事项

(1) 饲喂要得法

① 草料要净。不喂发霉变质的草料，挑拣干净草料中的线绳和塑料薄膜及其他杂质。做到槽内无剩草、剩水。饲料配方一经确定，不任意变换，必要变换时亦要逐渐变换。

② 饮水要讲究。不饮沟湾、池塘的污水。分娩羊 1 周内饮温水。

③ 舍饲与放牧结合。春季无青草时，上下午各喂一次铡短的秸秆及杂草、树叶，再掺些青贮或氨化饲料等。随着天气转暖，青草萌发，早晨露水干后和下午各赶出放牧 2 小时左右即可吃饱。

④ 夜食不可少。放牧羊晚上用泔水加些料让其饮用。怀孕母羊按其怀孕时间长短和肥瘦灵活掌握补料。此外，每天晚上要给羊喂些尿素，大羊每只 20～30 粒，断奶羔羊每只 10 粒左右，拌在精料内饲喂。注意不可直接喂尿素，也不可放在水里饮用。同时还要给羊喂点盐，一般大羊 5～6 克，小羊酌减。还要观察羊放牧时是否吃饱，对吃不饱的羊，还应补饲饲草。

⑤ 要定时定量投喂饲料。精料不能过量，对产羔的母羊应防止过食，以防产生厌食和消化不良。母羊在产前产后加料不可过急，要逐渐加料，以免造成产后不食及乳房水肿等疾病。喂料量要准确，用秤称重，不得估计。

（2）皮毛要干净　经常给羊梳刷毛体，除掉脏物、蜱类及毛中杂草，促进皮肤血液循环，经常检视肛门、阴门、乳房、睾丸，污脏物要随时用温水加少量盐或0.1%高锰酸钾水或3%的来苏儿洗净。一般在谷雨梳绒，春末夏初剪毛，剪毛10天后药浴。隔10～15天再药浴一次，以杀死寄生虫。

（3）圈舍要卫生

① 圈舍要通风透光，并能遮挡日晒雨淋。圈床应高出地面半尺以上，略倾斜，便于清扫粪尿。

② 每天都要把圈舍中的粪草清扫干净，且要铺垫细沙、黄土或软草，便于羊休息。

③ 春季到来，要对圈舍、用具等进行一次大清扫、大消毒。圈舍可选用2%热火碱水、30%热草木灰水、20%漂白粉水或20%石灰乳等消毒。用具消毒可用0.1%消毒净、2%火碱液等。

④ 运动要适当。春季每天要将羊赶出来遛遛腿，晒晒太阳。若要大群放牧，要选好“带头羊”，让其“压住头”吃上回头草。羊最忌跑马草，俗话说：“羊吃回头草，天天吃得饱；羊吃跑马草，累死吃不饱。”

⑤ 繁育要做好。要照顾孕羊，不鞭打、脚踢孕羊，外出和回家要当心拥挤，防止流产事故发生。羊在分娩前后要加强值班，及时做好接产及其他护理工作。

⑥ 防疫要重视。春季是各种病菌和病毒大量繁殖的季节，养羊户要根据本地区羊的疫病发生情况，及时请兽医人员预防注射，同时做好驱虫工作。若发现病羊，要及时隔离治疗，确保羊只健康生长发育。

9. 小尾寒羊种公羊饲养管理技术

种公羊数量少，种用价值高，俗话说：“公羊好，好一坡，母羊好，好一窝。”对种公羊必须精心饲养管理，要求常年保持中上等膘情、健壮的体质、充沛的精力、旺盛的精液品质，保证和提高种羊的利用率。

（1）对种公羊饲料的要求是营养价值高，有足量的蛋白质、维生素和矿物质，且易消化，适口性好，如苜蓿草、三叶草、青燕麦草等。多汁饲料有胡萝卜、甜菜或青贮玉米等。精料有燕麦、大麦、豌豆、黑豆、玉米、高粱、豆饼、麦麸等。优质的禾本科和豆科混合干草，为种公羊的主要饲料，一年四季，应该尽量喂给。夏季补以半数青割草，冬季补以适量青贮料。日粮营养不足之数，补充混合精料。精料中不可多用玉米或大麦，且麸皮、豌豆、大豆或饼渣类补充蛋白质。配种任务繁重的优秀公羊可补动物性饲料。

（2）为完成配种任务，非配种期要加强饲养，加强运动，有条件时要进行放牧，为配种期奠定基础。配种期以前体重要比配种旺季增加10%～15%，如完不成该指标，配种就要受到影响。在非配种期，除放牧外，冬季每日一般补给精料0.5千克，干草3千克，胡萝卜0.5千克，食盐5～10克，骨粉5克。夏季以放牧为主，适当补加精料，每日喂3～4次，饮水1～2次。

（3）配种期饲养分配种预备期（配种前1～1.5个月）和配种期两个阶段。配种预备期应增加饲料量，按配种喂量60%～70%给予，逐渐增加到配种期的精料给量。配种期公羊神经处于兴奋状态，经常心神不定，不安心采食，该时期的管理要特别精心，要起早睡晚，少给勤添，多次饲喂。饲料品质要好，必要时可补给鱼粉、鸡蛋、羊奶，以补充配种时期大量的营养消耗。配种期如蛋白质数量不足，品质不良，会影响公羊性能、精液品质和受胎率。配种期每日饲料定额大致为：混合精料1.2～1.4千克，苜蓿干草或野干草2千克，胡萝卜0.5～1.5千克，食盐15～20克，骨粉5～10克，血粉或鱼粉5克，分2～3次给草料，饮水3～4次。每日放牧或运动时间约6小时。配好的精料要均匀地撒在食槽内，要经常观察种公羊食欲好坏，以便及时调整饲料，判别种公羊的健康状况。种公羊要远离母羊，否则母羊一叫，公羊则站在门口爬在墙上，东张西望，影响采食。种公羊舍应选择通风、向阳、干燥的地方。每只公羊约需面积2平方米。夏天高温、潮湿，对精液品质会产生不良影响，这时应在凉爽的高地放牧，在通风良好的阴凉处歇宿。

（4）种公羊配种采精要适度　一般1只公羊即可承担30～50只母羊的配种任务。种公羊配种前1～1.5个月开始采精，同时检查精液品质。开始1周采精1次，以后增加到1周2次，到配种时每天可采精1～2次，不要连续采精。对1.5岁的种公羊，一天内采精不宜超过1～2次，2.5岁种公羊每天可采精3～4次。采精次数多的，其间应有休息时间，公羊在采精前不宜吃得过饱。

10. 小尾寒羊的孕羊管理

(1) 繁殖母羊空怀期的饲养应引起足够重视，这一阶段的营养状况对母羊的发情、配种、受胎，以及以后的胎儿发育都有很大关系。在配种前1～1.5个月要给予优质青草，或到茂盛牧草的牧地放牧，据羊群及个体的营养情况，给以适量补饲，保持羊群较高的营养水平。

妊娠前期（约3个月）因胎儿发育较慢，需要的营养物质少，一般放牧或给予足够的青草，适量补饲即可满足需要。

妊娠后期是胎儿迅速生长之际，初生重的90%是在母羊妊娠后期增加的。这一阶段若营养不足，羔羊初生体重小，抵抗力弱，极易死亡。且因膘情不好，到哺乳阶段没做好泌乳准备而缺奶。因此，此时应加强补饲，除放牧外，每只羊每天补饲精料450克、干草1～1.5千克、青贮料1.5千克，食盐和骨粉15克。饲喂怀孕母羊的必须是优质草料，要注意保胎。发霉、腐败、变质、冰冻的饲料不能饲喂，不饮温度很低的水。管理上要特别精心，出牧、归牧、饮水、补饲都要有序慢稳，防止拥挤、滑跌，严防跳崖、跳沟，造成不应有的损失，因此应尽可能选平坦的牧地放牧。特别注意，不要无故捕捉、惊扰羊群，及时阻止羊间角斗，以防造成流产。

母羊妊娠后期，尤其分娩前管理要特别精心。母羊肷窝下陷，腹部下垂，乳房肿大，阴门肿大，流出黏液，常独卧墙角，排尿频繁，举动不安，时起时卧，不停地回头望腹，发出鸣叫等，都是母羊临产前表现。对羊舍和分娩栏进行一次大扫除、大消毒，修好门窗，堵好风洞，备足蓐草等，通知有关人员要做好分娩前的准备工作。

(2) 小尾寒羊母乳缺乏的解决方法　小尾寒羊通常年产2胎，一般每胎产2～4只羔，多的可达7只羔。但在饲养小尾寒羊的过程中，有的饲养户误认为小尾寒羊产羔多，只要能生下来，它就有能力泌乳将羔羊养活大。因此，对母羊和羔羊护理不够，导致羔羊因数量过多、母羊泌乳量不能满足羔羊需要而瘦弱，有的羔羊甚至发生死亡。

要解决这个问题，一是加强母羊的饲养管理，提高其日粮的质量，让其吃饱吃好，增加其泌乳量；二是对吃奶不足的羔羊用奶瓶补喂鲜牛奶或牛乳奶粉；三是可用炒焦黄的小米面加上适量红糖，用开水冲成稀面汤，待温后用奶瓶喂给。随着羔羊生长发育和身体的强壮，逐步改喂稀粥等食物，并逐步让其采食优质饲料和精料。这样，不但有利于母羊的身体健康，而且可保证羔羊的成活率。

11. 饲养小尾寒羊十禁忌

（1）忌爬山远牧　小尾寒羊体重较大，四肢相对细长，耐力较差，不宜爬大山和远距离放牧，否则，会造成羊过度劳累，引发疾病。一般每天连续放牧以不超过1.5～2.5千米为宜，并且要缓慢放牧，切忌奔跑。

（2）忌大群放牧　大群放牧不便于管理，羊群内部容易出现相互追逐或为抢草而奔跑的现象。一般每个放牧羊群以10只左右为宜。

（3）忌与山羊混放　山羊个体灵便，喜欢爬高和奔跑，每天能跑很远的路程，小尾寒羊与其混群放牧，必然会造成小尾寒羊的过度奔跑，并且山羊踩过的草，小尾寒羊不喜欢采食，从而出现过度奔跑却吃不饱的现象。

（4）忌公母羊同群饲养　在公羊达到性成熟后，必须与母羊分群饲养，只有当母羊发情时，才可让种公羊配种，否则，公羊在母羊群中会频繁爬跨母羊，长此下去，一方面会出现近亲交配，造成品种退化，另一方面会造成公羊性机能减退，精子成熟不够，出现屡配不孕、胎羔畸形等现象。解决办法是让种公羊在母羊群中走一趟（人牵着公羊）或在母羊群中放一只不能配种的试情公羊，如有发情母羊，即让种公羊配种，配完后即牵出隔离饲养。

（5）忌与其他绵羊混养　与其他绵羊混合饲养，势必出现杂交乱配现象，造成品种混杂，从而失去小尾寒羊的优良特性。

（6）忌突然换草换抖　小尾寒羊虽然采食面很广，但如果突然改变饲草料性状，容易造成胃肠不适，引发疾病。如在采食一段时间干草后突然让其采食大量青草，或突然补饲大量粗料，往往出现羊只突然发病死亡现象。如果必须改换饲料，则必须慢慢过渡，逐渐减少原来的草料喂量，逐渐增加所要更换的新草料。

（7）忌缺盐断水　盐和水是羊不可缺少的重要营养物质，如果经常短缺，势必影响羊的生长发育，降低机体抵抗力，可在羊舍内设置盐槽和水槽，让羊自由采饮，当羊体内不缺少盐和水时，会自行停止采盐和饮水。但要注意水槽中的水要经常更换，保持清洁。

（8）忌不搞防疫和驱虫　羊会发生多种疾病，特别是传染病和寄生虫病，一旦发生很难治愈，可造成大批死亡或严重影响羊的生长发育。只有提前搞好防疫，定期搞好驱虫工作，才能避免大的损失。

（9）忌潮湿　小尾寒羊喜欢清洁干燥的环境，如长期处在潮湿又不清洁的环境中，很容易发生下痢、疥癣、腐蹄病等，造成不应有的损失。有些地方采取在羊舍内铺设木条床的办法，可有效解决潮湿问题。

（10）忌热　小尾寒羊对热的抵抗力相对较差，要避免在炎热的中午放牧；夏季羊舍要注意遮阴，避免阳光直射；要注意圈舍通风，保持空气流动。

第五节　羊的放牧

一、羊的二十四节气放牧及管理

小满：忌露水草放牧，羊吃了露水草易胀肚；放牧时每天要检查羊的无毛及少毛处有无草蜱（焦虫病的传播者，焦虫病是极难治的血液寄生虫病）。

小暑：圈舍应不漏雨、不泥泞，防止羊卧湿圈，毛脏、湿易患皮肤病及腐蹄病；进入雨季要备好草料，以防阴雨天无草喂羊；要避免伏天产羔（2月不产羔，2月不配羊）。

大暑：要防热受暑，羊易上火，如发生暴发性火眼，要喝蒲公英水，并用蒲公英水洗眼，1天3～4次。

立秋：气候转凉爽，羊易上膘，要抓紧时间让羊吃足青草，积累营养，安全越冬；进行第2次驱虫，让羊保膘，安分越冬或屠宰；8月份是产羔的最佳时期，要第2次注射羊四联苗，防羊羔痢疾。

白露：庄稼陆续收割，此时抢放秋茬地，羊易过食胀肚。放豆茬地时要在羊吃秸秆、杂草八成饱时再放。

秋分：天气渐凉，此后每天要将羊吃剩的草节垫到炕床上；饮1次三黄栀子汤清火去毒。

寒露：剪1次秋毛。剪毛2周后，待天暖时用1%敌百虫刷1次羊体，以预防疥癣。此时为南方引羊的最佳时期。

霜降：要及早修好暖圈，圈窗昼开夜遮，羊只不能饮冷水。

立冬：此时草已枯，羊开始消瘦，注意做到“树叶黄，不放羊”，留好种用羊，将多余的羊出售。

小雪：羊要圈养，少走，适当运动。但运动不可过量，防止羊消耗体力。防止感冒，避免引发肺炎。

冬至：霜打后落下的刺槐叶是较好的饲草，要多储存，每只羊要贮备40千克越冬草，对羊只加紧补料，特别是怀孕母羊。

小寒：临产母羊睡前要赶到人住的屋中，防止羊羔产下后被冻死。及时淘汰不能作种的公羊，以节草节料。

大寒：可将各种骨头脱脂后粉碎储存，作为羊的矿质饲料；将果皮按量喂羊，但不能喂发霉的果皮；羊不可过食大量油腻之水，以免因消化不良引起腹泻。

二、羊的放牧要点及注意事项

（一）四季放牧要点

1. 春季放牧

羊经过漫长的冬季，身体虚弱。因此春季放牧的主要任务是在保膘情的基础上，尽可能恢复体力。对怀孕母羊还要注意保胎。牧草正处于萌发期，羊只为了寻觅青草到处乱跑，即所谓“跑青”，体力消耗很大，但又吃不上多少青草。所以春季放牧应严格控制羊群，做到挡强羊，等弱羊，避免抢青跑青。在选择草场时，每日要先放阴坡，后放阳坡，或先放黄枯草，后放青草。

2. 夏季放牧

羊群经过春季放牧，身体已逐渐恢复，而牧草正处于抽茎开花阶段，营养价值很高，因此是抓膘的好季节。夏季气温高，蚊蝇多，应选择高燥、凉爽、饮水方便的草场放牧。另外，放牧时间应延长，早出晚归，要求一天能吃三个饱，饮2～3次水。羊在强烈的日光下经常有扎堆的习惯，影响采食。因此夏季放牧手法要松，中午烈日照射时，应安排羊只休息、反刍。

3. 秋季放牧

秋季，牧草结籽，营养价值高，是抓膘的好时机，也是羊配种季节，要做到放牧抓膘和配种两不误。秋末经常有霜冻，因此要晚出晚归，中午不休息。在半农半牧区或农区，可在秋收后将羊只放牧于茬子地上抓膘。

4. 冬季放牧

首要任务是保胎保膘，放牧宜晚出早归，出入圈门严防拥挤，归牧后应给怀孕母羊及育成羊适当补饲。冬季严防空腹饮水，以免流产，待羊只吃饱后再饮水为好。

（二）注意事项

1. 饮水

饮水是每日必不可少的工作。其水源有河水、泉水、井水等。池塘的死水不可用于饮羊。在山区饮羊，常常需由坡上下到沟里，下坡要缓慢，控制住羊群，快到饮水的地方时要把羊挡住，待喘息稍定再开始饮羊。在常饮水的河边、泉水边、渠边和井旁铺些卵石，以防水被污染。冬季用井水饮羊要随打随饮，夏季将水打上来后晒一晒再饮羊。

2. 喂盐

盐除供给羊所需的钠和氯外，还能刺激食欲，增加饮水量，促进代谢，利于抓膘和保膘。成年羊每日供盐 10～15 克，羔羊 5 克左右。简便的方法是任羊自由舔食，舍饲和补饲的可拌在饲料中饲喂，也可在制作青贮料时按比例加盐。但在山区，特别是夏季放牧，羊流动性大，喂盐不方便，可采用 5～10 天喂一次的方法，或当看到羊吃草劲头不大时喂一次盐。

3. 搞好三防

一防狼害；二防蛇咬；三防毒草。

4. 数羊

羊要勤数，特别在山区更易丢羊。“一天数一遍，丢了在眼前；三天数一遍，丢了寻不见”，这是经验总结。至少应在每天出牧前和收牧后数一遍羊数。

第六节 羊的日常管理技术

一、羊的日常管理原则

在长期的生产中不断探索总结饲养管理、选种选配、哺幼育肥、疫病防治等多方面的经验，概括为“管、选、配、育、防”五字。

1. 管

管即科学的饲养管理方法。经济效益较好的养羊户，多数采用了舍饲养羊，合理配合饲草、饲料进行舍饲，可以节省牧工，加大技术力度。采用放牧补饲相结合的方法，除抓好青草期放牧外，还可以采取其他措施：一是大量种植苜蓿等优质牧草；二是大量贮备和青贮秸秆等；三是强化羔羊和田羊的补饲。采用灵活的放牧方式：一是分群放牧，将羊群按年龄、性别、大小分成小群，每群数量50～100只，育肥羊、育成羊青草期组群放牧，繁殖母羊和种公羊在当地放牧；二是根据羊的采食特点，采取分片轮回放牧的方法，即每日出牧后先让羊在往日放牧的地方吃草，待羊吃到半饱时，再到新鲜草场放牧，等羊不大啃吃时再放开手，采用“满天星”方式让羊吃饱为止。这种“先生后熟，先紧后松，一日三饱”配合两季慢（春秋两季放牧要慢）和三坚持（坚持跟群放牧、早出晚归、二次饮水）与三稳（放牧、饮水、出入要稳），以及四防（防跑青、防扎窝子、防害和防病）的方法有利于放牧羊群的增膘和保胎育羔。

2. 选

选即优化羊群结构。通过存优去劣，逐年及时淘汰老羊及生产性能差的羊只，多次选择，分类分段培育，坚持因时（时间）、因市（市场情况）制宜、循序渐进的原则，使羊群结构不断优化，经济效益不断提高。由于各户饲养品种不同，数量不同，发展不同，因此选择方法不同，选择比例也不同。但都要注重初生、断奶、周岁三个阶段和繁殖性能及后代生长速度多个环节的进行。母羊选择的比例为：淘汰率15%～20%，选留率35%～40%。公羊根据情况引入萨福克、多赛特、波尔山羊、小尾寒羊等优良品种，一般不自行选育。经不断的选择，其年龄结构保持在青年羊（0.5～1.5岁）占15%～20%，壮年羊（1.5～4岁）占65%～75%，5.5岁占10%～20%。母羊比重达到65%～70%，其中能繁殖母羊45%～50%。母羊比重越大，出栏率越高，经济效益越好。

3. 配

配即选配和配种方式。就是通过对公母羊配偶个体的合理选择，采用科学的配种方式，实现以优配优、全配满怀的目的，既可充分有效地利用优种公羊，又能人为控制产羔季节、配种频率。也可采用同期发情等发情控制技术，使母羊适时集中发情，在较短时间内配种，受胎率、受配率较高，使适龄母羊全配满怀，同时也提高了羔羊质量。

4. 育

育即对羊只的培育措施。在母羊怀孕后期及哺乳前期，给予合理的补饲，同时搞好饮水、补盐和棚舍卫生。补料根据各地牧草及季节、母羊状况而异。精料组成为玉米 51%、麸皮 8%、饼类 23%、苜蓿草粉 10%、骨粉 3%、食盐 2%、磷酸氢钙 3%，补量一般每日每只 0.5～0.7 千克，分早晚 2 次补饲，并给以适量的优质饲草。临产前细心观察母羊状况，晚上专人值班，随产随接。羔羊出生后，加强培育，保证多胎羔羊的哺乳。羔羊出生后 10～14 天开始补给优质饲草和配合饲料，补饲饲料及数量因地因羊而定，大多数羔羊配合料补量为：2 周龄日补 50～70 克，1～2 月龄日补 100～150 克，2～3 月龄日补 200 克，3～4 月龄日补 250 克，4～6 月龄日补 300～500 克。精料组成为玉米 40%，饼类 25%，苜蓿草料 25%，麸皮 8%，骨粉 2%，食盐适量。

5. 防

防即预防疾病。除进行常规的疫苗注射外，在剪毛后进行药浴，每年春秋两季用虫克星等进行驱虫。同时在活动场所圈舍门口撒以草木灰等消毒，对异常羊或发病羊进行隔离治疗，以降低发病率和死亡率。

二、羊的季节管理

（一）夏季管理

夏季水草丰盛，要不失时机地抓好夏膘，促进羊恢复体力，为秋冬季满膘配种打下基础。

1. 寄生虫防治

5 月中旬，母羊普遍产羔结束，可用新型驱虫药阿福丁（虫克星）同时驱除体内线虫及体外虱、螨、蜱（草爬子）、蝇蛆等寄生虫。剂量：50 千克体重用阿福丁 1 小袋（5 克），混在饲料中饲喂即可。隔

7～10 天后重复给药一次，2 次驱虫后可不进行药浴。春季初生的羔羊，可在秋季驱虫。如需驱虫，要严格掌握剂量。在肝片吸虫病流行的地方，可用硝氯酚等药春秋 2 次驱虫。

2. 放牧方法

夏季天气炎热，羊爱聚堆，吃不饱。在放牧方法上，上午要早出早归，下午要晚出晚归，中午多休息。早晨出牧时间可根据露水大小而定。露水较大，出牧时间可稍晚。因露水草上多有寄生虫，羊易感染寄生虫病，同时羊吃露水草易发生胀肚。一般天刚刚亮出牧，上午 10 时左右，天将热前将羊放饱收牧。下午 2.5 时左右出牧，晚 7 时收牧。中午 11 时至下午 2.5 时赶圈休息。午前放阳坡草质较差的牧场，午后放阴坡草质较好的牧场，晴天、热天要选择高燥通风的地方或在树林阴凉的地方放牧，避免羊挤堆和蚊虻骚扰。阴雨天宜在平坦地方放牧。每天让羊吃 4～5 个饱。傍晚前后要选择草质茂嫩的牧场，采取满天星放牧方法，反复驱赶羊群，让羊多吃几遍“回头草”。每天出牧前要给盐、饮水，使羊登山有力。每天饮水 1～6 次。要饮清洁的长流水或井水，不能饮脏水，防止感染寄生虫病。不要让羊在潮湿泥泞处卧息，防止风湿症。雨天要顺风放牧，防止面部被雨袭击。夏至以后，小雨天要坚持放牧，尽量避开大雨和暴雨。雨后将羊圈在山坡上，采取“满天星”放牧方法，让风尽快吹干羊毛，以防生病。电闪雷鸣时不去陡坡放牧，防止羊因害怕雷电从陡坡摔下而造成伤亡。

3. 晾羊

夏季天热，晾羊是十分重要的管理工作。晾羊就是把羊群赶到圈外阴凉地方休息，让羊散发热量，保持羊体健康。收牧后如立即将羊群赶进圈，因羊跑路，使羊感到闷热，胃容易受病，中午收牧，羊群到家后不要赶进圈，要让羊在树阴下风凉。晚上收牧后，将羊群赶到院子里，直至半夜凉快后再赶进圈，也可让羊在敞圈里过夜。早晨出牧前，要把羊群赶出圈外晾羊 1～2 小时再出牧。从立夏开始，在羊圈内搭设羊炕。羊炕用木板铺成，圈内勤垫干土，保持圈内清洁，干燥通风。近年来，养羊户多修建二层楼式羊舍，夏季楼上风凉，羊群牧后直接赶进即可。如发现羊精神不振、不爱吃草、便中带血等症状，说明羊已上火伤热，要整夜晾羊几宿，并对病羊进行治疗。

4. 夏季羊群保健四措施

夏季高热潮湿，蚊蝇滋生，羊群易感染病毒性疫病和寄生虫病。因此，必须认真做好羊群的夏季保健工作。

(1) 认真做好羊圈舍的消毒　羊舍消毒，用10%～20%石灰乳或10%的漂白粉或3%的来苏儿或5%的草木灰或10%石炭酸水溶液喷洒消毒；运动场消毒，用3%的漂白粉或4%的福尔马林或5%的氢氧化钠水溶液喷洒消毒；门道（出入口处）消毒，用2%～4%氢氧化钠或10%克辽林喷洒消毒，或在出入口处经常放置浸有消毒液的麻袋或草垫；皮肤和黏膜消毒，用70%～75%的酒精或2%～5%的碘酒或0.01%～0.05%的新洁尔灭水溶液，涂擦皮肤或黏膜；创伤消毒，用1%～3%的龙胆紫或3%的过氧化氢或0.1%～0.5%的高锰酸钾水溶液，冲洗污染或化脓处；粪便消毒，采用生物热消毒法，即在离羊舍100米以外的地方，将羊粪堆积起来，上面覆盖10厘米厚的细土，发酵1个月即可；污水消毒，将污水引入污水处理池，加入漂白粉或生石灰（一般每升污水加2～5克）进行处理。

(2) 给羊群进行药浴

① 先建好药浴池。常用药浴池为上宽0.6～0.8米，下宽0.3～0.5米，深1～1.5米，长3～10米，入口处和出口处均设围栏，出口处铺成有坡度的滴流台，让羊药浴后停留约10分钟，便于羊体带出的药液回流入池。

② 配好常用的药液。常用药液有0.1%～0.2%杀虫脒、0.05%辛硫磷、0.03%林丹乳油、0.2%消虫净、0.04%蜱螨灵和0.05%蝇毒磷，以及石油乳剂浴液（石油75毫升、烧碱27克、水250毫升，先用热水溶解烧碱，再加石油搅匀，用时加水10倍稀释）和石硫合剂浴液（取生石灰7.5千克、硫黄粉12.5千克，用水搅成糊状，加水150升，边煮边搅，直至煮沸至浓茶色为止，弃去沉渣，上清液即为母液，给母液加500升温水，即成为药浴液）。

③ 给羊群进行药浴。药浴应在晴朗无风天进行。药浴前8小时停止放牧或喂料。入浴前2～3小时给羊饮足够量的水，以免羊在药浴中吞饮药液中毒。药液的温度应在30℃左右。

先浴健康羊，后浴有皮肤病的羊，病、伤羊和怀孕2个月以上的羊不宜药浴。浴液的深度以浸没羊体为好。羊鱼贯而行，每只羊药浴时间不少于3分钟，应将羊头按入药液中1～2次。药浴后在滴流台沥干羊体，然后让羊在阴凉处和圈舍内休息。药浴后6小时，才能投喂饲草或放牧。

（3）搞好驱虫　如果春季来不及驱虫，则在夏牧前驱虫一次。常用的驱虫药及每千克体重的口服量为：丙硫咪唑15～20毫克、左旋咪唑8毫克、灭虫丁0.2毫升。使用驱虫药时，要求计量准确，并先做小群驱虫试验，再进行全体驱虫。

（4）投喂夏季保健药　为了预防保健，可给羊群投喂夏季保健药。例如，用花粉25克、连翘25克、黄连25克、黄芩25克、黄柏25克、栀子25克、郁金25克、甘草15克，共研末后服用。如果有粪便干燥的羊只，可另加芒硝10克、大黄25克和二丑30克，与上述药物一起研末服用。

（二）羊春季管理

春季是羊一年当中最困难的时期。经过漫长的冬季，营养消耗大，体况消瘦，如果饲养管理得当，能最大限度地减少羊只死亡。

1. 定期驱虫

春季要给除怀孕母羊外的羊群集中驱虫1次。丙硫苯咪唑可驱除混合感染的多种寄生虫；阿维菌素也可驱除体内外多种寄生虫，这两种都是较理想的驱虫药物。

2. 及时补晒

常用药物为亚硒酸钠维生素E注射液，剂量每只0.5～1.0毫升。

3. 保证补盐和饮水

春季放牧的绵羊应保证每周补盐2～3次及每天3～4次的饮水。

4. 防止跑青

应选择草质较好、干草较多的阴坡放牧，并且放牧时要人在前、羊在后，使羊群慢慢行走，当羊吃半饱后再放青草地。

5. 防食有害物

警惕羊误食有毒的植物青苗、废旧塑料、霉败饲料等，放牧时要格外小心。并且放牧时要远离刚播种的耕地，防止误食种子、化肥、农药、种子包衣剂等，防止中毒。

6. 及时补喂草料

春季羊的营养情况差，从冬季补饲向春季放牧转移，需要一段过渡期，每天放牧时间要逐渐延长，否则会引进腹泻等不良现象，并且产冬羔的母羊正在哺育羔羊，产春羔的母羊刚刚分娩或正在妊娠的后期，需要的营养较多，因此除了正常放牧外，每天每只最好补喂干草0.3～0.5千克，补饲精料0.20～0.25千克，使其体质健壮，顺利渡过春季枯草期。

7. 保持圈舍卫生

要坚持羊群无病早防、有病早治、防重于治的原则。疫苗的种类很多，有三联苗（羊快疫、猝疽、肠毒血症）、羊痘弱毒苗等，由于各地区传染病不止一种，疫苗性质及免疫期长短不一，必须根据各种疫苗的免疫特性，合理安排免疫接种的间隔时间和接种次数，才能有效地预防和控制羊传染病的发生，使羊群全年免受重大传染病的危害。

（三）冬季管理

冬季以后，北方地区气候寒冷、干燥，常常出现寒流，此时最易诱发畜禽呼吸系统和消化系统疾病，养殖户必须加强饲养管理，重点做好栏舍保温工作。

① 提前检修圈舍。入冬前，对圈舍进行全面检修，堵死墙壁裂缝，防止贼风侵袭；门口挂上草帘子，开放或半开放式的圈舍，要盖上塑料薄膜，以提高舍内温度；仔畜舍、育雏室安装取暖设备，最好使用红外线灯。

② 防止料水结冰。最好喂给羊干料、温水，井水可以放在室内预温；使用粥料时，要尽量加热后喂给；青绿饲料要堆放在室内，各种饲料都要防止结冰；严寒季节，青贮饲料最好在中午时间喂给。

③ 重视消毒工作。日常消毒工作仍然不能忽视，特别是门口的消毒池，消毒液要保持足够的液面，也可将麻袋片浸足消毒液，铺在消毒池内，进出的人员、车辆、用具，都必须在消毒池内走过。

④ 注意舍内通风。在做好保暖的同时，很多养殖户往往忽视了舍内的通风管理，这很容易导致疫病流行。封闭良好的圈舍，每天都应有2～3小时的通风时间，可以在下午1～3时打开前窗和门口的草帘子以散气。

冬季饲养山羊任务繁重，饲养技术难度大，稍不注意，往往造成山羊大批死亡。其中保膘、保畜、保胎又是饲养中的中心任务。

1. 合理放牧饲养

冬季放牧一般应选择避风向阳、地势高燥、水源较好的阳坡低凹处。初冬，一部分牧草还未枯死，这时要抓紧放牧，迟放早归，注意抓住晴天中午较暖和的时间放牧，让山羊尽量多采食一些青草，但不要让山羊吃霜冻的草和喝冰水，若这段时间山羊不能吃饱，回栏后要进行补饲，到了深冬季节，应将山羊收回进行舍饲。

2. 精心舍饲

冬季气候寒冷，山羊体热消耗大，加上绝大部分母羊处于妊娠阶段，所以要特别注意加强饲养管理，除保证山羊青干草和秸秆类饲料外，还要补给山羊黄豆、玉米、麦麸等精饲料，并注意栏内干燥保暖。为了增加羊的运动，应让羊在栏内设置的土堆或木制高台上吃草，晴天还应让羊外出运动，以增强体质，提高越冬活力。

3. 抓好保胎

冬季多数母羊处于妊娠期，所以必须注意抓好保胎工作，公母羊要分开饲养，放牧时不要让妊娠母羊吃到霜冻和有冰雪的草，防止因打架、冲撞、挤压、跌倒而引起流产。多给母羊喂精饲料和加盐后的温水，并注意抓好空怀母羊的配种工作，以增加经济效益。

4. 抓好栏舍卫生和疫病防治

山羊厌潮湿，怕贼风，所以冬季栏舍要避风、干燥，要随时保证山羊体表清洁卫生，同时要抓好山羊防病灭病工作，经常对粪便进行生物熟处理，搞好山羊疾病的防治和驱虫工作，特别要抓好羊痢疾、大肠杆菌病、羊链球菌病，以及感冒等病的防治，并经常用驱虫药对山羊进行预防性驱虫，确保羊体健壮，抵抗寒冬侵袭。

5. 羊群的冬季管理要点

冬季正是母羊揣羔后期和早怀母羊产羔期，由于天气寒冷，对羊发育非常不利。该期间保好膘，保好胎，能促进母羊顺利产羔，提高羊羔成活率。

（1）清理羊群　羊在入冬后就将老、弱、病、残羊，自食羊和出售的羊，从羊群中清理出去，趁膘情好及时宰杀和出售，既可增加经济效益，又有利于羊群的冬季饲养。

（2）保温防寒　保温防寒是羊群安全越冬的重要措施。羊圈要避免贼风侵入，地面要保持干燥。放牧要选择向阳背风、地势低洼而比较暖和的地方。另外，冬季决不可顺风出牧，否则，羊毛会被风吹开，不利于保温，使羊易患感冒等疾病。

（3）备足饲草　冬季单靠放牧满足不了羊体对营养的需要，所以养羊户要备足饲草，在深冬大雪封地以后用于补饲。

（4）注意饮食　冬季各种草秸都是干的，不像青绿或青贮饲料好消化，所以冬季每天必须饮1～2次水，要饮好饮足。同时，要适当喂盐，确保羊只食欲旺盛，生长发育良好。

（5）冬季"三四五"肉羊养殖。

① 给羊搭好棚。羊只最佳棚舍建筑应以走廊式、后坡式为好，前高后低，坡度30°左右，前檐高2.4米左右，后墙高1.7米以上，走廊宽1.2米，前墙高1.4米，根据羊群大小设计棚舍，不应太大太高，以防体热消耗。搭塑料暖棚以活动式为好，中午天晴时，打开棚框，换气晒圈。如果是固定式塑料暖棚，应留有足够的通风换气口，并且每3～6天清扫粪尿一次，防止圈舍过潮引起羊只呼吸道和关节疾病。

② 把好三关。一是保温防寒。选择背风向阳的地方建棚，并选择保温好的塑料，双层覆盖。二是防潮防湿。塑料暖棚内的湿度一般较大，饲养过程中要经常打开通风孔或天窗进行通风换气。三是防风防雪。冬季风雪盛行，建筑时要注意结实耐用，发现破洞及时修补。

③ 搞好疾病防治。以防治风湿症为主。羊只四肢、腰肌、关节变化突出，以注射西药氢化可的松治疗或穴位治疗为主；羊蹄腐烂（湿蹄漏），治疗以修蹄、清除腐败分泌物或用沥青、黄蜡、人发灰各适量，共熬成膏，加少许冰片，搅拌均匀，填充患部，并保持圈舍内干燥通风；螨病（疥癣）用抗寄生虫药物治疗，对污染的棚舍用20%石灰乳消毒处理，发现病畜及时隔离。冬季羊易患痢疾、大肠杆菌病、链球菌病以及感冒等疾病。因此，勤扫羊舍，清除残料，保持清洁干燥。常刷拭羊体。清除粪便进行生物热处理。定期用驱虫药对羊进行预防性驱虫，以保证羊安全越冬。

④ 应掌握的四个技术要点

a. 合理组群。入冬前，应根据羊的年龄、性别、体质等情况对羊群进行合理调整，将体质相近的羊组成一群，以便于照顾体弱羊只，及时加强补饲和就近放牧。

b. 适度放牧。放牧要选择避风向阳、地势高燥、水源较好的阳坡低凹处。初冬，部分牧草还未枯死，这时要抓紧放牧，迟放早归，禁吃霜冻饲草，回舍后要补饲。严冬季节，羊应转为舍饲。

c. 及时补饲。保证羊青草、秸秆等饲料不断，供给黄豆、玉米、麦麸等精料，饮用淡盐水，夜间补喂1次。冬春季补饲干草可分早晚2次补给，干草多为花生秸、豆秸、野草等；也可补给青贮饲料。1头成年羊每天补饲干草0.5～1.0千克或青贮饲料1～2千克。补饲精料可晚上一次喂给。每头成年羊每天喂0.2～0.3千克，可用谷粉、玉米粉、米糠、豆饼等组成混合精料。要注意怀孕后期、哺乳期母羊与小羊的补饲及蛋白质、矿物质、维生素的供应。不要让羊饮冰冻水。

d. 注意保暖。冬季气温低，羊体消耗热能多，要做好保暖工作。

⑤ 进行五期保羔饲养的技术要领。冬季绝大多数母羊处于妊娠期，因此，要抓好保胎工作，公母羊分开饲养。放牧时孕羊不可吃霜冻草。防止打架冲撞挤压和人为急追暗打等，以免引起母羊流产。同时抓好空怀母羊的配种工作。为提高养羊成活率，尽量集中配种，集中产羔，并进行五期保羔饲养。

在产前90天的母体能量贮备期内，既要放牧抓膘，又要投给青干草，促进二三类膘情母羊升级，确保产出健壮羔羊。在补饲上注意微量元素、维生素的添加，供应充足的食盐和清洁的饮水。

在产前50天的体能保护期，应以舍饲为主，减少出舍运动时间和次数，满足草料供应，注意防止挤压。

在产前、产后10天的围产期，要适当进行运动，以免发生产前及产后瘫痪。产前要注意防止难产。母羊产羔后，体质急剧下降，在补给精料的同时增加块根、多汁饲料，及维生素、钙、磷的投给，提高乳脂比重，催羔发育。在断奶前60天过渡饲养期，对羔羊进行驯化饲养，以草为主，草料比3∶0.3，在喂全价饲料的同时添加胡萝卜丝。

在独立饲养期，为便于饲养管理，对羔羊进行分等级调群。供给羔羊断奶后适口性强、易消化、营养丰富的草料。对羔羊进行驯化，使之性情温顺，保质、保量进入育成期饲养管理。

（6）冬季养羊四忌口　冬春季是各种羊繁殖、育肥、出栏旺季，加强这一阶段的饲养管理，不仅能切实提高繁殖成活率、出栏率、商品率，有效增加农民养殖收入，而且对保护母羊产品品质、增强市场竞争能力起到一定的促进作用。冬季节养羊应注意以下几方面。

① 忌饲草料单一。饲草料单一容易造成某种营养成分的缺乏，也可导致消化道和代谢疾病，不仅自身达不到正常的生长发育，而且生产性能发挥不充分，影响出栏；甚至可以造成母羊繁殖下降、少胎、成活率不高。所以在秋季贮草期间就应全面考虑，可以将各类作物秸秆、牧草、野生牧草及藤蔓收集混贮。常见饲草制作方法较多，以玉米秸秆青贮、玉米秸秆与苜蓿混贮、苜蓿与麦秸粉混贮，干秸秆粉碎，微贮较普遍，成功率也较高。各类饲养相互搭配，既扩大了饲料资源，同时也可避免营养成分流失，增加适口性，满足枯草期羊对各类鲜绿饲草的需求，有效提高利用率和利用价值。

② 忌饲草发霉变质。由于管理不善或因收贮草水分过大、不通风等原因，容易造成贮草霉变。霉变饲草容易导致消化道疾病，还可以造成怀孕母羊流产。所以在贮喂时，一是对鲜草或饲料要进行反复晾晒，并做好防雨防潮工作，随时检查，适时堆放。二是在饲喂时一定要细心观察，如发现霉变饲草及时处理。三是对青贮饲草在贮前应仔细检查垫衬塑料薄膜，发现破烂处及时修补或补衬。青贮结束后一定要压紧踩实，以防漏气。四是在建青贮窖、微贮池时要选择地势高、向阳、靠近圈舍处，容积以养畜量确定，忌横断面过大，避免暴露空气的地方过多，造成贮草酸败。

③ 忌冰冷饲喂。冰冷饲喂除羊不肯吃、浪费、不上膘外，对羊只也可造成不良后果，如腹痛、腹泻，以至母羊流产等，一般以块根、块茎饲料多见，近几年葫芦打浆贮喂较常见。在饲喂时，应根据养羊量和采食量有计划地将饲草提前放在室内，或略加温，并在饮水时给予温水，增强御寒能力，减少体能消耗。

④ 忌随意增减。饲草料投喂以羊体格、采食量来确定，一般以饲槽内略剩为佳。过剩造成浪费，过少则不能满足生长发育需要。要根据不同羊种采取定时定量投喂或随意采食方式，经常性注意观察投喂情况，特别对孕羊、仔羊一定要根据生长发育所需予以确定，尽可能不随意增减饲草。

（四）秋季管理

秋天天气凉爽，百草皆熟，籽实饱满，营养丰富，正是羊只长膘和母羊配种的大好季节。秋季养羊，要掌握好九要领。

① 初秋早晚凉爽、中午热，放牧时应坚持中午避暑、早出牧、晚收牧，适当延长放牧时间；晚秋放牧做到有霜天晚出牧，早收牧；无霜天早出牧，晚收牧；每天坚持饮井水或泉水2次，不要饮污水；晚秋放牧还要注意保暖，尤其是山区，应到牧草长势较好的向阳坡地放牧。

② 选择牧草好、避风的草场作为秋营地，要少走路、多吃草。放牧时，先放阴坡后放阳坡，先放沟底后放沟坡，先低草后高草。

③ 母羊放在近牧地，育成羊放在较远的草地，瘦弱羊单独组群，放在草多的牧地。

④ 做到“四稳”，即出入圈门稳、放牧稳、归牧稳、饮水喂料稳，严防拥挤造成怀孕母羊流产。

⑤ 保证饮水。饮水时间以每天午后2时为宜，防止饮空肚水和卧盘水（即归牧后饮水）。

⑥ 每隔10天喂一次盐，每只羊10克。喂盐时要先饮水，防止怀孕母羊喂盐后饮水过量造成“水顶胎”而发生流产。

⑦ 出牧与归牧时，仔细检查羊群，发现病羊，及时治疗；对瘦弱羊，及早补喂精料。

⑧ 秋季母羊膘情好，发情正常，排卵多，易受胎，有利于胎儿发育，要抓紧抓好母羊配种，以提高受胎率和产羔率。一般秋季配种，春季产羔，以8～9月份配种为宜，翌年2月份产羔，这样母羊产后就能很快吃上青草，羔羊发育快。母羊1.2～1.5岁即可配种，发情表现为食量减少，鸣叫不安，外阴部潮红肿胀，阴道流出分泌物，频频摇尾，发情持续期为1～2天，发情后30～40小时母羊开始排卵，卵子在输卵管内24小时内有受精能力，故在发情后30小时左右配种最好。

⑨ 秋季是羊各种疾病多发和流行的高峰季节。因此，秋季应用左旋咪唑或丙苯咪唑对羊群进行一次驱虫，同时注射有关羊用疫（菌）苗以预防传染病。勤清羊舍饲料残渣、残草和粪尿，保持羊舍内干燥清洁，定期用2%火碱溶液或2%福尔马林液消毒，经常刷拭羊体，促

进血液循环，增强抗病能力。秋季要特别防止羊因吃了再生青草和豆科牧草而发生肚胀病。

三、羊的日常管理方法

（一）山羊饲养管理

1. 择优品种

优良品种是获得养羊高效益的重中之重，应注重选择良种山羊。养羊户要提高经济效益，应积极选择优良品种杂交改良，应引进波尔羊、南江黄羊、马头羊等肉用型种公羊饲养；种母羊宜选用体躯较大、肋骨弓张、背腰宽长、腹大而不下垂、后躯宽深、乳房圆润紧凑、乳头大而整齐、神态活泼灵敏、行走快捷等特点明显的本地母羊饲养。

2. 完善羊群

在饲养中，不断完善羊群结构，对山羊的数量增长及提高经济效益具有很重要的作用。因此，对老弱病羊、不孕母羊及习惯性流产母羊要尽早淘汰处理，作育肥羊出栏，并不断补充适龄母羊，使羊群中母羊数量保持在70%，能繁母羊保持在50%以上。对出生后1个月内的小公羔一律阉割育肥，保持和提高杂交优势。山羊适宜的繁殖年龄为：公羊在5岁以下，母羊在6岁以下，这样才能保证壮年公母羊的比例、质量和羊群旺盛的繁殖力。

3. 选季配种

母羊配种应避开严寒和酷暑季节，一般选择气候较好、牧草充足的春秋两季。春配应在4～5月份进行，9～10月份产羔；秋配在10～11月份进行，翌年3～4月份产羔。这样配种季节适宜，产羔比较集中，有利于羔羊集中管理。

4. 精养种羊

种公羊种母羊是发展羊群的基础，尤其是种公羊，对羊群质量影响很大。在配种季节应保证充足的、含蛋白质较高的补充饲料，搭配2%～3%的骨粉或碳酸钙、1%～2%食盐，让其多吃青草，并补足精料，多喂维生素丰富的多汁青绿饲料，保证种公羊的中等体况。种母羊应根据不同时期（配种前、怀孕后、哺乳期）体况和营养需要加强饲养管理，同种公羊一样，保持营养好、体况佳的中等体况。有条件的应改进配种技术，采取人工受精方法，降低饲养成本，提高养羊经济效益。

5. 多护养羔羊

羔羊喜清洁、干燥、温暖、舒适的生活环境，特别是冬春季节更为敏感，如不多加注意，羔羊很容易感染各种疾病。因此，在春季气温骤降或骤升时，要加强防护措施，随时调整舍内温度；在寒冷季节要适当增加饲养密度，加厚垫草层，平时要防止雨水淋湿。

6. 分群放牧

育肥羊应在较远的牧草场放牧，以充分发挥育肥羊的采食能力和充分利用牧草资源。哺乳母羊、怀孕后期母羊、羔羊和体弱的羊，应在离栏舍较近的牧场放牧。有条件的饲养户应分区按季节轮牧、逐区轮牧使用草场，以保障牧草品质，加快山羊育肥。

7. 种草养羊

农村养羊条件有限，特别是成片草场较少的地方更要采取种草补料措施，开展人工种植牧草以弥补草料的不足，不仅利于牧草生长，还能贮草备冬，解决冬春缺料的问题。种草面积应根据养羊生产和草场载畜量的情况而定。一般养30～50只山羊，种植1334平方米牧草；养100只以上的，应种植3335平方米左右的牧草。牧草品种选用鲁梅克斯、串叶松香草、俄罗斯饲料菜、紫花苜蓿等多年生牧草。

8. 预防疾病

首先做好免疫接种工作，在春秋季要尽早给山羊进行口蹄疫、三联四防（羊快疫、肠毒血症、猝疽、羔羊痢疾）及羊口疮、胸膜肺炎、羊痘等免疫注射。其次做好预防性驱虫工作。山羊常见的体内寄生虫主要有肝片吸虫、肺丝虫、胃肠线虫等，可选用阿维菌素、硫双二氯酚、左旋咪唑、丙硫苯咪唑等驱虫药。羊应每季节驱虫1次。在驱杀体表寄生虫时必须同时喷洒药液。栏舍和场地应每天清扫1次，保持干净卫生，并定期消毒。粪便应及时作定点消毒或在化粪池内堆积发酵消毒处理。

（二）绵羊饲养管理

绵羊的主要产品是毛、肉、皮，要提高产量和质量，增加农户经济收入，振兴农村经济，以下几点值得注意。

1. 优良种羊的选用

我国绵羊以地方原始品种为主，适应性强、生产性能低、养羊效益差。为了改变这种状况，国家曾先后引进了世界著名绵羊品种，如以生产羊毛为主的澳洲美利奴羊，以生产羊肉为主的无角道赛特、夏洛来、萨福克等，并培育成了适宜我国草原气候特点的细毛羊品种——中国美利奴羊。对于广大的养羊农户来说，应根据绵羊用途和实际情况，有计划地分步骤引进澳洲美利奴羊或中国美利奴羊，杂交改良当地绵羊使其逐步良种化；以生产羊肉为主，只需利用优良肉用公羊品种替代地方公羊，也可到附近有肉用公羊的地方进行人工受精，这样做不仅利用了好品种的高产性能，也利用了公羊和母羊品种间的杂交优势，而且经济省事，效果良好。

2. 简便实用技术的应用

（1）绵羊免疫双羔苗　在我国诸多绵羊品种中，除小尾寒羊和湖羊产羔率高外，其他品种一般都为一胎一羔，繁殖少，效益低。绵羊双羔苗是母羊多产羔、产双羔的一项新技术，它由中国农业科学院兰州畜牧与兽药研究所研制成功。双羔苗的显著特点是只产双羔，不产三羔、四羔，所产的羔羊成活率高。此技术使用简便，具体方法是，在配种前30～40天第1次注射双羔苗，配种前15天注射第2次，每次1毫升。

（2）塑料暖棚养羊技术　从20世纪70年代中期，我国开始用塑料暖棚饲养畜禽。塑料暖棚取材方便，施工简单，保暖性强，经济实用，效益明显。据试验，在冬春季节，塑料暖棚内温度比寒风刺骨、滴水成冰的棚外温度可提高15℃，减少绵羊掉膘1.5～3.0千克，提高羔羊成活率5%～15%，加快羔羊的生长发育速度，减少绵羊疾病的发生。

（3）绵羊穿衣技术　青藏高原、西北、内蒙古等地区是我国细羊毛的生产基地，这里海拔高、紫外线强烈、寒冷持续时间长、风沙大，在这些地区修建塑料暖棚易受风沙碎石的破坏。中国农科院兰州畜牧与兽药研究所研制了一种能防止或减少沙土、植物杂质和紫外线对羊毛的侵害，同时还能在冷季室外放牧时起到一定保暖作用的绵羊罩衣，经在甘肃、青海试验，每只羊穿衣后，可提高净毛产量0.15～0.44千克，羊毛长度增加0.38～1.43厘米，羊毛污染长度降低3.1

厘米。绵羊穿衣技术操作简单，是我国在自然条件差的地方生产优质高产羊毛的一种实用技术。

(4) 季节性养羊 为了使绵羊在冬春季节减少死亡和掉膘，应开展季节性养羊，即利用热季牧草茂盛时，使绵羊快速生长抓膘，在冷季来临前，集中屠宰，大量上市，减少冬春季牲畜存栏，减轻冷季草畜矛盾。使用这项技术时应根据当地情况安排好产羔时间，若能利用优良肉用种公羊，则效果更佳。这样能使优良品种高产、品种间杂交、幼畜生长快、牧草茂盛和营养高等诸多优势得到充分的结合和发挥。

四、羊的日常管理技术要点

1. 羊的药浴

药浴是羊饲养管理上必不可少的一项工作，特别是对细毛羊、半细毛羊，不论纯种或杂种，剪毛后都必须进行一次药浴，目的是消灭体外寄生虫和预防疥癣病。

(1) 药浴使用的药剂 石硫合剂的配方是：生石灰 7.5 千克，硫黄粉末 12.5 千克，用水拌成糊状，加水 150 千克，用铁锅煮沸，边煮边用木棒搅拌，待溶液呈浓茶色时为止。煮沸过程中蒸发掉的水分要补足。然后倒入木桶或水缸中，待澄清后，去掉下面的沉渣，上面的清液就是母液。在此母液内兑上 500 千克温水，充分搅匀后，就可进行药浴。因石灰、硫黄是价廉易得的药物，而且对人畜均无毒害，可代替六六六。

(2) 药池的建造 药池要求狭长，长度约 10 米，宽约 1 米，以保证羊通过时，身体能充分浸泡在药液中。深度以羊平均身高的 2 倍为宜，药液在淹没羊体的同时，要求药液面以上的池沿必须保持足够的高度，防止羊从池沿爬出。入口与出口处分别砌有斜坡，以备羊安全出入药池。在药池的出口处砌有滴流台，使羊身上的药液能充分回流到药池内。

(3) 药浴应注意事项

① 药浴前 8 小时停止喂料，入浴前 2 小时给羊饮足水，以免羊入浴池后吞饮药液。

② 药浴的顺序是先让健康羊药浴，有疥癣病的羊最后药浴。

③ 药液的深度以淹没羊体为原则。浴池为一个狭长的走道，当羊走近出口时，要将羊头压入药液内1～2次，以防头部发生疥癣。

④ 离开药池后让羊在滴流台上停留20分钟，待身上药液滴流入池后，再将羊收容在凉棚或宽敞的厩舍内，免受日光照射，过6～8小时后，方可饲喂或放牧。

⑤ 妊娠2个月以上的母羊，不宜进行药浴。

⑥ 药浴的时间最好是剪毛后7～10天进行，如过早，则羊毛太短，羊体上药液沾得少；过迟，则羊毛太长，药液沾不到皮肤上，对消灭体外寄生虫和预防疥癣病不利。第1次药浴后，隔8～14天再药浴一次。

⑦ 牧羊犬也应同时进行药浴。

⑧ 工作人员应带好口罩和橡皮手套，以防中毒。

2. 断尾

羔羊断尾主要用于长尾羊，目的是为了便于保持清洁和配种。羔羊断尾可于生后1周左右进行。方法是用一根结实的胶皮筋，在离尾根1寸长的尾结上，将皮筋略为上捋，然后束上皮筋，涂上碘酒，经4～15天，尾根下部即可枯萎脱落。

3. 去势

凡是不作种的公羔均应在生后2周去势。也可用胶皮筋结扎法，于精索部扎紧，20天后即可干枯脱落。

4. 修蹄

长期舍饲的羊，羊蹄往往过长或歪于一侧，严重影响采食和行走。因此，每年春夏（春末夏初）季节应对其进行检查，对生长过长的羊蹄或不正的蹄形进行修剪。其方法是，可于雨后蹄子浸软后，把羊放倒，用果树剪将过长的部分剪去，一次不要剪得过长，以免伤及内部。蹄形不正的羊只，应多次进行修剪，直至修正为止。

第五章 饲料的加工与利用技术

我国现正处于农业结构调整的关键时期，种植业将由二元结构向粮食、饲料、经济作物三元结构转变。大力种草养畜，加大牧业在大农业中的比重，关键是草与畜的结构。在畜禽饲料结构上，要加大青粗饲料比例；在畜禽养殖结构上，要大力发展低耗节粮型草食畜禽，重点发展牛、羊、鹅、兔等。目前，种草发展牛羊饲养业热潮正在掀起。养牛羊种植哪些牧草饲料作物最好，是用户最关心的问题。牛、羊为反刍动物，消化粗纤维能力强，且采食量大，应选择种植粮饲兼用作物及多年生牧草类，尤其是高秆饲料作物。如为解决冬春季干草，最好种植稗谷（朝牧一号稗子），其株高可达 2 米多，抗旱耐盐碱，草质好于任何一种禾本科饲料作物。其干草粗蛋白含量达 6.66%～8.70%，比谷草好，每亩产干草可达 1000 千克以上，比谷子增产 1 倍以上，籽实可达 350 千克以上，是牛羊难得的补饲精料。如为解决夏季青刈饲料，最好种植御谷，其次是苏丹草、高丹草等。御谷抗旱、耐高温、再生力极强，全年可刈割 3～4 次，高产优质，每亩产鲜草可达 5000 千克以上。如为解决冬春青储料，最好种植籽粒苋、饲用玉米。因籽粒苋适应性广，高产优质；饲用玉米草粮兼收，活秧熟。籽粒苋最好种 R104、K112、K472 等品种，饲用玉米最好种英红玉米、中原单 32、分枝多穗玉米。种植时最好实行籽粒苋和玉米 2∶2 间套种，这样可充分利用土地资源及水、肥、气、热等，在玉米授粉前对籽粒苋进行刈割，饲喂牛、羊、猪等发展季节畜牧业，玉米授粉后生长势减弱，让再生籽粒苋自由生长占领空间发挥优势。待秋天将籽粒苋全株切割加 2 倍量玉米秸秆混合进行青储（饲用玉米秸不足可用当地普通玉米秸补充），其营养比较全面，酸甜度适宜。考虑到长短结合，饲养牛羊可种多年生牧草，尤其是牧区和半农半牧区。如种植多年生豆科牧草紫花苜蓿、沙打旺、红豆草、草木栖，以及多年生禾本科牧草无芒雀麦、羊草、偃麦草。但多年生牧草当年产草量低，见效慢，耕地少的农区不宜多种。农区应种植多年生菊苣、串叶松香草、冬牧70黑麦草等。如饲养奶牛、奶羊及羔羊，根据生理需要还应尽量选择柔嫩多汁、含糖量高、富含蛋白质的饲料作物。除种植上述牧草饲料外，还应种植甜高粱、饲料菜、苦荬菜等，冬春应喂籽粒苋加饲用玉米秸或甜高粱混合青储料，这样才能更好地发挥生产性能。

第一节 饲料的分类

养羊饲料包括粗饲料、精饲料、动物性饲料、矿物质饲料和特殊饲料5种。

一、粗饲料

干物质中粗纤维含量大于或等于18%的饲料统称粗饲料。粗饲料主要包括干草、秸秆、青绿饲料、青贮饲料四种。

1. 干草

为水分含量小于15%的野生或人工栽培的禾本科或豆科牧草。如野干草（秋白草）、羊草、黑麦草、苜蓿等

2. 秸秆

为农作物收获后的秸、藤、蔓、秧、荚、壳等。如玉米秸、稻草、谷草、花生藤、甘薯蔓、马铃薯秧、豆荚、豆秸等。有干燥和青绿两种。将秸秆加工成营养草粉，羊爱吃、增重快。秸秆加工草粉，工艺简单，既解决了青饲料的储藏问题，又提高了饲料利用率，现将其技术介绍如下。

（1）原料　凡不含有毒作物秸秆及粮棉加工副产品均可粉碎作原料。加工前需阴干或晒干。

（2）粉碎　用锤式粉碎机将秸秆粉碎成长1～2厘米的草粉。禾本科植物应与豆科植物分开粉碎，以便下一步配置。

（3）发酵　将粉碎的禾本科草粉和豆科草粉按3∶1混匀。用30～40℃温水拌草粉，湿度以用手捏能成团、松手能散开为宜，堆放在背风屋角，堆成40厘米厚的方形堆，上面盖麻袋。当堆内温度达到40～50℃，至发酵料能闻到酒曲香味时即成。留一些草粉作下次发酵的引子。在发酵好的草粉中，每100千克加入0.5～1千克食盐和

0.5千克骨粉，配入25～30千克玉米面、麦麸、豆腐渣、胡萝卜或煮熟的红薯、马铃薯等，混匀后，即成为营养草粉。

(4) 饲喂

① 该草粉不能喂未断奶的羔羊，2月龄后的羊喂此料时应由少到多。

② 非妊娠母羊，要用干净饲槽投喂，少喂勤添。

③ 发酵好的草粉应在3个月内喂完，以免变质。

3. 青绿饲料

水分含量大于或等于45%的野生或人工栽培的禾本科或豆科牧草和农作物植株。如野青草、青大麦、青燕麦、青苜蓿、三叶草、紫云英和全株玉米青饲等。

4. 青贮饲料

青贮饲料是以青绿饲料或青绿农作物秸秆为原料，通过铡碎、压实、密封，经乳酸发酵制成的饲料。含水量一般在65%～75%，pH值4.2左右。含水量45%～55%的青贮饲料称为低水分青贮或半干青贮，pH值4.5左右。在发展舍饲养羊中，其所以应当广泛推广青贮技术和大量制作青贮饲料，是因为与晒制干草相比，制作青贮，其原料中的营养损失少，一般仅为10%～20%，尤其是胡萝卜素的损失更少；饲料青贮后，可基本保持原来的青绿多汁，经发酵后，酸香可口，使羊采食量增加，并保持较高的消化率；有些质地粗硬和有异味的饲料，如葵花秆、菊芋秆、玉米秸等羊不喜食的饲料，经青贮后变软，并使异味消失。因此，根据具体情况因地、因时制宜地制作青贮饲料可以扩大饲料来源。此外，由于青饲料生产、收获或采集都有很强的季节性和时间性，如果在青绿饲料生产的旺季（如夏、秋季）能把多余的青草青贮起来用以补充淡季（冬、春）不足，不仅可以大大减少青绿饲料的营养浪费，而且还可保证羊群营养均衡。青贮饲料密度大，占用空间少，制作时不受天气影响，而且还可长久（数年至数十年）保存并有利防火。

二、精饲料

干物质中粗纤维含量小于18%的饲料统称精饲料。精饲料又分能量饲料和蛋白质补充料。干物质粗蛋白含量小于20%的精饲料称为能量饲料；干物质粗蛋白含量大于或等于20%的精饲料称为蛋白质补充料。精饲料主要有谷实类、糠麸类、饼粕类三种。

1. 谷实类

粮食作物的籽实，如玉米、高粱、大麦、燕麦、稻谷等为谷实类，一般属能量饲料。

2. 糠麸类

各种粮食干加工的副产品，如小麦麸、玉米皮、高粱糠、米糠等为糠麸类也属能量饲料。

3. 饼粕类

油料的加工副产品，如豆饼（粕）、花生饼（粕）、菜籽饼（粕）、棉籽饼（粕）、胡麻饼、葵花籽饼、玉米胚芽饼等为饼粕类。粗蛋白含量30%～45%，粗纤维6%～17%。所含矿物质，一般磷多于钙，富含B族维生素，但胡萝卜素含量较低。以上除玉米胚芽饼属能量饲料外，均属蛋白质补充料。带壳的棉籽饼和葵花籽饼干物质粗纤维量大于18%，可归入粗饲料。

（1）豆饼（粕） 品质居饼粕之首，含粗蛋白40%以上，羊能量单位0.9左右。质量好的豆饼为黄色有香味，适口性好，但在日粮中添加量不超过20%。

（2）棉籽饼（粕） 是棉区喂羊的好饲料，去壳压榨或浸提的棉籽饼含粗纤维10%左右，粗蛋白32%～40%；带壳的棉籽饼含粗纤维高达15%～20%，粗蛋白20%左右。棉籽饼中含有游离棉酚等毒素，长期大量饲喂（日喂1千克以上）会引起中毒。羔羊日粮中添加量一般不超过20%。

（3）菜籽饼（粕） 含粗蛋白质36%左右，羊能量单位0.84，矿物质和维生素较豆饼丰富，含磷较高，含硒量比豆饼高6倍，居各种饼粕之首。菜籽饼中含芥子毒素，羔羊、孕羊最好不喂菜籽饼（粕）。

（4）葵花籽饼（粕） 去壳压榨或浸提的饼粕粗蛋白达45%左右，能量比其他饼粕低；带壳饼粕粗蛋白30%以上，粗纤维22%左右，喂羊时其营养价值与棉籽饼相近。

三、动物性饲料

来源于动物的产品及动物产品加工的副产品称为动物性饲料。如牛奶、奶粉、鱼粉、骨粉、肉骨粉、血粉、羽毛粉、蚕蛹等干物质中粗蛋白含量大于或等于20%，属蛋白质补充料；如牛脂、猪油等干物质粗蛋白含量小于20%，属能量饲料。如骨粉、蛋壳粉、贝壳粉等以补充钙、磷为目的归属为矿物质饲料。

四、矿物质饲料

可供饲用的天然矿物质称为物质饲料，以补充钙、磷、镁、钾、钠、氯、硫等常量元素（占体重0.01%以上的元素）为目的。如石粉、碳酸钙、磷酸钙、磷酸氢钙、食盐、硫酸镁等。

1. 食盐

主要成分是氯化钠，具有补充钠和氯的不足、促进唾液分泌、增强食欲的作用。目的在于补给钠、氯两种元素，一般以占羊日粮风干物质的1%为宜。拌入饲料或制成矿物盐砖让羊舔食。在缺碘地区，还应补碘，用量为：碘化钾占食盐的0.007%。

2. 贝壳粉

由贝壳煅烧粉碎而成，含钙34%～40%，是钙补充剂。

3. 石粉

即石灰石粉，为天然碳酸钙，一般含钙34%左右，是补充钙质最廉价的原料。天然碳酸钙石粉中含纯钙35%～38%，是廉价的矿物质原料。

4. 骨粉

骨粉是动物杂骨经高温、高压、脱脂、脱胶后粉碎而成，一般含钙30%以上，含磷14%左右。

5. 磷酸氢钙

一般含钙20%以上，含磷18%左右，作为重要的磷源近年来应用广泛。

五、特殊饲料

主要指尿素，只能混在富含碳水化合物的精粗饲料中喂给，占羊体重的0.02%～0.05%。羊每10千克体重喂尿素2～5克。

（一）饲料添加剂

为补充营养物质，提高生产性能，提高饲料利用率，改善饲料品质，促进生长繁殖，保障奶牛健康而掺入饲料中的少量或微量营养性或非营养性物质，称为饲料添加剂。奶牛常用的饲料添加剂主要有：维生素添加剂，如维生素A、维生素D、维生素E、烟酸等；微量元素（占体重0.01%以下的元素）添加剂，如铁、锌、铜、锰、碘、钴、硒等；氨基酸添加剂，如保护性赖氨酸、蛋氨酸；瘤胃缓冲调控剂，如碳酸氢钠、脲酶抑制剂等；酶制剂，如淀粉酶、蛋白酶、脂肪酶、纤维素分解酶等；活性菌（益生素）制剂，如乳酸菌、曲霉菌、酵母制剂等；另外，还有饲料防霉剂或抗氧化剂。

羊的育肥饲料添加剂包括营养性添加剂和非营养性添加剂，其功能是补充或平衡饲料营养成分，提高饲料的适口性和利用率，促进羊的生长发育，改善代谢机能，加快生长速度，缩短育肥期，增加肉羊育肥的经济效益。

1. 非蛋白氮

非蛋白氮包括蛋白质分解的中间产物——氮、酰胺、氨基酸，还有尿素、缩二脲和铵盐等。其中最常见的为尿素。这些非蛋白氮可为瘤胃微生物提供合成蛋白质的氮源。尿素含量为47%，如全部被瘤胃微生物利用，1千克尿素相当于2.8千克粗蛋白质的营养价值，或7千克豆饼蛋白质的营养价值，等于26千克禾本科籽实的含氮量。因此用尿素等非蛋白物质代替部分饲料蛋白质，既能促进羊只快速生长，又可降低饲料成本。

（1）尿素的喂量与喂法　尿素的喂量必须严格控制，其用量一般不超过日粮粗蛋白质的1/3，或不超过日粮干物质的1%，或按羊体重的0.02%～0.03%喂给，即每10千克体重，日喂尿素2～3克。使用时，先将定量尿素溶于水中，然后拌入精料，每日供量分2～3次投给，开始喂量要少，经5～7天的过渡期再转入正常供量。

（2）喂尿素的注意事项　一是尿素不能干喂或单独喂，通常是将尿素完全溶解后，喷洒在精料上，拌匀后饲喂。二是喂后不要马上饮水，防止尿素直接进入真胃，也不能空腹喂给，避免瘤胃中尿素浓度过大。饲喂的同时应供给瘤胃微生物充足的营养物质，如含淀粉多的玉米、高粱等，目的是提高瘤胃微生物的繁殖能力，以加速其对氨的利用。此外，日粮中加喂磷酸氢钙、硫酸钾（钠），提高硫磷水平，也能提高尿素的利用率。三是只有在日粮蛋白质不足（低于12%）时饲喂尿素，日粮蛋白质充足时，瘤胃微生物可利用有机氮，加喂尿素反而造成浪费。四是喂尿素后要连续进行，直至肉羊育肥后出栏。五是选用“安全型非蛋白氮”产品，如牛羊壮（又名磷酸脲）、缩二脲、异丁基二脲等，这些产品可使尿素在瘤胃中的分解速度减慢，有利于微生物对氨的充分利用。

（3）肉羊尿素中毒的抢救　当尿素用量过大或使用方法不当时，瘤胃微生物利用尿素的速度低于尿素分解的速度时，一部分氨即进入血液循环，血氨浓度升高，发生氨中毒。羊如果发生尿素中毒则表现为全身紧张，心神不定，肌肉震颤，运动失调，挣扎，吼叫，甚至卧地不起，窒息死亡。急救方法：可静脉注射10%～25%的葡萄糖，每次100～200毫升；或灌服食醋，以中和氨；或灌服冷水，降低瘤胃液的温度，从而减少尿素分解，冷水还能稀释氨浓度，减缓瘤胃吸收氨的速度。冷水和食醋同时灌服效果更好。

2. 羊育肥用微量元素

矿物质微量元素可以调节机体能量、蛋白质和脂肪代谢，提高羊的采食量，促进营养物质的消化作用，刺激生长，提高增重速度和饲料利用率。微量元素的添加量应按育肥羊的营养需要添加，可将微量元素制成预混料，其配方为每吨预混料碳酸钙803.1千克，硫酸亚铁50千克，硫酸铜6千克，硫酸锌80千克，硫酸锰60千克，氯化钴0.8千克，亚硒酸钠0.1千克。按每只羊每天10～15克预混料添加，均匀混于精料中饲喂；或将微量元素制成盐砖，让羊自由采食，一般添加微量元素比不添加者增重10%～20%。

3. 维生素添加剂

由于羊瘤胃微生物能够合成B族维生素和维生素K、维生素C，不必另外添加。但日粮中应提供足够的维生素A、维生素D和维生素E，以满足育肥羊的需要。维生素添加剂的使用应按羊的营养需要进行，在饲料中维生素不足的情况下，应适量添加。一般20～30千克的羔羊育肥每只每日需要维生素A 200～210国际单位，维生素D 57～61国际单位。添加维生素时还应注意其与微量元素间的相互作用，多数维生素与矿物元素能相互作用而失效，所以最好不要将它们放在一起配制预混料，或用维生素的包埋剂型配制矿物质和维生素预混料。

4. 稀土

稀土是元素周期表中钇、钪及全部镧系共17种元素的总称，可作为一种饲料添加剂用于畜禽生产，具有良好的饲喂效果和较高的经济效益。张英杰等对小尾寒羊进行了添加稀土饲喂试验，在放牧加补饲的条件下，试验组的羊每只添加硝酸稀土0.5克，试验期60天。结果表明，添加稀土组的羊比不添加稀土组的羊平均重提高11.2%，经济效益显著。张启儒报道，用稀土添加剂饲喂细毛羊，添加量按每千克体重10毫克，饲喂期3个月，饲喂稀土的阉羊较不喂稀土的阉羊体重增加2.07千克，提高55.49%；平均毛长增加0.3厘米，提高12.5%。王安琪报道，给断奶后育肥羊日粮中添加0.2%的稀土，在60天试验期内，日增重提高17.1%，每千克增重节省饲料0.41千克，提高饲料转化率14.29%。

一般作为饲料添加剂的稀土类型有硝酸盐稀土、氯化盐稀土、维生素C稀土和碳酸盐稀土。

5. 膨润土

膨润土属斑脱岩，是一种以蒙脱石为主要成分的黏土。主要成分为钙、钾、铝、镁、铁、钠、锌、锰、硅、钴、铜、氯，还有钼、钛等。膨润土具有对畜禽有机体有益的矿物质元素，可使酶、激素的活性或免疫反应向有利于畜禽的方向变化，对体内有害毒物和胃肠中的病菌有吸附作用，有利于机体健康，提高畜禽的生产性能。张世铨报道，用2～3岁内蒙古细毛羊羯羊在青草期100天放牧期内，每只每日用30克膨润土加100克水灌服，饲喂膨润土组羊较对照组羊毛长度增加0.48厘米，每平方厘米剪毛量增加0.0398克。

6. 瘤胃素

瘤胃素又名莫能菌素，是肉桂的链霉菌发酵产生的抗生素。其功能是通过减少甲烷气体能量损失和饲料蛋白质降解、脱氨损失，控制和提高瘤胃发酵效率，从而提高增重速度及饲料转化率。试验研究表明，舍饲羊饲喂瘤胃素，日增重比对照羊提高35%左右，饲料转化率提高27%。生长山羊饲喂瘤胃素，日增重比对照羊提高16%～32%，饲料转化率提高13%～19%。瘤胃素的添加量一般为每千克日粮干物质中添加25～30毫克，均匀混合在饲料中，最初喂量可低些，以后逐渐增加。

7. 缓冲剂

添加缓冲剂的目的是改善瘤胃内环境，有利于微生物的生长繁殖。肉羊强度育肥时，精料量增多，粗饲料减少，瘤胃内会形成过多的酸性物质，影响羊的食欲，并使瘤胃微生物区系被抑制，对饲料的消化能力减弱。添加缓冲剂，可增加瘤胃内碱性物质的蓄积，中和酸性物质，促进食欲，提高饲料的消化率和羊的增重速度。肉羊育肥常用的缓冲剂有碳酸氢钠和氧化镁。碳酸氢钠的添加量占日粮干物质的0.7%～1.0%。氧化镁的添加量为日粮干物质的0.03%～0.5%。添加缓冲剂时应由少到多，使羊有一个适应过程，此外，碳酸氢钠和氧化镁同时添加效果更好。

8. 二氢吡啶

其作用是抑制脂类化合物的过氧化过程，形成肝保护层，抑制畜体内的细胞组织，具有天然抗氧化剂维生素 E 的某些功能，还能提高家畜对胡萝卜素和维生素 A 的吸收利用。周凯等进行了二氢吡啶饲喂生长羊对增重效果影响的试验研究。试验羊以放牧为主，补饲时每千克精料中添加 200 毫克二氢吡啶的周岁羊体重可多增加 8.54 千克，经济效益显著。使用二氢吡啶时应避光防热，避免与金属铜离子混合，因为铜是特别强的助氧化剂。如与某些酸性物质（如柠檬酸、磷酸、抗坏血酸等）混合使用，可增强效果。

9. 酶制剂

酶是活体细胞产生的具有特殊催化能力的蛋白质，是一种生物催化剂，对饲料养分消化起重要作用。可促进蛋白质、脂肪、淀粉和纤维素的水解，提高饲料利用率，促进动物生长。如饲料中添加纤维素酶，可提高羊对纤维素的分解能力，使纤维素得到充分利用。李景云等报道，育成母羊和育肥公羔每只每日添加纤维素酶 25 克，育成母羊经 45 天试验期，日增重较对照组增加 29.55 克，育成公羔经 32 天试验期，日增重较对照组增加 34.06 克。育肥公羔屠宰率增加 2.83%，净肉重增加 1.80 千克。

10. 中草药添加剂

中草药添加剂是为预防疾病、改善机体生理状况、促进生长而在饲料中添加的一类天然中草药、中草药提取物或其他加工利用后的剩余物。张英杰等对小尾寒羊育肥公羔进行了中草药添加剂试验，选用健脾开胃、助消化、驱虫等中草药（黄芪、麦芽、山楂、陈皮、槟榔等），经科学配伍粉碎混匀，每只羊每日添加 15 克，经 2 个月的饲喂期，试验组平均体重较对照组增加 2.69 千克，且发病率显著降低。

11. 杆菌肽锌

杆菌肽锌是一种抑菌促生长剂，对畜禽有促生长作用，有利于养分在肠道内的消化吸收，改善饲料利用率，提高体重。羔羊用量：每千克混合料中添加 10～20 毫克（42 万～84 万单位）。在饲料中混合均匀饲喂。

12. 喹乙醇

喹乙醇又名快育灵、倍育诺，为合成抗菌剂。喹乙醇能影响机体代谢，具有促进蛋白质同化作用，进食后在 24 小时内主要通过肾脏全部排出体外。其毒性极低，按有效剂量使用，安全，副作用小。通过国内外试验，羔羊日增重提高 5%～10%，每单位增重节省饲料 6%。用法与用量：均匀混合于饲料内饲喂，羔羊每千克日粮干物质添加喹乙醇量为 50～80 毫克。

（二）糟渣类

糟渣是谷实及豆科籽实加工后的副产品。该类饲料含水多，宜新鲜时饲喂。酒糟粗蛋白质占干物质的 19%～24%，无氮浸出物 46%～55%，是羊的好饲料。粉渣是玉米或马铃薯制取淀粉后的副产品，粗蛋白含量较低，但无氮浸出物含量较高，折成干物质后能量接近甚至超过玉米。

糟渣类饲料属于廉价、优质饲料，在产地可以适当使用，但是要注意使用的量和使用的安全性。孕羊慎用。

六、羊对饲料养分的利用

1. 对粗蛋白质的利用

饲料蛋白质在羊体内的消化吸收有三条途径：一是进入瘤胃后 60%～80%被瘤胃微生物降解成肽、氨基酸和氨，再转化为菌体蛋白质被羊体利用（饲料中被降解的蛋白质称为降解蛋白质，RDP）。二是未降解的蛋白质（UDP）即过瘤胃蛋白质，与菌体蛋白质一起进入真胃，被真胃中盐酸和蛋白酶降解为多肽和少量氨基酸后随食糜进入小肠中吸收。三是未被小肠吸收的蛋白质及肽、氨基酸随食糜进入大肠，在进入大肠的小肠消化酶和大肠内微生物的作用下，仍可吸收一部分。

2. 对碳水化合物的吸收

瘤胃是山羊消化碳水化合物的主要器官。在瘤胃微生物和纤维分解酶的作用下，饲料中的碳水化合物先分解为葡萄糖、木糖和果糖等，被利用糖的微生物摄取并将木糖转化成葡萄糖，连同一起被摄取的葡萄糖和果糖经酵解转化为可被吸收利用的挥发性脂肪酸（主要为乙酸、丙酸、丁酸）、三磷酸腺苷（ATP），以及随嗳气排出的 CO_2、CH_4 等气体。饲料中绝大部分的可溶性糖、淀粉在瘤胃中降解，但在采食量较大时则会有一定量的淀粉随食糜进入小肠消化吸收。同时，在瘤胃中未被降解的纤维素、半纤维素等，进入大肠后进一步降解。

3. 对脂肪的吸收

饲料和牧草中的脂类大部分为不饱和脂肪酸，如牧草中的半乳糖酯和谷类籽实中的甘油三酯等，经瘤胃的水解和加氢作用，转变为饱和脂肪酸，在羊小肠上段由小肠绒毛膜吸收。羊对脂肪利用率低，需要量也很少，日粮中的脂肪完全可以满足需要。

4. 对维生素的吸收

在瘤胃中合成的 B 族维生素和维生素 C 一部分在瘤胃中被吸收，其余则在肠道中被吸收、利用。

第二节 精饲料的加工与利用

一、营养与利用

1. 营养特点

① 青饲料是一种营养物质相对平衡的饲料。青饲料中粗蛋白质含量丰富，消化率高，品质优良，生物学价值高。粗蛋白质含量一般占干物质重的 10%～20%，其特点是叶片中含量较茎杆中多，豆科比禾本科多。粗蛋白质消化率高，如苜蓿的蛋白质消化率达 76%。粗蛋白质品质较好，所含必需氨基酸较全面，赖氨酸、组氨酸含量较多（蛋氨酸较少），对生长生殖和泌乳量都有良好作用。青饲料从幼嫩到结籽过程中，天门冬氨酸、谷氨酸逐渐增多，而精氨酸和赖氨酸逐渐减

少。所以说青饲料的生物学价值有随着植物成熟而逐渐下降的趋势。

② 维生素含量丰富。胡萝卜素的含量是决定饲料营养价值的重要因素之一，而青饲料则含有大量的胡萝卜素。其特点是豆科中的胡萝卜素、B族维生素的含量高于禾本科，秋草中的维生素含量不及春草。此外，青草中还含有丰富的硫氨素、核黄素和烟酸等B族维生素，以及较多的维生素E、维生素C、维生素K等。

③ 钙、磷差异较大。青饲料按干物质算，钙含量占0.2%～2.0%，磷占0.2%～0.5%，豆科植物钙含量特别多。青饲料中的钙磷含量多集中于叶片，其占干物质的百分比随着植物的成熟而呈下降趋势。

④ 碳水化合物中氮浸出物含量较大，粗纤维较少，容易被消化吸收。青草纤维素少，适口性好，有刺激消化腺分泌的作用，因而消化率高。在日粮中加入青草，会使整个粗饲料利用率有所提高，故可认为青饲料是羊的保健性饲料。

2. 利用特点

青饲料的利用特点和营养价值高低主要取决于作物种类和生长时期。一般随着植物的成熟，茎叶迅速变硬变粗，利用价值也随之下降。为了保证青饲料品质，应该掌握适时收割，收割时期以盛花期为好。

青饲料的利用方式有放牧和青刈两种，其中人工栽培牧草生长繁茂，为提高产量，一般以青刈为主。许多野草生长在田边、沟旁，可以放牧，但为防止羊只偷吃庄稼，也可刈割。无论放牧和青刈都必须做到青饲料轮供：在青饲料生产旺季应注意加工储藏，使之不致因生产过剩而造成浪费，或因青饲料缺乏而影响生产。在青饲料的利用上采取青刈和放牧相结合的方法，可使其利用更为合理。以青饲料补充放牧的不足，以放牧增加舍饲羊的运动量，二者结合，可增进羊的健康和提高生产力。

二、加工与利用

各种作物的籽实和农副产品都是羊的精饲料，其特点是：可消化营养物质含量高，体积小，粗纤维少，是羊重要的补充饲料。精饲料又分为籽实类饲料和加工副产品饲料。

1. 籽实类饲料

主要有玉米、高粱、大麦、大豆、豌豆等，其营养和利用特点表现为以下两点。

① 禾本科籽实干物质中以无氮浸出物（主要是淀粉）为主，占干物质的73%～80%，其中玉米是家畜最好的热能来源，是肥育羊的良好饲料，但单用玉米肥育羊时，会造成肉质和脂肪松软现象。因此，必须与其他饲料如豌豆、大麦、地瓜干等配合饲喂，效果更好。

② 豆类籽实粗蛋白质含量高，一般占20%以上，为禾本科籽实的1～3倍，且品质好。大豆富含蛋白质及脂肪，无氮浸出物也多。大豆因含丰富的具有完全价值的蛋白质，所以是生产羔羊和泌乳羊最好的蛋白质饲料。大豆以熟饲最好，熟饲可以破坏其所含的胰蛋白酶，增加适口性，从而提高蛋白质的消化率及利用率。

2. 加工副产品饲料

① 糠麸。糠与麸都是由籽实的种皮及大部分的胚和小部分的胚乳组成，由于胚乳中的大部分淀粉被提取，无氮浸出物比籽实少，粗蛋白质的质量居于豆科籽实与禾本科籽实之间，粗纤维含量3%～5%。维生素中以维生素 B_1、尼克酸含量较丰富，其他物质含量甚微。麸皮质地疏松，在消化道内可改善日粮的物理性状，促进消化吸收。

② 油饼类。此类饲料常用作蛋白质补充饲料，是重要的蛋白质饲料来源。常用的有大豆饼、棉籽饼、菜籽饼和花生饼等。饼类饲料中可消化粗蛋白质一般在30%～40%以上，氨基酸组成较完全，禾本科籽实类饲料中所缺乏的赖氨酸、色氨酸、蛋氨酸在油饼类饲料中含量很丰富，苯丙氨酸、苏氨酸、组氨酸等含量也不低。因此，豆饼中粗蛋白的消化率和利用率均高。大豆饼粗蛋白质含量一般在43%以上，其他必需氨基酸的含量比其他植物性饲料都高，因此它是植物性饲料中生物学价值最高的一种饲料，而且味道芳香，适口性好，各种羊都喜欢吃，可作羔羊、种公羊、孕母羊和哺乳羊的蛋白质补充饲料。其他饼类的营养水平也较高。

饲喂饼类注意不要过量，因为羊暴食后易引起消化不良、瘤胃臌气等疾病。过多采食，不仅是一种浪费，而且也不符合羊食草的生物学特性。一般是在营养缺乏的情况下才给予一定的补饲。

此外，油饼类饲料含硫酸基较多，硫酸基是形成羊毛的原料，常喂油饼类饲料，可促进羊毛增长和提高羊毛产量。

第三节 秸秆饲料的加工与利用

秸秆指作物籽实收获后的茎秆和残存的叶片，粗纤维含量高达25%～50%，木质素多，消化率低。秸秆中粗蛋白含量仅为3%～6%，除维生素D外，其他维生素缺乏，钙、磷尤其是磷含量很低。虽然秸秆是一类营养价值较低的粗饲料，但可被羊消化利用。为提高秸秆的利用率，喂前最好进行切短、氨化或碱化等处理。

(1) 玉米秸 外皮光滑、坚硬，粗纤维的消化率为65%左右。同一株玉米秸秆的营养价值，上部比下部高，叶片比茎秆高。颜色绿黄、洁净，叶多的玉米秸喂羊效果较好。若经氨化处理，日增重提高显著。

(2) 谷草 谷草是谷子脱粒后的带叶茎秆，质地柔软，可消化率较高，能量含量高于麦秸、稻草，与优质玉米秸相近。

(3) 稻草 稻草即水稻的秸秆，喂羊消化率50%左右。稻草中粗灰分高达12%～18%，主要是无利用价值的硅酸盐。能量含量低于玉米秸、谷草，但优于小麦秸。稻草氨化后含氮量可增加1倍、氮的消化率提高20%～40%。

(4) 麦秸 麦类秸秆难以消化，是质量较差的粗饲料。小麦秸能量含量低于其他秸秆，适口性也差，但氨化后饲用价值明显提高。

大麦秸蛋白含量高于小麦秸，燕麦秸饲用价值最高。荞麦秸适口性好，但要控制喂量。

(5) 豆秸 豆秸指豆科秸秆，一般粗蛋白含量5%～8%。豌豆秸和蚕豆秸更好。

第四节 秸秆饲料青贮技术

青贮饲料是一种将青绿多汁饲料切碎，压实、密封在青贮窖（池）或塑料袋内，经过乳酸发酵而制成的饲料。青贮饲料的特点是气味酸甜，适口性好，营养丰富，可长期保存。羊场和养羊专业户可将其作为冬季羊的优良饲料。大麦、青玉米等作物的秸秆，花生藤、山芋藤及各种禾本科野草、树叶等都可作为青贮原料。青贮料可代替日粮中粗饲料达50%，是波尔山羊冬季饲料。东营波尔山羊种羊场整个冬季都是以青贮饲料为主。青贮料必须品质优良不发霉，否则会引起胃肠紊乱。

第五节　秸秆饲料氨化技术

一、秸秆饲料

主要为粗纤维，营养价值较低，适口性较差，只有经过加工调制，才能改善适口性，提高利用率和营养价值。常用的方法是氨化和微贮。

二、氨化技术

由于氨能破坏秸秆中的木质素和纤维素之间的牢固程度，所以可以提高秸秆的消化率。同时氨中所含有的氮还可提高饲料的粗蛋白含量。经氨化处理的秸秆或其他粗饲料，能增加含氮量0.8%～1%，可使粗蛋白含量增加5%～6%。麦秸、稻草、玉米秆经氨化处理后喂羊可提高消化率30%左右。

秸秆氨化的具体方法是，将秸秆堆垛，一般在100千克秸秆中浇入20%的氨水12千克，其液氨的温度不低于20℃，逐层堆放逐层喷洒，最后用塑料薄膜密封。也可将拌好的秸秆放入池中密闭或塑料袋内密封。农户加工少量氨化饲料可利用尿素氨化，比例是1千克尿素、10千克水混合后可喷洒25千克秸秆，秸秆与喷洒的尿素水要充分混合均匀，拌好后可装入塑料袋、大缸或水泥池内，关键是封严不漏气。经处理的秸秆，春秋季需密封15～20天，夏季7～10天，冬季45～50天，开封后应放置1～2天，使多余的氨挥发掉，方可饲喂。氨化质量较好的饲料呈棕褐色，有糊香味。羊经过1周多的适应后，采食量一般为100千克体重3.3～8.8千克，每次取用氨化秸秆后要将塑料布盖好。氨化饲料一般没有副作用，但应在喂前充分通风和混合均匀，万一发生中毒，每只羊可灌服食醋0.5～1.5升以解毒。

第六节　秸秆饲料碱化技术

碱化饲料是以稻草、麦秆、玉米秆、豆秸秆、花生藤、红薯蔓等农作物秸秆为原料，利用碱分子中的氢氧基来破坏秸秆中的纤维素和木质素之间的结合，从而除去不易被家畜体内所分泌的纤维酶分解，产生易被吸收利用的挥发性脂肪酸。

第七节　秸秆饲料微贮技术

秸秆微贮技术是一种现代生物技术，是通过“秸秆发酵活杆菌”（该菌是将木质纤维分解菌和有机酸发酵菌通过生物工程技术制备的高效复合杆菌）完成的。

农作物秸秆经秸秆发酵活杆菌发酵储存制成的优质饲料称作秸秆微贮饲料。具有成本低、效益高、适口性好、采食量高、消化率高、制作容易、无毒无害、作业季节长、与农业不争化肥不争农时等优点。

北京农业工程大学在河北玉田经试验表明：试验动物肉牛，试验60天，在同等饲养管理条件下：秸秆微贮饲料组平均日增重894克；秸秆氨化饲料组平均日增重722克；对照组平均日增重574.55克。

麦秸微贮后pH4.5～4.6，有机酸提高807.7%，粗蛋白提高10.7%，纤维素降低11.2%，半纤维素降低43.8，木质素降低10.2%。

一、水泥池微贮法

与传统青贮窖相似，将作物秸秆铡切碎，按比例喷洒菌液后装入池内，分层压实、封口。优点：池内不易进气进水、密封性好，经久耐用。

二、土窖微贮法

选地势高、土质硬、向阳干燥、排水容易、地下水位低、离畜舍近、取用方便的地方。根据贮量挖一长方形窖（深2～3米为宜），在窖底部和周围铺塑料布（膜），将秸秆切碎后放入池内，分层喷洒菌液，压实，上面盖上塑料膜后覆土密封。该方法贮量大、成本低、方法简单。

三、塑料袋窖内微贮法

首先按土窖微贮法选好地点，挖圆形窖将制作好的塑料袋放入窖内，分层喷洒菌液。压实后将塑料袋口扎紧，覆土压实，适于小量贮（100～200 千克）。

四、制作秸秆微贮饲料的步骤

（1）菌种复活　秸秆发酵活杆菌每袋 3 克，可处理麦秸秆、稻秸秆、玉米秸秆 1 吨或青绿秸秆 2 吨。

① 先将菌剂倒入 200 毫升水中充分溶解，然后在常温下放置 1～2 小时，使菌种复活（复活好的菌种一定要当天用完，不可隔夜）。

② 菌液的配制。将复活好的菌液倒入充分溶解的 0.8%～1.0% 食盐水中拌匀。表 5-1 为菌液各成分配制比例。

表 5-1　菌液各成分配制比例

项　目	秸秆重量/千克	秸秆发酵活杆菌用量/克	食盐用量/克	自来水/升	含水量/%
稻麦秸秆	1000	3.0	9～12	1200～1400	60～70
玉米秸	1000	3.0	6～8	800～1000	60～70
青玉米秸秆	1000	1.5	—	适量	60～70

（2）秸秆的长短　用于微贮时秸秆一定要短，波尔山羊为 3～5 厘米。

（3）秸秆入窖　在窖底放 20～30 厘米厚的秸秆，均匀喷洒菌液水，压实后再铺 20～30 厘米，再喷再压实直到高出窖口 40 厘米再封口。如果当天装不完，可盖上塑料膜第二天继续装。

（4）封窖　分层装，压实，直到高出窖口 40 厘米，充分压实后再在最上面一层均匀洒上食盐粉，压实后盖上塑料膜。食盐用量 250 克/平方米，其目的是确保微贮上部不发生霉变质。盖上膜后在上面撒 20～30 厘米稻秸粉、玉米粉、麦秸秆，覆土 15～20 厘米密封。其目的是与空气隔绝，保持微贮窖内呈厌氧状态。

① 在制作时可加入5‰大麦粉、麦麸、玉米粉。也要根据秸秆分层撒入，目的是为菌繁殖提供营养。

② 关于水含量。抓起制作中的秸秆试样，用双手扭拧，若有水往下滴其含水量约为80%；若无水滴，松开手上水分很明显，其含水量约60%；若手上有水（反光），其含水量约为50%；手感到潮湿，其含水量为40%～45%；手不潮湿，其含水量为40%以下。微贮要求水分以60%～70%为好。

③ 贮后一般在21～30天后才能取喂，取喂时先从一角开始从上到下逐段取。

④ 每天取后须立即将口封好封严，避免雨水浸入变质。

⑤ 可作为波尔山羊日粮中的主要粗饲料，可与其他草、精料搭配，家畜喂食有一个适应过程，循序渐进，逐步增加。建议喂量：成年波尔山羊1～3千克/只。

⑥ 微贮饲料由于制作时加入食盐，所以应在饲喂牲畜的日粮中扣除。要特别注意窖最上面一层撒的食盐比较多。制作完后，要及时检查，由于贮料下沉，应及时培土，挖排水沟等。

第八节 秸秆养羊技术的应用实例

一、干草的晒制和饲喂方法

羊吃鲜草时间及干草时间大约各占一半，因此干草的晒制非常重要，成品干草的含水量一般在15%以下。干草的干燥法以自然干燥法最为适宜，主要方式有：一是田间干燥法，适合我国北方雨水较少的地区。牧草收割后原地铺平或堆成小堆进行晾晒。二是架上晒草法，在南方地区或夏秋雨水较多时，用草架晒草。晒制时将牧草蓬松地堆成圆锥形或屋脊形，厚70～80厘米，离地20～30厘米，保持四周通风，草架上端应有防雨淋设施。风干时间1～3周。三是褐色干草的调剂，适于多雨地区或阴雨季节调制干草。将牧草风干至含水量50%左右，分层码垛，垛高3～5米；码垛时分层加入占牧草总量0.5%～1%的食盐，目的是防潮湿并逐层压紧。利用牧草发酵增温，蒸发部分水分，经1～2个月后翻垛，使其自然风干。优质干草适于整株饲喂，或者粉碎后与精料混合喂，也可用来生产颗粒饲料。

二、秸秆饲料的调制及饲喂方法

秸秆包括农作物副产品，其来源广泛，价格低廉，是农村发展牛羊最重要的饲料原料，其处理方法有：一是粉碎法，改善羊的适口性，减少浪费，可与精料混合使用。二是发酵法，利用微生物在发酵过程中分解秸秆中的纤维素类，可改善秸秆的营养物质，提高粗蛋白含量。三是氨化法，利用液氨、尿素、碳氨和氨水，在密封条件下对秸秆进行氨化处理，在地势高燥处开挖一个池子，池子可大可小，每只肉羊按1立方米设计，用水泥制成面，也可用塑料薄膜替代以减少开支，将秸秆粉碎后填入池内，按100千克秸秆加尿素3～5千克的比例，先将尿素加适量水拌匀后，喷洒在秸秆上，然后踏实密封，夏季2周，冬季8周以上即可食用。四是青贮法，比较适合于刚收获玉米的玉米秸，青贮法与氨化法操作相似，先将玉米秸粉碎填入池内压实密封，上面用薄膜盖上，覆土防止雨水进入池内。该方法成功率高，群众易学易用。青贮料一般从4周后开始利用，并能长期保存。喂时要配合一定精料、矿物质和维生素。

三、根茎类饲料的调制和喂法

根茎类饲料指根块、块茎或瓜果等，特点是水分含量高、质地柔软、糖分丰富、容易消化、适口性好且富含维生素，是种羊、幼羊、母羊冬季补饲的重要饲料原料。根茎饲料收获后，一般在室内堆藏或窖藏，储藏前可稍加风干，除去表面水分。根茎类饲料在喂前应洗净泥土，切碎后单独补饲或与精料拌匀后喂，切忌用整块的根茎饲料喂羊，以免造成食道阻塞。

第六章 种草养羊技术

第一节 种草养羊的意义及前景

农区种草，国内外古来有之，英国的乡村农区模式是作物和牧草平行种植，澳大利亚在农区也规划出相当的面积种植牧草和饲料地，前苏联在20世纪初便大规模开展草田轮作，以保持土地的持续利用，新西兰、法国、美国等畜牧业发达国家，主要牧草种植也在农区，牧草与作物分区逐渐淡化，如紫花苜蓿已成为美国的第四大作物。我国农区种草历史悠久，早在西汉时期，张骞出使西域带回黑麦并在长安附近种植，用作战马饲草。长期以来，北方各省就有种植苜蓿、草木犀、燕麦的习惯，南方各省也有种植毛苕子、紫云英、黑麦的习惯。农区种草养畜的潜力比较大，在全省粮食生产已达基本出现产需平衡的条件下，退出一部分耕地种植多年生优良牧草，还有几百万亩冬闲田种植5～6个月一年生牧草，发展奶牛、肉牛、肉羊产量，前景十分广阔。从大农区的观点看，近几年南方冬季农区开发，大部分地区还局限在种植区的圈子里，目前，冬季种植的3亿多斤越冬粮食作物，单产较低，种植绿肥，鲜草产量也只有500～600千克，而且35%以上的耕地冬季闲置。如果在部分可成熟地区冬种玉米、大麦等饲料作物，其他冬闲田和草山草坡、滩涂草地开发种草养畜，既可减轻北方饲料南方用之压力，又可根据国际、国内市场需求，生产适销对路的优质畜年产品，取得较高的经济效益和社会效益。同时展现草—畜—肥—粮型的良性循环。

众所周知，改革开放以来，随着我国经济的迅速发展，人们的食物结构发生了极大变化，对肉、奶、蛋、皮、毛产品需求量不断增加，促进了畜牧业和水产养殖业生产的快速增长，使得对饲料的需求量越来越大，特别是节粮型草食动物的比例日益提高，形成了对青饲料的更大需求。但是，一方面我国人多地少，特别是南方水热条件较好地区人均耕地只有几分地，历来饲草饲料用地极为缺乏；另一方面，我国农区具有丰富的农闲田资源，包括冬闲田及夏、秋闲田，幼果园隙地及“四边地”等，全国约4亿亩土地资源未得到充分利用。特别是我国南方亚热带地区具有1.62亿亩“三季不足，两季有余”和“两季不足，一季有余”的冬闲稻田，冬闲时间长达5～6个月。这些冬闲稻田，虽然生产粮食作物成熟困难，但其水、热、光、气等自然资源足以生产一季优质牧草，通过养畜、养禽、养鱼转化，具有显著的经济效益、生态效益和社会效益。

一、沿海滩涂地区

夏秋季节以全天放牧为主，雨天补饲干草和玉米秸糠加混合精料，盐砖挂放圈内任意舔食。冬春季繁殖羊群放牧加补饲，补饲棉种皮、豆皮、农产品加工副产品及混合精料。

二、农区

夏秋以放牧为主，雨天补饲，盐砖任意舔食。冬春季放牧加补饲，补饲地瓜蔓、花生秧糠拌精料，以及青贮玉米秸、各类糟渣类、瓜果菜加工下脚料等农产品加工副产品。有条件的，提倡适量种植苜蓿等优质牧草，鼓励三元种植模式。

杂交羔羊出生10天开始，补饲青干草、豆皮、精料等。推广20～30日龄早期断奶技术，2月龄内精料以代乳料为主，以后逐渐减少代乳料比例，3～4月龄停止饲喂，对于缩短繁殖周期、提高肥羔整齐度效果明显。断奶后圈养饲喂全株青贮＋农产品加工副产品＋干草糠＋精料，4～6月龄出栏。

三、规模场

以圈养为主，饲喂青贮玉米秸＋农产品加工副产品（酒糟、淀粉渣、酱油渣、醋渣等）＋氨化麦秸＋精料，盐砖任意舔食。

育肥羊断奶后圈养饲喂2～4个月出栏。饲喂全株青贮＋农产品加工副产品＋精料。

四、散养户

除不饲喂青贮外，完全按规模场饲喂方式进行。

第二节 高产牧草栽培技术

一、牧草品种的选择和栽培方法

1. 牧草品种的选择

牧草种植要因地制宜，科学选择品种。首先，要选择适宜在当地土壤、气候条件种植的品种，不能单凭广告或别人的宣传就盲目引种种植，最可行的办法是选择在当地已成功试种过的品种来种植（购买籽种则应到当地正规的推广部门，以免上当受骗）。因为不同的牧草品种对土壤、气候条件的要求是不一样的。盐碱地只适合种植耐盐碱的牧草，如沙打旺、黑麦草及籽粒苋等。在林场或果园种植牧草，则必须选择喜阴品种，如紫花苜蓿、三叶草等。中性偏碱土壤，适合种植红三叶、白三叶、鸡脚草等牧草。山坡丘陵地带土壤贫瘠，水资源缺乏，则应种植耐旱、耐瘠、覆盖性良好的牧草，如紫花苜蓿、高羊茅、草木犀、小冠花、早熟禾、百喜草等牧草。在沙土地上宜种植小冠花、沙打旺等牧草。如水肥条件良好，则可种植一年生黑麦草、墨西哥玉米、籽粒苋、杂交狼尾草等牧草。其次，要根据利用目的来选择适宜的牧草品种。如猪为杂食性动物，喜食柔嫩多汁的叶菜类牧草，如籽粒苋、苦荬菜、串叶松香草、菊苣等；牛为草食性的大家畜，耐粗性好，食量大，喜食禾本科牧草，宜种植黑麦草、杂交狼尾草、苏丹草、皇竹草等；羊喜啃食矮小干燥的牧草，宜种植黑麦草、苇状羊茅、白三叶、紫花苜蓿等；兔爱吃多叶性牧草，适宜种植黑麦草、籽粒苋、红三叶、白三叶等；鹅喜吃叶多茎少的叶菜或豆科牧草，宜种植苦荬菜、菊苣、紫花苜蓿等品种。

2. 牧草种植的方法

根据牧草种类、土壤条件和气候条件采用以下单播方式。

（1）条播　条播是按一定行距一行或多行同时开沟、播种、覆土一次完成的方式。有行距无株距，设定行距应以便于田间管理和能否获得高产优质为依据，同时要考虑利用目的或栽培条件，一般收草为15～30厘米，收籽为45～60厘米，灌木型牧草可达100厘米。条播的优点是草籽分布均匀，覆土深度较一致，出苗整齐，通风透光条件好，可集中施肥，做到经济用肥，并利于田间管理等。

(2) 撒播　撒播是一种把种子尽可能均匀地撒在土表并轻耙覆土的播种方法。其优点是单位面积内的草种容纳量大，土地利用率较高，省工和抢时播种。但种子分布不匀，深浅不一，出苗率低，幼苗生长不整齐，杂草较多，田间管理不便。所以撒播要求精细整地，并用镇压器压实，保证种床坚实，以提高播种质量和控制播种深度。撒播适于在降水量充足的地区进行，但播前须清除杂草。撒播有人力手工撒播、撒播机撒播和飞机撒播等方式。

(3) 点播　点播又叫穴播，是按一定的株行距开穴播种，种子播在穴内，深浅一致，出苗整齐。其优点是出苗容易，节省种子，集中用肥和田间管理（间苗、除杂草）方便。缺点是播种费工，主要用于种子田或稀有珍贵草种的繁殖。

(4) 精量播种　是在点播的基础上发展起来的一种经济用种的播法。它能将单粒种子，按一定的距离和深度，准确地播入土内，获得均匀一致的发芽条件，促进每粒种子发芽，达到苗齐、苗全、苗壮的目的。精量播种需要精细整地、精选草种、防治苗期病虫害和性能良好的播种机，才可保证良好的播种质量和全苗。

要精细整地，加强田间管理，科学种植牧草。虽然优质牧草一般都适应强，产草量高，但是苜蓿、三叶草、一年生黑麦草等许多牧草种子很细小，对土壤墒情和播种深度有严格的要求，且都需要有一整套科学的栽培技术，才能获得高产。因此在种植优质牧草时必须像种植玉米、大豆、花生等农作物一样，一定要精耕细作，适时播种，施足底肥，破除土表板结，以利于种子出苗快速均匀。播种的同时施入种肥，以无机磷、氮肥为主，出苗后追肥，追肥一般以速效性无机相料为主。还应讲究平衡施肥，做到氮、磷、钾、微量元素均衡施用，有机肥和无机肥相结合。第一次追肥应在开始生长到分蘖前进行，以氮肥为主、磷肥次之，以增加牧草的分蘖。第二次追肥应在牧草收获前，可施钾、氮肥，不必施磷肥。夏季施肥在第一次利用后进行，施入氮、磷、钾肥，以促进牧草再生。秋季施肥可施足量的钾磷肥，而不必施用氮肥，以保证牧草冬眠和翌年再生。同时，要加强田间管理，即根据牧草的品种和种植面积等实际情况，进行中耕除草或选择合适的除草剂清除田间杂草；合理灌溉；加强牧草病虫害防治，发现病虫害要及时采取相应措施，从而充分发挥优质牧草的生产潜力。

要适时刈割，科学利用牧草。刈割时期一般根据饲喂对象和需要来确定，但也必须考虑牧草本身的生长情况。刈割太早，产量低；刈割晚，草质粗老，营养下降，不利再生。一般豆科牧草多在初花期刈割，禾本科牧草在初穗期刈割，这样既能有较高的产量，同时营养也较丰富。

刈割时留茬不能太低，留茬太低和过频刈割将影响牧草的生长；也不宜留茬太高，太高则会影响牧草的品质，一般留茬5～10厘米（皇竹草、杂交狼尾草留茬15厘米）为宜。刈割次数和时间可根据品种特性和利用目的来决定，如草质嫩，叶量多，则增加刈割次数；如果用作青贮，需要更高的产量，则减少刈割次数，甚至只在青贮时一次性刈割；如饲喂猪禽等单胃动物时需草质嫩些，饲喂牛、羊等耐粗饲动物时则刈割时间可稍晚。夏秋牧草盛产期，将牧草刈割后，通过加工、调制、储藏，还可解决阴雨天和冬春缺青草的问题。

要以市场需求为导向，草畜配套种草——养畜禽——市场是一个产业链，更是一个效益链，而在大多数地区短时间内牧草又很难实现商品化。所以广大农户在生产实际中要以市场需求为导向，做好市场调研，进行正确的市场分析和市场定位，根据市场需求来确定种什么、养什么、种多少、养多少，将种草与养畜有机结合起来，实现种与养的紧密结合，以养定种，以种促养，并搞好牧草轮作、间作、套种，通过有效转化和增值，才能取得很好的经济效益。

3. 冬季贮藏牧草种子的方法

（1）把好水分控制关　在10月中下旬寒冷天气到来之前，其含水量必须降至种子要求的安全量，即14%以下。如含水量过高，种子受到冻害，部分或全部丧失发芽能力。

（2）把好种库防湿通风关　达到上不漏雨雪，下不潮。要把装有种子的麻袋或其他容器用木料或砖垫离地面50厘米以上。室内要保持干燥、通风良好。同时还要经常进行人工通风，使种子经常处于干燥状态中。

(3) 把好牧草种子装袋关　不要用塑料袋装草种，因为塑料袋不透气，种子呼出的二氧化碳无法排出，容易造成种子二氧化碳中毒。另外，种子本身的水分和呼吸作用所产生的热量散发不出去，易造成种子发热霉变。也不要用化肥袋装种子。要用通透良好的纸袋或麻袋等装盛草种。

(4) 把好牧草种子存放关　不要把牧草种子与农药、氮素化肥放到一起保存。因为有些农药对种子有毒害作用，不但影响种子的发芽率，也可使牧草种子发生生理变化，种植后可出现不正常现象。氮素化肥挥发出来的氨气有很强的腐蚀作用。

(5) 把好入库种子质量关　牧草种子如含有较多的不成熟或破碎种子，以及其他大量的尘土杂质等，都会给种子安全储藏带来不良后果。所以，在储藏中一定要注意保持种子的纯度和净度，重点检查三个方面：一是检查种子是否受潮；二是检查种子是否被虫蛀鼠咬；三是定期检查种子的发芽率和发芽势。

4. 牧草黏虫防治办法

黏虫是世界性禾本科植物的重要害虫，我国各省市（区）均有危害发生。黏虫幼虫食性很杂，尤其喜食禾本科植物，危害的牧草有黑麦草、苏丹草、鸭茅、狗尾草，以及麦类、玉米、水稻等作物。幼虫咬食叶片，1～2 龄幼虫仅吃叶肉，形成小圆孔，3 龄后形成缺刻，4～6 龄达暴食期。危害严重时将叶片吃光，使植株形成光秆。

(1) 成虫　体长 17～20 毫米，淡灰褐色翅展 30～45 毫米。前翅中央近前缘各有两个淡黄色圆斑，外侧圆斑较大，其下方有一小白点，白点两侧各有一小黑点。翅顶角后缘的 1/3 处有一条斜行黑褐纹，自前缘 1/4 处到后缘 1/3 处，有 7～9 个黑点呈弧形排列。后翅内方淡灰褐色，向外方渐带棕色。

(2) 卵　馒头形，直径 0.6 毫米左右，淡黄白色，表面具不规则的网状纹。

(3) 幼虫　幼虫一般 6 龄，体长 17～20 毫米，老熟幼虫 38 毫米左右，体色变化较大，一般为绿到黄褐色，体具黑、白、褐等色的纵线 5 条，头部黄褐到棕褐色，气门筛淡黄褐色，周围黑色。

(4) 蛹　尾端有一向外弯曲叉开的毛刺，刺的两侧各有两对细小而弯曲的小刺。

(5) 黏虫 终年繁殖（南方各省）5～8代。第一代卵期6～15天，以后各代3～6天；幼虫期14～28天，前蛹期1～3天，蛹期10～14天，成虫产卵前期3～7天，完成一代需40～50天。

(6) 成虫 日息夜出，傍晚开始活动、取食、交配、产卵。每只雌蛾能产卵1000～2000粒。幼虫共6龄，有假死性。白天潜在草丛中，晚上活动为害。老熟幼虫常在草丛中、土块下蛹化。

其防治方法如下。

(1) 诱杀成蛾 按1∶1∶4∶16取糖、酒、醋、水，调匀加1份2.5%敌百虫粉剂。诱剂放入盆内，每公顷2～3盆，盆高出牧草30～35厘米，诱剂液深3～3.5厘米。白天将盆盖好，傍晚开盖，每天早晨取出死蛾，5～7天换诱剂一次，连续16～20天。

(2) 诱蛾采卵 从产卵初期开始，直到盛卵期末止，在田间插设小草把，每公顷150把，3～5天更换一次，将带有卵块的草把收集烧毁。

(3) 药物防治 应选用对人畜安全、药物对牧草残留时间短、无副作用的杀虫剂为主。如40%新农宝乳油800～1200倍液，25%康庄悬乳剂500～800倍液，30%马·灭乳油1000～1500倍液，90%万灵可湿粉1500～2000倍液，20%和邦水乳剂1000～1200倍液，90%敌百虫1000～1500倍液常规喷雾等。用药后停药15～20天，牧草对畜禽健康无害。

(4) 灯光诱杀 在草地起伏不大、遮挡物较少、通电的地方，可以采用“频振式杀虫灯”诱杀成虫。每40～60亩安置一盏灯，傍晚时开启，清晨关闭。

5. 杂草处理

一块草坪上的杂草可能有成百上千株，一般分为3类：禾本科杂草、阔叶杂草和莎草。杂草又有一年生和多年生两种。如果草坪上出现杂草，最好的解决方法就是运用科学的草坪养护方法去除。

(1) 牢记科学养护 除去杂草的最好方法就是让草坪生长既紧密又健康，而这必须依靠修剪得当、合理浇水及适时施肥，稍有不慎就会让杂草有可乘之机。

剪草过多或缺乏规律会使草皮暴露于过强的太阳光下，促使杂草生长。因此，每一次剪草必须记住“三分之一”要诀，即剪草高度不要超过草的三分之一，剪得过低会令草坪草难以同杂草争夺生存空间。

浇水、施肥不当也会导致杂草丛生。水和肥料过多、过少都会导致草坪出现局部稀疏，让杂草有可乘之机。如果施肥过重加上剪草过低，则相当于促进杂草生长。

（2）苗前处理除草剂消灭马唐　除草要趁早。生长时间较长、韧性较强的杂草往往令除草剂无可奈何。对付禾本科杂草（马唐草、狗尾草、牛筋草）可使用苗前处理除草剂，在杂草生长的早期将之消灭。苗前处理除草剂能覆盖土壤表面，杀死出土的杂草幼苗。而对付阔叶杂草（蒲公英）及莎草，可使用苗后处理除草剂，在杂草出苗后将其消灭。

最常见的夏季草坪杂草为马唐。马唐为一年生植物，当土壤温度升至15.5℃时开始生长。只有在马唐理想的生长条件出现之前使用苗前处理除草剂才能有效消灭马唐。由于春天气温变化无常，因此应根据对物候的观察决定何时使用除草剂，最好的参照物就是连翘，宜在连翘花谢之前使用除草剂。而对于牛筋草，可以在丁香花开时使用除草剂。

苗前处理除草剂能保持在土壤中，防止杂草萌发。使用不具备选择性的除草剂时，一定要避免在播种草坪草种后使用。

（3）苗后处理除草剂消灭阔叶杂草　待阔叶杂草秋天发芽后使用除草剂能够达到最佳的除草效果。去除阔叶杂草应使用苗后处理除草剂，并施于杂草叶片上。对于春天的蒲公英，可等到蒲公英开出黄色的花后（表明土壤温度升高，适合杂草生长）开始喷洒除草剂。注意不要在雨前使用除草剂，因为雨水会将除草剂药液从土壤表面冲走，从而达不到应有的除草效果。夏季最难消灭阔叶杂草。在干燥、炎热的夏季，很多杂草在叶片表面形成厚厚的蜡质保护层，使除草剂无法附着在叶面上，更难以渗透。这时最好用酯类除草剂溶液进行点喷，以渗入杂草的叶片。莎草在有些地区生长较多，一般是因浇水过多造成的。去除莎草可使用苗后处理除草剂，并科学浇水，进一步巩固除草效果。

（4）化学除草方法　下面介绍应用于豆科牧草的几种化学除草剂。

①普施特（Imazethapyr）。普施特属咪唑啉酮类除草剂，即支链氨基酸生物合成抑制剂，药剂通过根、叶吸收，传导至分生组织中，使植物生长受阻。

普施特为芽前及苗后早期选择性除草剂，适用于苜蓿等豆科牧草田防除稗草、狗尾草、金狗尾草、野燕麦（高用量）、马唐、柳叶刺蓼、酸膜叶蓼、苍耳、香薷、水棘针、苘麻、龙葵、野西瓜苗、藜、小藜、荠菜、鸭跖草（3叶期以前）、反枝苋、马齿苋、豚草、曼陀罗、地肤、粟米草、野芥、狼把草等一年生禾本科和阔叶杂草，对多年生刺儿菜、蓟、苣荬菜有抑制作用。普施特施用时要求土壤墒情好。

②赛克津（Metribuzin）。赛克津是内吸选择性除草剂，主要通过根吸收，茎、叶也可吸收。对一年生阔叶杂草和部分禾本科杂草有良好防除效果，对多年生杂草无效。药效受土壤类型、有机质含量、湿度、温度的影响较大，使用条件要求较严，使用不当，或无效，或产生药害，适用于苜蓿等作物田防除蓼、苋、藜、芥菜、苦荬菜、繁缕、荞麦蔓、香薷、黄花蒿、鬼针草、狗尾草、鸭跖草、苍耳、龙葵、马唐、野燕麦等一年生阔叶草和部分一年生禾本科杂草。

在苜蓿休眠期和杂草出土前，用70%赛克津可湿性粉剂0.60～1.00千克/公顷，兑水450千克左右，均匀喷布土表。然后浅耙混土。注意在气温高、有机质含量低的地区，施药量用低限，相反则用高限。

③拿捕净（Sethoxydim）。拿捕净为选择性强的内吸传导型茎叶处理剂，能被禾本科杂草茎叶迅速吸收，并传导到顶端和节间分生组织，使其细胞分裂遭到破坏。由生长点和节间分生组织开始坏死，受药植株3天后停止生长，7天后新叶褪色或出现花青素色，2～3周内全株枯死。在禾本科与双子叶植物间选择性很高，对阔叶作物安全，适用于苜蓿等豆科牧草田防除稗草、野燕麦、狗尾草、马唐、牛筋草、看麦娘、野黍、臂形草、黑麦草、稷属、旱雀麦、自生玉米、自生小麦、狗牙根、芦苇、冰草、假高粱、白茅等一年生和多年生禾本科杂草。一年生和多年生禾本科杂草3～5叶期，用20%拿捕净乳油1.0～3.0升/公顷，兑水400千克，茎叶处理。可与苯达松或杂草焚配合使用，但不能混用，需间隔1天后分次用。

二、紫花苜蓿种植和青贮技术

青贮系指牧草、饲料作物或农副产品等在密封条件下，经过物理、化学、微生物等因素的相互作用后在相当长的时间内仍能保持其质量相对不变的一种保鲜技术。

紫花苜蓿青贮，其养分损失少，可以保持青绿饲料的营养特性，适口性好，消化率高，能长期保存，调制方便。同时，由于我国的气候特点为雨热同季，紫花苜蓿在收获季节容易遭受雨淋，青贮是解决这个问题的理想措施。青贮的缺点是容易制作失败和不便长途运输。

（1）青贮方法　紫花苜蓿含可溶性糖较少，蛋白质含量高，属于难以青贮的原料，容易发生酪酸发酵，使青贮料腐败变臭。为保证青贮成功，多在紫花苜蓿青贮料中添加淀粉或含糖多的物质，或加入酸、盐类等化学制剂，也可采用凋萎、混合等方式进行青贮，效果良好。

（2）凋萎青贮　又称半干青贮、低水分青贮，是当紫花苜蓿水分达到40%～50%时进行青贮的一种方法，兼具有干草和青贮料两者的特点。该方法青贮的紫花苜蓿，不易腐烂，茎叶结构完整，茶绿色，pH值4～5.5。发酵温度32℃左右，以乳酸发酵为主，硝酸盐和亚硝酸盐含量很少。蛋白质不被分解，营养物质含量大，具果香味，适口性好。这是一种简单易行的方法，投资少，省劳力，在实际生产中容易推广应用。

调制时，尽量让青刈下来的紫花苜蓿迅速风干，要求在24～36小时内含水量降至50%左右，然后切成3厘米左右的小段，迅速密封青贮。如果适量添加化学制剂、碳水化合物或有效微生物，可使青贮效果更加理想。

（3）加盐青贮　青贮原料含水量较低时，或质地粗硬，加盐可促进植物细胞液汁渗出，提高原料的生理干燥程度，从而抑制微生物活动，减少养分流失，提高青贮料的适口性和品质。青贮时，在原料中添加1%的粉状食盐，混合均匀，装入塑料袋中压紧密封，待其发酵即可。

（4）加甲酸青贮　在青贮原料中添加甲酸，会加速酸化过程，快速降低pH值，抑制自然发酵，阻断不良微生物的活动流程，将营养物质的分解降到最低水平，从而提高青贮料品质。一般用量是每吨青贮原料加85%～90%甲酸2.8～3千克，分层均匀喷洒。甲酸在青贮料和瘤胃消化过程中，能分解成对家畜无毒的CO_2和CH_4，且甲酸本身也可被家畜吸收利用，从而进一步提高青贮料的饲用价值。

（5）生物制剂　青贮需要利用各类微生物完成发酵过程，添加生物制剂也就是添加各类有益微生物，通过其大量繁殖来加深发酵程度，加速青贮过程，尽可能地保留干性物质、蛋白质及能量，避免养分流失，提高饲用价值。同时，可抑制有害菌类的活动，确保青贮成功。

（6）其他添加物质　紫花苜蓿还可以添加甲醛、乳酸菌剂、酶制剂、糖蜜等进行青贮，效果亦良好。

（7）塑料膜密封青贮　塑料膜密封青贮，是指待青贮原料水分含量合适后，首先揉搓或高密度压捆，然后使用专业机械，将其进行青贮塑料拉伸膜裹包或拉伸膜青贮袋灌装，完全密封。在这种厌氧条件下，需3～6周，紫花苜蓿即可完成乳酸型自然发酵的生物化学全过程。

（8）青贮料利用　青贮料装贮后，需待发酵过程完成后，才能开窖饲用。初喂家畜时，用量不宜过大，应逐渐增加喂量。青贮料含有大量乳酸及其他有机酸，具轻泻作用，饲喂时需注意，特别是母畜和幼畜。每日取用的青贮料，当天取出当天用完，并注意青贮窖的随时密封工作，以防青贮料二次发酵，造成营养物质的损失。

三、披碱草栽培技术

1. 生物学特性

披碱草为禾本科披碱草属多年生草本植物。须根系发达，多而稠密，主要集中在15～20厘米的土层中。茎直立，疏丛型，株高80～120厘米，3～6节。叶披针形，长10～20厘米，宽0.8～1.2厘米。穗状花序直立，较紧密，长14～20厘米。种子深褐色，千粒重4克左右。披碱草具有一定的耐寒、耐碱、抗风沙的能力，但苗期抗旱能力较差，发育缓慢，播种当年一般只能抽穗开花，结实成熟的很少，第二年才能发育完全。在适宜的条件下，播种后8～9天就可出苗，当出现3片真叶时开始分蘖和产生次生根，从而进入快速生长期。披碱草分蘖能力强，一般可有30～40个，最高可达100个。披碱草为短期多年生牧草，各种家畜均喜食。每年可刈割1～2次，1亩产干草300～600千克。利用年限为4～5年，其中第2～3年产量最高。

2. 栽培技术

披碱草主要分布在我国东北、华北、西北等地。能够适应较为广泛的土壤类型，在黑钙土、暗栗钙土、栗钙土和黑垆土上均能生长。

披碱草的播种时间要求不甚严格，春、夏、秋季均可播种。东北寒冷地区宜春播或夏播，华北地区春秋季均可播种。披碱草用作天然草地补播草种，一般与豆科和其他禾本科草种混播。披碱草种子的芒较长，播前要用脱芒器脱芒，或经碾压断芒后播种。初次播种时最好进行季节性深耕，深度在20厘米左右。翻耕前施入有机厩肥15000～18000千克/公顷。有灌溉条件的地区可在灌水5～7天后整地播种，没有灌溉条件的地区播种前需要进行机械灭草，镇压，精细整地，以利于疏松表土，保蓄水分，控制播种深度，保证出苗的整齐度，克服缺苗、断垄现象。其播种多采用条播，行距15～30厘米，播种量15～30千克/公顷，用作护坡、水土保持等每公顷播种量可加大到45～75千克。播种深度3～5厘米，播种后镇压。种子萌发的最低温度为5℃，最高温度为30℃，最适温度为20～25℃。披碱草播种当年的生长速度相对缓慢，幼苗抗杂草能力相对较弱，所以在出苗后至封行前要进行2～3次的中耕除草。

四、菊苣的栽培与收获利用

菊苣种子细小（千粒重为0.96克），所以土壤在深耕基础上土表应细碎、平整，在耕翻土地的同时每亩施足厩肥2500～3000千克。

（1）播种

① 播种时间。菊苣为多年生，所以播种时间不受季节限制，一般4～10月份均可播种，在5℃以上均可播种。

② 播种量。菊苣种子细小，播量一般直播每亩为400～500克，育苗移栽每亩为100～150克，播种量深度为1～2厘米。

③ 播种方法。采取撒播、条播或育苗移栽方法。若育苗移栽，一般在3～4片小叶时移栽，行株距15厘米×15厘米见方。播种时，种子和细沙土拌匀后进行，以保证种子均匀播种。播种后，浇水或适当

灌溉，保持土壤一定湿度，一般4～5天苗出齐。

（2）田间管理

① 除杂草。苗期生长速度慢，为预防杂草危害，可用作单子叶植物除草剂喷施，当菊苣长成后，一般没有杂草危害。

② 浇水、施肥。菊苣为叶菜类饲料，对水肥要求高，在出苗后1个月以及每次刈割利用后及时浇水追施速效肥，保证快速再生。

③ 及时刈割利用。一般等植株达50厘米高时可刈割，刈割留茬5厘米左右，不宜太高或太低，一般每30天可刈割一次。

（3）收获利用　菊苣播后，2个月后即可刈割利用，若9月初播种，冬前可刈割一次，第2年3月下旬至11月均可利用，利用期长达8个月，亩产鲜草产量达1万～1.5万千克。菊苣在抽薹前营养价值高，干物质中粗蛋白达20%～30%，同时富含各种维生素和矿物质。菊苣可鲜喂、晒制干草和制成干粉，是牛、羊动物的良好饲料。菊苣抽薹后，干物质中粗蛋白仍可达12%～15%，此时单位面积营养物质产量最高，作为牛羊饲草最佳。

（4）菊苣花期为6～9月份，长达3个月，是良好的蜜源植物。根系中含有丰富的菊糖和芳香族物质，可提取代用咖啡。根系中提取的苦味物质可用于提高消化器官的活动能力。在欧美等地作为蔬菜利用，其肉质根茎在避光条件下栽培，可生产良好的球状蔬菜作为生菜食用。莲坐叶丛期幼嫩植株，略带苦味，经适当加工亦可直接食用。

第三节　青干草的加工调制技术

一、干草的营养

干草是青草或其他饲料作物刈割，经干燥（如晒干）制成。可以制干草的原料有豆科草（苜蓿、红豆草、小冠花等）、禾本科牧草（狗尾草、黑麦草、东北草、羊草等）、谷类茎叶（大麦、燕麦等在茎叶青绿时刈割等）。优质青干草叶多且呈绿色，适口性好，含有较多的蛋白质、胡萝卜素、维生素D、维生素E及矿物质，是养羊重要的基础饲料。

（1）干草粗纤维含量一般较高，为20%～30%，所含能量为玉米的30%～50%。粗蛋白含量，豆科干草12%～20%，禾本科干草7%～10%。钙含量豆科干草如苜蓿1.2%～1.9%，而一般禾本科干草为0.4%左右。干草都含有一定量的B族维生素和丰富的维生素D，如每千克日晒的苜蓿干草含维生素D2000国际单位。谷物类干草的营养价值低于豆科及大部分禾本科干草。

根据干草的颜色和气味能判定干草的品质。绿色均匀、气味清爽的干草质量好，羊喜食；若干草呈灰褐色、灰棕色、黑棕色，有焦糖味或烧烟草味可能是因为晒制时雨淋或闷捂过热，质量差，羊不爱吃。

（2）为提高干草的质量，要适时收割，合理调制。禾本科草一般选在孕穗期及抽穗期，最迟在开花期割完。豆科草一般在结蕾期或开花初期收割较好。注意尽量减少叶片损失，采取日晒和风干结合的干燥办法减少暴晒。

二、干草的晒制

羊吃鲜草时间及干草时间大约各占一半，因此干草的晒制非常重要，成品干草的含水量一般在15%以下，干草的干燥法以自然干燥法最为适宜，主要方式：一是田间干燥法，适合我国北方雨水较少的地区。牧草收割后原地铺平或堆成小堆进行晾晒。二是架上晒草法。在南方地区或夏秋雨水较多时，用草架晒草。晒制时将牧草蓬松地堆成圆锥形或屋脊形，厚70～80厘米，离地20～30厘米，保持四周通风，草架上端应有防雨淋设施。风干时间1～3周。三是褐色干草的调剂，适于多雨地区或阴雨季节调制干草。将牧草风干至含水量50%左右，分层码垛，垛高3～5米；码垛时分层加入占牧草总量0.5%～1%的食盐，加食盐是为防潮湿并逐层压紧。利用牧草发酵增温，蒸发部分水分，经1～2个月后翻垛，使其自然风干。优质干草适于整株饲喂，或者粉碎后与精料混合喂，也可用来生产颗粒饲料。

三、饲草的加工利用调制技术

（1）根据不同地区、不同季节和饲草料的变换情况，及时进行日粮分析，重点对日粮干物质、粗蛋白、消化能、钙、磷等主要营养成分进行分析测定，并以公益广告形式向社会公示。定期发布肉羊各不同生理期的日粮建议搭配品种、数量和精料建议配方及喂量。大力推广日粮配方养羊技术。

（2）定期公布农产品加工副产品价格和采购方向及加工保存技术、饲喂注意事项等。如糟渣类产品推广鲜、湿饲喂，价格便宜，营养不损失，在储存上推广修建深 2.5 米、宽 2 米、长根据饲养量多少而定的半地下池进行压实、封严，长期保存，随时取用效果很好。在喂量上，大羊不超过 60%，羔羊不超过 40%，可在农产品加工生产旺季储存，长期均衡供应。瓜果蔬菜加工下脚料，个别量大的推广青贮，绝大部分鲜喂。少部分可晒干保存（蒜葱皮、苗、果皮等），推广玉米秸青贮和麦秸氨化饲喂技术，青贮玉米秸制作推广全株玉米青贮并铡为长 3 厘米的段，黄贮适口性差，浪费严重，饲喂效果较差。氨化麦秸一般规模饲养户修建青贮池 2 个以上，青贮氨化交叉使用，散养户多使用宽塑料袋装氨化。

（3）与当地及周边农产品加工厂签订长期包销合同，成立饲草料专业调运合作组织，定期送到各养羊户并指导储存加工使用。各地组成供、销网络，随时联络、均衡供应、及时调剂、送货上门，使规模养羊户既能保持日粮稳定供应，又大幅度降低了原料采购费用，厂家、养羊户双方受益。

（4）根据肉羊生理需要，对维生素 A、维生素 D、维生素 E 等维生素，以及铜、铁、锌、锰、硒、碘、钴、钼等微量元素进行合理搭配，生产出肉羊专用预混料，改变市售预混料按精料比例添加的惯例，直接公布不同季节和肉羊不同生理时期的每天添加量，价格比市售预混料下降 30%～50%，科学实用，群众易接受。

（5）根据食盐食用不足、补饲不方便和黄河三角洲缺硒较严重的现状，研制了一种以盐为主要成分，另外添加亚硒酸钠和铜、锌、锰为主的微量元素和少量尿素的盐砖，放牧季节随意舔食，方便实用，价格低廉，深受养羊户欢迎。

（6）为解决羊日粮中粗蛋白不足的问题，除建议合理添加饼粕类外，大力推广添加尿素饲喂肉羊技术，并详细注明饲喂量及注意事项，为了通俗易懂、便于推广，将编成顺口溜：尿素料中放（成年羊 10～15 克），四不原则不能忘。即精料配方中饼、粕类饲料（豆饼、棉粕等）不超过 15%，不能混入水中饮用，喂料后不能立即饮水，3 月龄以下羔羊不能喂。添加尿素每天每只羊能节约成本 0.10 元以上。

第七章 羊场的建造与羊场设施

第一节 羊场的选址

羊舍是养羊业生产的主要基础建筑设施。我国饲养绵羊、山羊的地区几乎遍及全国，由于各地自然生态环境条件、社会经济条件的差异，造成饲养绵羊、山羊品种类型、生产方向、饲养管理方式的多样性，因此羊舍的建筑设施种类差异也很大。在养羊生产水平较高的地区，有较好的、能满足羊的规模化生产的羊舍与设施，而在有些地区则尚处于游牧或半游牧式养羊生产方式。虽然绵羊、山羊是一种适宜放牧的家畜，能较好地适应游牧生活，但是作为现代化养羊业要求专业化生产，提高经济效益，就必须改变旧的生产方式，更好、更合理地去满足和保证羊只的生理要求，表现最好的生产性能。为了达到这个目的，在考虑羊场建设及其相关设施时，既要因时因地制宜，又要把眼光看远一点。随着科技进步与生产力发展，新的养羊方式必将逐步取代落后的方式，由单一养羊专业户转变为大规模集约化工厂养羊，实现养羊生产的现代化。

一、羊舍选址的基本要求

选择羊舍地址的基本要求如下。

（1）干燥通风、冬暖夏凉的环境是羊只最适宜的生活环境，因此羊舍地址要求地势较高、地下水位低、排水良好、通风干燥、南坡向阳，切忌选在低洼涝地、山洪水道、冬季风口之地。

（2）水源供应充足，清洁无严重污染源，上游地区无严重排污厂矿，无寄生虫污染危害区。以舍饲为主时，水源以自来水为最好，其次是井水。舍饲羊日需水量大于放牧，夏秋季大于冬春季。

（3）交通便利，通讯方便，有一定的能源供应条件。

（4）能保证防疫安全。主要圈舍区应距公路铁路交通干线和河流300～500米以上。场内兽医室、病畜隔离室、贮粪池、尸坑等应位于羊舍的下风方向，距离500米以上。各圈舍间应有一定的隔离距离。

（5）具备一定的防灾抗灾能力。

二、不同生产方向所需羊舍的面积

不同生产方向的羊群，以及处于不同生长发育阶段的羊只，所需要的羊舍面积是不同的。羊舍总面积的大小主要取决于饲养量的大小。羊舍过小，舍内潮湿，空气污染严重，会妨碍羊的健康生长，影响生产效率，也不方便管理。表7-1为各种羊所需羊舍面积，表7-2为同一生产方向各类羊只所需羊舍面积。

表7-1　各种羊所需羊舍面积　　单位：平方米/只

项目	细毛羊、半细毛羊	奶山羊	绒山羊	肉用羊	毛皮羊
面积	1.5～2.5	2.0～2.5	1.5～2.5	1.0～2.0	1.2～2.0

表7-2　同一生产方向各类羊只所需羊舍面积

单位：平方米/只

项目	产羔母羊	公羊单饲	公羊群饲	育成公羊	周岁母羊	羔羊去势后	3～4月龄断奶羔羊
面积	1～2	4～6	2～2.5	0.7～1	0.7～0.8	0.6～0.8	母羊的20%

三、羊舍的类型及式样

羊舍的功能主要是保暖、遮风避雨和便于羊群的管理。适用于规模化饲养的羊舍，除了具备相同的基本功能外，还应该充分考虑不同生产类型的绵羊、山羊的特殊生理需要，尽可能保证羊群能有较好的生活环境。中国养羊业分布区域广，生态环境条件及生产方式差异大，羊舍主要分为以下几种类型。

1. 长方形羊舍

这是中国养羊业采用较为广泛的一种羊舍形式。这种羊舍具有建筑方便、变化样式多、实用性强的特点。可根据不同的饲养地区、饲养方式、饲养品种及羊群种类，设计内部结构、布局和运动场。在牧区，羊群以放牧为主，除冬季和产羔季节才利用羊舍外，其余大多数时间均在野外过夜，羊舍的内部结构相对简单，只需要在运动场安放必要的饮水、补饲及草料架等设施。以舍饲或半舍饲为主的养羊区或以饲养奶山羊为主的羊场和专业户，应在羊舍内部安置草架、饲槽和饮水等设施。以舍饲为主的羊舍多修为双列式。双列式又分为对头式和对尾式两种。双列对头式羊舍中间为走道，走道两侧各修一排带有颈枷的固定饲槽，羊只采食时头对头。这种羊舍有利于饲养管理及对羊只采食的观察。双列对尾式羊舍走道和饲槽、颈枷靠羊舍两侧窗户而修，羊只尾对尾。双列羊舍的运动场可修在羊舍外的一侧或两侧。羊舍内可根据需要隔成小间，也可以不隔；运动场同样可分隔，也可不分隔。

2. 楼式羊舍

在气候潮湿地区，为了保持羊舍通风干燥，可修建漏缝地板式羊舍。夏秋季，羊住楼上，粪尿通过漏缝地板落入楼下地圈；冬春季，将楼下粪便清理干净后，楼下住羊，楼上堆放干草饲料，防风防寒，一举两得。漏缝地板可用木条、竹子铺设，也可铺设水泥预制漏缝地板，漏缝缝隙为 1.5～2 厘米，间距 3～4 厘米，离地面距离通常为 2.0 米左右。楼上开设较大的窗户，楼下只开较小的窗户，楼上面对运动场一侧既可修成半封闭式，也可修成全封闭式。饲槽、饮水槽和补饲草架等均可修在运动场内。

3. 塑料薄膜大棚式羊舍

用塑料薄膜建造畜舍，可提高舍内温度，在一定的程度上改善寒冷地区冬季养羊的生产条件，十分有利于发展适度规模专业化养羊生产，而且投资少，易于修建。塑料薄膜大棚羊舍的修建，可利用已有的简易敞圈或羊舍的运动场，搭建好骨架后扣上密闭的塑料薄膜而成。骨架材料可选用木材、钢材、竹竿、铁丝、铅丝和铝材等。塑料薄膜可选用白色透明、透光好、强度大，厚度为 100～120 微米、宽度 3～4 米，抗老化、防滴和保温好的膜，如聚氯乙烯膜、聚乙烯膜、无滴膜等。塑料薄膜大棚式羊舍可修成单斜面式、双斜面式、半拱形和拱形。薄膜可覆盖单层，也可覆盖双层。棚内圈舍排列，既可为单列，也可为双列。结构最简单、最经济实用的为单斜面式单层单列式膜棚。建筑方向坐北向南。棚舍中梁高 2.5 米，后墙高 1.7 米，前沿墙高 1.1 米。后墙与中梁间用木材搭棚，中梁与前沿墙间用竹片搭成弓形支架，上面覆盖单层或双层膜。棚舍前后跨度 6 米、长 10 米，中梁垂直地面与前沿墙距离2～3 米。山墙一端开门，供饲养员和羊群出入，门高 1.8 米、宽 1.2 米。在前沿墙基 5～10 厘米处留进气孔，棚顶开设 1～2 个排气百叶窗，排气孔应为进气孔的 1.5～2 倍。棚内可沿墙设补饲槽、产仔栏等设施。棚内圈舍可隔离成小间，供不同年龄羊只使用。在北方地区的寒冷季节（1～2 月份和 11～12 月份），塑料薄膜大棚式羊舍内的最高温度可达 3.7～5.0℃，最低温度为－0.7～－2.5℃，分别比棚外温度提高 4.6～5.9℃和 21.6～25.1℃，可基本满足羊的生长发育要求。

第二节　羊舍的建筑

羊舍是供羊休息、生活的地方。羊舍条件的好坏直接影响着羊群的健康、繁殖、生长发育。因此，发展养羊生产，必须科学地修建好羊舍。

① 通风良好，防暑降热，冬季保温，春季防潮，造价低，经久耐用。

② 羊舍宜坐北朝南，坡度 15°～16°，避风向阳。

③ 羊舍面积的确定。成年母羊 0.8～1.0 平方米，小羊 0.5～0.6 平方米，种羊 1.2～1.5 平方米。运动场为羊舍面积的 1.5 倍。

④ 羊舍地面。一是要高出舍外地面 20～30 厘米；二是要平整，坚固耐用，地面应由里向外保持一定的坡度，以便清扫粪便和污水。最好建成羊床，高出地面 80～100 厘米，床面铺面漏缝，缝宽 2 厘米。

第三节　羊场设施

一、羊舍配套设备和设施

1. 草架

草架的功能：一是将饲草与地面隔离，避免羊只践踏和被粪尿污染；二是使羊在采食时均匀排列，避免相互干扰。草架的形式多种多样。

2. 衡器

衡器用于活羊或产品的称重。肉羊出售时，通常按重量计价。如果经常成批出售，可购买专用的家畜称重衡器。这种衡器的称重台面上装有钢围栏，一次可称量几只到几十只家畜。较先进的还采用了电子称重传感器，具有防震动功能，更适合于家畜称重。如果称重是为了监测羊的生长发育情况，可采用新型的数字式电子秤，这种秤精度高、读数直观，还有自动校准功能，十分方便。当然，也可以采用其他传统衡器。

3. 监控系统

监控系统在国外畜牧养殖业中已普遍采用。该系统主要包括监视和控制两个部分。监视部分的功能是让生产管理者能够随时观察了解生产现场情况，及时处理可能发生的事件，同时具有防盗功能；控制部分的功能是完成生产过程中的传递、输送、开关等任务，如饲料的定量输送、门窗开关等。控制部分国内的一些现代化养猪场、养鸡场已经采用，但在养羊生产中还是空白。目前有实际应用意义的是监视系统，该系统主要由摄像头、信号分配器和监视器组成，其成本主要取决于摄像头和监视器的质量及数量。对于羊场而言，低分辨率的黑白摄像头和普通监视器已足够，这样，一套基本的监视系统成本只有几千元。

4. 消防设备

对于具有一定规模的羊场，经营者必须加强防火意识，除建立严格的管理制度外，还应备足消防器材和完善消防设施，如灭火器和消防水龙头（或水池、大水缸）等。

5. 环保设施

环保意识的增强，是人类进步的突出特征。当今社会，无论是经商还是搞生产，都必须注意环境保护。羊场建设中应重点考虑如何避免粪尿、垃圾、动物尸体及医用废弃物对周围环境的污染，特别是避免对水资源的污染，以避免有害微生物对人类健康造成危害。一般说来，未经消毒的污水不能直接向河道排放，场内应设有动物尸体和医用废弃物的焚烧炉。规划放牧场地时，还要避免对周围生态环境的破坏。

二、农户新办养羊场的羊场建设

饲养山羊，是山区农村农户经济收入和农村经济的主要项目，其效益是显而易见的，随着社会主义市场经济体制的确立，市场效应的驱动，农户饲养山羊的热情越来越高，养羊业迅猛发展，其中不乏通过养羊脱贫致富，解决温饱者，但也有一些农户不顾客观条件，不讲究科学，盲目兴办养羊场，导致不应有的损失，个别农户还因此背了包袱。笔者认为农户办养羊场的条件和起步阶段很重要，决定了养羊场是否成功和今后的效益，通过近几年来的实践和观察，农户新办养羊场应掌握以下几个技术要点。

1. 办场的基本条件

（1）牧地条件　在以放牧为主要饲养方式的情况下，植被覆盖率在80%以上的地区，土山地区每3～5亩饲养1只成年羊，石山地区5～10亩饲养1只成年羊。通过草地改良、种植优质牧草、利用作物秸秆喂羊等，载畜量可以增加1倍以上。

（2）有适合建羊舍的地点　羊舍所在地要求地势高燥、通风凉爽、冬暖夏凉，建舍时要求所用木质干燥，建成楼式，并围有按每只羊3～4平方米的运动场。

（3）有清洁的饮水来源。

（4）饲养人员必须通过培训或有一定的养羊实践。

（5）清除牧地内杂草和有毒的草类、藤蔓。

2. 办场季节

办场季节也就是引种调种季节。一般来说，桂西北地区，以深秋和冬季引种为宜，尽可能在潮湿多雨季节前有6个月左右的适应期，种羊的成活率最高。另外，在条件许可的情况下，种羊迁入地区的环境条件（如气候、雨量、海拔、牧草类型等）与产地相近或相似，尽可能避免条件突变。所引山羊要请兽医技术人员严格检疫。

3. 合理的起步基础羊群

要根据农户饲养人员的管理水平和技术素质确定合理的起步数量，实践证明山区多数农户兴办养羊场，起步基础羊群以不超过30只为宜，最好在15只左右。有条件、有能力饲养较大群体的农户，可以从此群体生产的羊中选留种羊，扩大种羊数量，这样羊群的适应性、合群性、抵抗力等都很强。同时，在饲养过程中，注意不要随意从外地或其他羊群购羊。

4. 及时给羊群免疫接种和驱虫

在进羊 1 个月左右，羊群基本稳定，体质基本恢复，应给羊群进行免疫接种，增强羊只抵御疫病的能力，并对羊群进行一次全面驱虫。

5. 要勤观察，及时处理异常羊只，减少损失

坚持每日放牧和收牧 2 次数羊。通过数羊，不仅可以随时掌握羊群量的变化，熟悉本群羊只的特征特性，而且对羊群个体的运动状态、精神状态、排泄等的变化能得到及时发现，及早处理。在放牧中也要注意观察羊只的采食、站立、运动等状态。

6. 及时处理应激反应

种羊经过运输，迁入地的环境条件与产地有所差异，饲养方式发生改变等，羊在适应期内会出现不同程度的应激反应，一些条件性病原微生物亦乘羊只抵抗力下降而致病，常见的应激反应多表现为感冒、肺炎、角膜炎、口疮、腹泻、流产等。解决应激反应，除了对症处理外，更重要的是要加强饲养管理，特别注意圈舍等的清洁卫生，如有可能，可从产地带些牧草逐渐过渡，也可试用产地牧场土壤浸水喂服等。

三、养羊场的基本设施

羊多以放牧为主，因此舍内设施较为简便。

1. 饲槽、草架

饲槽用于冬春季补饲精料、颗粒料、青贮料和饮水。草架主要用于补饲青干草。饲槽和草架有固定式和移动式两种。固定式饲槽可用钢筋混凝土制作，也可用铁皮、木板等材料制成，固定在羊舍内或运动场。草架可用钢筋、木条和竹条等材料制作。饲槽、草架设计制作的长度应使每只羊采食时不相互干扰，羊脚不能踏入槽中或架内，并避免架内草料落在羊身上。

2. 多用途活动栏圈

主要用于临时分隔羊群及分离母羊与羔羊。可用木板、木条、原竹、钢筋、铁丝等制作。栏的高度视其用途而定，羔羊栏 1～1.5 米，

大羊栏 1.5～2 米。可做成移动式，也可做成固定式。

3. 药浴设备

为绵羊设置的、防治外寄生虫的药浴池，用砖、石、水泥等建造成狭长的水池，长 10～12 米，池顶宽 60～80 厘米，池底宽40～60 厘米，深 1～1.2 米，以装完药液后不致淹没羊头部为准。入口处设漏斗形围栏，羊群依次滑入池中洗浴，出口有一定倾斜坡度的小台阶，使羊缓慢出池，使羊出浴后停留时身上的药液流回池中。

4. 青贮设备

青贮方式有很多种，常用的青贮设备有以下几种。

（1）青贮袋　用特制塑料大袋作为储藏工具，其应用较为普遍。这种塑料大袋长度可达数米，如有一种厚 0.2 毫米、直径 2.4 米、长 60 米的聚乙烯薄膜圆筒袋，可根据需要剪切成不同长度的袋子。青贮袋制作的青贮料损失少，成本低，很适合于农村养羊专业户使用。

（2）青贮窖或青贮壕　选择地势高燥、地下水位低、土质坚实、离羊舍近的地方，挖圆形土窖。窖的大小可视情况而定，通常为直径 2.5 米、深 3～4 米。长方形青贮壕宽 3.0～3.5 米、深 10 米左右，长度视需要而定，通常为 15～20 米。用青贮壕和青贮窖进行青贮，设备成本低，容易制作，尤其适合北方农牧区。缺点是地势选择不好时窖中容易积水，导致青贮霉烂，开窖后需要尽快用完。

第八章 羊病的防治

第一节 羊的综合卫生保健措施

根据羊的不同生理阶段，严格进行饲养管理，保证羊有足够的营养物质进行正常的生长发育和生产需要。坚持自繁自养，农户应选择健康的良种公羊和母羊进行自繁，以提高羊的品质和生产性能，增强对疾病的抵抗力，防止因引入新羊带来病原体。同时做好系谱记录，防止近亲交配。做好饲料贮备，满足身体营养需要，提高抗病力。营养物质对正在发育的幼龄羊、妊娠期及泌乳期的成年母羊和种公羊尤其重要，特别是在配种期更需要保证较高的营养水平，饲料应多样化、营养全面，以利生长发育与繁殖。每天让羊适度运动，防止前胃弛缓等疾病。

一、卫生与消毒

1. 环境卫生

羊舍应选择地势高、远离公路、背风向阳的地方，南面应有一定面积的活动场。为了净化周围环境，减少病原微生物滋生和传播的机会，圈舍、活动场地及用具等要保持清洁、干燥；粪便及污物要及时清除，并堆积发酵；防止饲草、饲料发霉变质，尽量保持新鲜、清洁，并保证其水源清洁；注意消灭蚊蝇，防止鼠害、飞鸟等。

2. 消毒

羊场应建立切实可行的消毒制度，定期对羊舍（包括用具）地面土壤、粪便、污水、皮毛等进行消毒。

（1）羊舍消毒　羊舍除保持干燥、通风、冬暖夏凉以外，平时还应做好消毒。一般分三个步骤进行：第一步，先进行彻底清扫：第二步，用清水冲洗干净；第三步，用消毒液喷洒消毒。羊舍及活动场应每周消毒1次，消毒剂可选用2%～4%氢氧化钠溶液、0.2%～0.5%的过氧乙酸消毒液、1∶(1800～3000) 的百毒杀溶液等。但当羊群发生疫病时应隔天消毒一次。

(2) 地面土壤消毒　土壤表面可用10%漂白粉溶液、20%石灰乳、10%氢氧化钠溶液进行消毒。

(3) 粪便消毒　羊的粪便消毒方法有多种，最实用的方法是生物热消毒法，即在距羊舍100～200米以外的地方设一堆粪场，将羊粪堆积，喷少量水，上面覆盖湿泥封严，堆放发酵。夏季10天左右，冬季30天左右，即可作肥料。

二、免疫计划与免疫接种

免疫接种疫苗是激发动物机体对某种传染病发生特异性抵抗力，使其从易感转为不易感的一种手段。在经常发生某种传染病的地区或有某些传染病潜在危险的地区，有计划地对健康羊群进行免疫接种，是预防和控制羊传染病的重要措施之一。各地可能发生的传染病不同，而可以预防传染病的疫苗又不尽相同，免疫期长短不一，因此，羊场往往需用多种疫（菌）苗以预防不同的羊传染病，这就要根据各种疫苗的免疫特性和本地的发病情况，合理安排疫苗种类、免疫次数和间隔时间。一般是在春季和秋季各注射羊快疫、猝疽，肠毒血症三联菌苗和布氏杆菌病疫苗、口蹄疫疫苗、魏氏梭菌菌苗、羊痘疫苗等。并对免疫羊编号、佩戴免疫耳标。目前在国内还没有一个统一的羊免疫程序，只能在实践中探索，不断总结经验，制定出适合本地具体情况的免疫程序。

三、药物预防

药物预防是指将安全而价格低廉的药物加入饲料或饮水中进行的群体药物预防。常用的药物有磺胺类药物、抗生素和微生态制剂。药物占饲料或饮水的比例一般是：磺胺类药0.1%～0.2%，四环素族抗生素0.01%～0.3%，一般连用5～7天，必要时也可酌情延长使用时间。此外，成年羊口服土霉素等抗生素时，常引起肠炎等中毒反应。必须注意，微生态制剂可长期添加，但不能与抗菌药物同用。

四、定期驱虫

可采取药浴措施预防体外寄生病，内服驱虫药预防体内寄生虫病。药浴可用0.1%～0.2%杀虫脒水溶液，速灭菊酯80～200毫克/升或溴氰菊酯50～80毫克/升。药浴一般在剪毛后1～2周进行，一般每年剪毛后进行一次。如果秋季再药浴一次，则效果更好。发生疥癣时治疗性的药浴可随时进行，但在冬春季必须提供可靠的取暖措施。内服驱虫药应根据体内寄生虫的流行情况选择用药，一般应选用广谱、高效、低毒的药物，使用时要求掌握好剂量，最好先做小群实验，然后再进行全群驱虫。内服驱虫药物种类很多，如驱除多种线虫的左旋咪唑，驱除多种绦虫和吸虫的吡喹酮，驱除多种体内蠕虫的阿苯哒唑、芬苯哒唑、甲苯咪唑，既可驱除体内线虫又可杀灭多种体表寄生虫的伊维菌素、碘硝酚等，还有预防和治疗羊焦虫病的血虫净等。内服驱虫药应根据当地羊寄生虫的季节性动态调查而定，一般只在每年春秋各安排一次。驱虫过程中发现病羊及时治疗，若有中毒则及时抢救。

五、预防中毒

引起羊中毒的原因很多，如有毒植物、发霉饲料、饲料调配不当、农药化肥、灭鼠药等均能引起羊中毒。在平时的饲养管理过程中，应设法除去病因，以防止羊中毒。一旦发生中毒，首先应使羊离开毒物现场，使其不能再食入毒物或皮肤接触毒物，食入部分应尽快洗胃排出或投服泻剂及吸附药物，同时静脉放血后输入相应的葡萄糖生理盐水，也可注射利尿剂以促使毒物从肾脏排出。采取上述措施的同时，再根据毒物性质给予解毒药，如有机磷中毒可用阿托品、解磷定，砷制剂中毒可用二巯基丙醇，酸中毒可用碳酸氢钠、石灰水等，同时结合不同情况给予强心、利尿和镇静剂。

六、及时隔离或捕杀传染病羊

发现传染病患羊，应立即隔离，并对与病羊接触过的羊单独圈养，对隔离的病羊及时治疗，治愈者经一定时期的观察、检查，确系痊愈后，方能与健康羊合群。对未发现症状的羊，进行预防处理。对病羊尸体，不能随意抛弃，要焚烧或深埋。

七、羊病观察诊断的方法

1. 诊视

直接观察羊的精神状态和所呈现的各种异常变化。健康羊一般争相采食，奔走速度相等，反应敏捷；病羊常表现落群、停食、呆立或卧地。

2. 姿势

健康羊眼睛炯炯有神，行动活泼平稳，当羊患病时常表现行动不稳或不愿行走，有些疫病还呈现特殊姿势，如破伤风表现为四肢僵直，患有脑包虫或羊鼻蝇的羊转圈、跛行。

3. 膘情

一般患有急性炭疽、羊快疫、羊黑疫、羊猝疽、羊肠毒血症等，病羊身体仍可表现肥壮；相反，患有慢性传染病和寄生虫病的病羊多瘦弱。

4. 被毛和皮肤

健康羊被毛平整，不易脱落，有光泽；病羊被毛常粗糙无光、质脆、易脱落，如羊螨病常表现被毛脱落和结痂，皮肤增厚、蹭痒擦伤。在检查皮肤时，除注意皮肤的外观外，还应注意有无水肿、炎性肿胀和外伤（寄生虫病：颌下、胸前等部出现水肿）。

5. 可视黏膜

健康羊可视膜、眼结膜、鼻腔、口腔、阴道、肛门等处黏膜呈粉红色，湿润光滑。黏膜苍白，则为贫血；黏膜潮红，多为体温升高，为热性病所致；黏膜发黄，说明血液内胆红素增加，可能患有肝病、胆管阻塞或溶血性贫血等。如羊患焦虫病、肝片吸虫病等，可视黏膜均呈现不同程度的黄染现象；当黏膜为紫红色（又称发绀），说明血液中还原血红蛋白增加，为严重缺氧的征兆，常见于呼吸困难性疾病、中毒性疾病和某些疾病的垂危期。

6. 采食反刍的检查

食欲的好坏直接反映羊全身及消化系统的健康状况，饮食废绝说明病情严重，若吃而不敢嚼，应检查口腔和牙齿有无异常。健康羊通常鼻镜湿润，饲喂后半小时开始出现反刍，每次反刍持续30～40分钟，每一食团嚼50～70次，每昼夜反刍6～8次。鼻镜干燥，反刍减少或停止，多因高热所致，热性病初期常表现饮欲增加。

八、羊病综合性防治措施

在养殖业中，掌握常见的羊病预防与常规性诊治是非常重要的。在羊的生活过程中，其疾病是多种多样的，根据发病性质一般分为传染病、寄生虫病和普通病3大类。

由病原微生物如细菌、病毒、支原体等引起的具有传染性的疾病为传染病。传染病所具有的特性是当羊注射了某种疫苗或得过某种传染病痊愈后就具有了对该疾病的免疫能力。病原微生物通过在动物体内生长繁殖，放出大量毒素或致病因子，损害动物机体，使动物发病，并通过动物的排泄物造成污染，使病流行。烈性传染病可造成大批死亡。

由寄生虫如蠕虫、蜘蛛昆虫、原虫等寄生于动物体引起的疾病为寄生虫病。其特点是季节性和群发性。寄生虫对动物的危害主要是造成器官、组织的机械性损伤，夺取营养或产生毒素，使羊消瘦、贫血、营养不良、生产性能下降，严重者可导致死亡。

普通病包括内科疾病（如代谢病、中毒病）、外科病、产科病等。该类疾病是由于饲养管理不当、营养代谢失调等原因造成。其特点是没有传染性，多为散发。中毒病可造成大批死亡。

羊病防治必须坚持“预防为主”的方针。加强饲养管理，搞好环境卫生，有计划地进行定期免疫接种、定期驱虫等综合性防治措施，羊舍及羊圈应保持清洁干燥。

首先做好羊生活区的消毒工作。羊舍消毒，常用的消毒药有10％～20％石灰乳和20％的漂白粉溶液，羊舍内每平方米面积用1升液体，用喷雾器喷洒地面、墙、顶棚。对病羊尤其是怀疑感染传染病的家畜进行隔离，请专业人员检疫确诊后对病羊污染环境、用具采用4％氢氧化钠或10％克辽林溶液进行消毒处理。一般每年春秋进行两次消毒。有疫病发生时要随时彻底消毒。

其次是有计划地进行预防免疫。预防免疫分为疫苗免疫预防和药物预防。疫苗免疫预防可激发羊体产生特异性抵抗力，对某种传染病不易感染，只有有计划地进行疫苗免疫，才能预防羊传染病的发生。药物预防是定时定量地在饲料或饮水中加入药物，是对某些没有疫苗的疾病进行预防性的措施。常用的药物有磺胺类药，预防量0.1%～0.2%，治疗量0.2%～0.5%；硝基呋喃类药物，预防量0.01%～0.02%，治疗量0.03%～0.04%；一般连用5～7天，必要时也可酌情延长。

最后是定期驱虫，一般春秋两次药物驱虫。丙硫咪唑、阿维菌素具有高效、低毒、广谱的优点，对常见的胃肠道线虫、肺线虫、片形吸虫均有效。可同时驱除混合感染的多种寄生虫，是较理想的驱虫药物。

每年在春季羊剪毛后10天左右进行药浴。药浴液可用0.025%～0.03%的林丹乳油水乳液；或螨净的初浴液浓度为250微升/升(250ppm)，补充药液为750微升/升（750ppm)；或除虫菊酯0.2%煤油溶液喷雾杀虫；或溴氰菊酯（敌杀死、倍特）预防量为30微升/升(30ppm)，治疗浓度应达50～80微升/升（50～80ppm)；或赛福丁初浴液浓度1∶2000稀释，补充药液1∶2500稀释；或1%阿福丁（阿维素素）注射液，按0.2毫克/千克体重注射，或用0.2毫克/千克的片剂口服，该药物对内外寄生虫均有较好的驱杀作用。

第二节　识别病羊的要点

一、看羊的动态

无病之羊不论采食或休息，常聚集在一起，休息时多呈半侧卧姿势，人一接近即行起立。病羊食欲、反刍减少，常常掉群卧地，出现各种异常姿势。

二、听羊的声音

健康羊发出洪亮而有节奏的叫声。病羊叫声高低常有变化，不用听诊器可听见呼吸声及咳嗽声、肠音。

三、看羊的反刍

无病之羊每次采食30分钟后开始反刍30～40分钟，一昼夜反刍6～8次。病羊反刍减少或停止。

四、看羊的毛色

健康羊被毛整洁、有光泽、富有弹性，病羊被毛蓬乱而无光泽。

五、摸羊的角

无病之羊两角尖凉，角根温和。病羊角根过凉或过热。

六、看羊的眼

健康羊眼睛灵活，明亮有神，洁净湿润。病羊眼睛无神，两眼下垂，反应迟缓。

七、看羊的耳朵

无病羊双耳常竖立而灵活。病羊头低耳垂，耳不摇动。

八、看羊的舌头

健康羊舌头呈粉红色且有光泽，转动灵活，舌苔正常。病羊舌头活动不灵、软绵无力，舌苔薄而色淡或苔厚而粗糙无光。

九、看羊的口腔

无病羊口腔黏膜为淡红色，用手摸感到暖手，无恶臭味。病羊口腔时冷时热，黏膜淡白流涎或潮红干涩，有恶臭味。

十、看羊的大小便

无病羊粪呈小球状而比较干硬。补喂精料的良种羊呈较软的团块状，无异味。小便清亮无色或微带黄色，并有规律。病羊大小便不正常，大便或稀或硬，甚至停止，小便色黄或带血。

第三节　常用药物与给药途径

一、消毒药

（1）生石灰　加水配成10％～20％石灰乳，适用于消毒口蹄疫、传染性胸膜肺炎、羔羊腹泻等病原污染的圈舍、地面及用具。干石灰可撒布地面消毒。

(2) 氢氧化钠（火碱） 有强烈的腐蚀性，能杀死细菌、病毒和芽孢。其2%～3%水溶液可消毒羊舍和槽具等，并适用于门前消毒池。

(3) 来苏儿 杀菌力强，但对芽孢无效。3%～5%的溶液可供羊舍、用具和排泄物的消毒。0.5%～1.0%的浓度内服200毫升可治疗羊胃肠炎。

(4) 新洁尔灭 为表面活性消毒剂，对许多细菌和霉菌杀伤力强。0.01%～0.05%的溶液用于黏膜和创伤的冲洗，0.1%的溶液用于皮肤、手指和术部消毒。

二、抗生素类药物

(1) 青霉素 种类很多，常用的是青霉素钾盐和钠盐，主要对革兰阳性菌有较大的抑制作用，肌内注射可治疗链球菌病、羔羊肺炎、气肿疽和炭疽。治疗用量：肌内注射20万～80万单位，每天2次，连用3～5天。不宜与四环素类、卡那霉素、庆大霉素、磺胺类药物配合使用。

(2) 链霉素 主要对革兰阴性菌具有抑制和杀灭作用，对少数革兰阳性菌也有作用，口服可治疗羔羊腹泻，肌内注射可治疗炭疽、乳房炎、羔羊肺炎及布氏菌病。治疗用量：羔羊口服0.2～0.5克，成年羊注射50万～100万单位，每天2次，连用3天

(3) 硫酸铜 用于防治羊莫尼茨绦虫、捻转胃虫及毛圆线虫。治疗用量：1%硫酸铜溶液内服，3～6月龄30～45毫升/只，成年羊80～100毫升/只。

(4) 敌百虫 为广谱杀虫、驱虫药，对多种昆虫及线虫都有作用。外用能杀灭蚊、蝇、蜱、虱及治疗疥癣病，内服能驱除捻转胃虫、毛圆线虫及结节虫等。治疗用量：内服，配制成10%～20%溶液，每千克体重0.08～0.10克；外用，治疗疥癣为0.1%～0.5%溶液。另外，还可饮用0.05%溶液驱虫，24%的浓度供大群喷雾。

(5) 丙硫咪唑 用于防治胃肠道线虫、肺线虫、肝片吸虫和绦虫有效，对所有的消化道线虫的成虫驱除效果最好。治疗用量：内服，

每千克体重10～15毫克。

(6) 灭虫丁粉　为广谱抗寄生虫药，具有高效、广谱和安全低毒等优点，对羊各种胃肠线虫、螨、蜱和虱均有很强的驱杀作用。本品为口服药，也可与饲料混合喂给，0.2克/千克体重可除体内寄生虫，0.3～0.4克/千克体重可杀灭体外寄生虫。

(7) 虫克星粉　用于驱杀体内外线虫、螨、虱、蚤、蝇蛆等，一次用量每千克体重0.1克。用于杀灭体外寄生虫时，宜在7～10天后再重复给药1次。

(8) 20%林丹乳油　对螨、虱、蚤、蜱及吸血昆虫有杀灭作用。临用时加水配制400～600倍药液，0.2%为常用药液浓度，供药浴或全身喷洒。

(9) 灭螨灵　为拟除虫菊酯类药，用于羊体外寄生虫的防治。稀释2000倍液用于药浴，稀释1500倍液可局部涂擦。

(10) 林胺乳油　含林丹15%、亚胺硫磷5%，主要用于防治羊疥癣和棚圈消毒杀灭蚊蝇。用时配成乳液进行药浴、喷淋或局部涂擦，使用药液浓度为0.2%～0.3%，消毒灭蚊蝇浓度为0.5%。

三、菌（疫）苗

1. 羊快疫、猝疽（羔羊痢疾）、肠毒血症三联四防灭活疫苗

该疫苗用于预防羊快疫、猝疽（羔羊痢疾）、肠毒血症，免疫持续期1年。其用法与用量遵照瓶签注明，临用时以20%胶盐水溶解，充分摇匀后，不论大小羊，均肌内注射或皮下注射1毫升（体质差者慎用）。

2. 山羊痘活疫苗

该疫苗用于预防山羊痘、绵羊痘，免疫持续期1年。其用法与用量遵照瓶签注明，以稀释液稀释，按每只约0.5毫升股内侧或尾内侧皮下注射。在已有羊痘病流行的羊群中，对健康羊只可进行紧急接种。

3. 布氏菌活疫苗

该疫苗用于预防山羊、绵羊牛布氏菌病。免疫持续期为3年。其适用于口服免疫，也可作肌内注射。怀孕母畜口服不受影响，注射法不能用于孕畜、牛和小尾寒羊。畜群每年免疫1次。

4. 乙型脑炎灭活疫苗

用于预防猪、牛、羊、狗等动物的乙型脑炎。1月龄以上畜种，每头肌内注射2毫升。

5. 山羊传染性胸膜肺炎苗

该疫苗用于预防羊传染性胸膜肺炎，大小羊均可使用，免疫期为1年。皮下注射或肌内注射，成年羊5毫升/只，6个月以下羔羊3毫升/只。

6. 羊链球菌苗

该菌苗用于预防羊败血性链球菌病。免疫期为1年。其用法遵照瓶签注明的每头剂量，用生理盐水稀释，6个月以上的羊一律尾根皮下注射1毫升，不得在其他部位注射。

第四节 常见羊病的防治

一、羊常见传染病及其防治技术

（一）口蹄疫

口蹄疫一直被联合国粮农组织和国际兽疫局列为甲类（危害最严重）动物传染病中的第一个疾病。口蹄疫是猪、牛、羊等偶蹄动物都能感染的一种急性、热性、接触性传染病。目前，对于口蹄疫没有真正有效的防治措施，每次爆发后只能屠宰和集体焚毁以绝后患。因此被称为畜牧业的“头号杀手”。发病动物的主要症状是，在口腔、舌头、鼻部、乳头、蹄子周边等部位的黏膜或皮肤表面出现明显灰白色水疱和水疱破溃后烂斑。而跛腿是最重要的症状——由于蹄部病痛，发病动物出现跛行，严重者蹄壳溃裂或脱壳。

【病原】

口蹄疫病毒是本病病原，主要存在于病羊水疱皮内和淋巴液中。在水疱发展过程中，病毒进入血液，分布于病羊全身各种组织和体液，在奶、尿、口涎、眼泪和粪便中都含有一定量的病毒。口蹄疫病毒对外界环境抵抗力较强，在自然情况下，被其污染的饲料、饲草和土壤经数周甚至数月还具有传染性。但高温和阳光对病毒有杀灭作用，酸和碱对其作用也较强，在直射阳光下，病毒经60分钟可被杀死，煮沸3分钟病毒即可死亡，1%～2%氢氧化钠、30%草木灰水、1%～2%甲醛溶液等都是其良好的消毒剂。

【症状】

病毒侵入羊体后，可使口腔黏膜和蹄趾间发生水疱和疱疹，水疱主要发生于硬腭和舌面。开始时不易发觉，以后病羊出现跛脚、采食减少、精神不振等症状，这时蹄部肿痛发热，体温上升，2～3天后四肢再度出现水疱。初期疱内为清液，后变浑浊，破裂后结成棕色的痂。撕去痂皮，可见鲜红的溃疡。蹄冠部发生水疱时，常因继发性坏疽而引起蹄壁脱落。

【预防】

病羊及受其污染的饲料、饲草等是主要传染源，因此，羊发生口蹄疫时，要严格实施封锁、隔离、消毒、治疗等综合性措施，对病羊要扑灭深埋，污染的场地等要彻底消毒。对发病羊群中的健康羊、疫区和受威胁区内的健康羊要进行紧急预防注射，可用A型口蹄疫鸡胚化弱毒疫苗和A型口蹄疫鸡胚化弱毒细胞反应疫苗进行防疫。

【治疗】

病羊一般经10～14天可以自愈。为了促使病羊早日痊愈，缩短病种，防止继发感染，减少损失，要在严格隔离的条件下，及时对病羊进行治疗。病羊口腔可用清水、食醋或0.1%高锰酸钾水冲洗，蹄部可用3%克辽林或来苏儿洗涤，擦干后涂上青霉素软膏并用绷带包扎。病初还可用高免血清治疗，有条件的地方可用病愈羊全血（或血清）按每千克体重1.5～2毫升治疗。采取上述措施治疗的同时，要配合使用抗生素，以防止发生继发性感染。

（二）传染性脓疱

羊传染性脓疱俗称“羊口疮”，是由羊口疮病毒引起的绵羊和山羊的一种传染性疾病。本病以患羊口唇等部位皮肤、黏膜形成丘疹、脓疱、溃疡，以及疣状厚痂为特征。

【病原】

羊口疮病毒属于痘病毒科副痘病毒属。病毒粒子呈砖形或呈椭圆形的线团样（病毒粒子表面呈特征性的管状条索斜形交叉，呈编织样外观），一般排列较为规则。核酸类型为双股脱氧核糖核酸（DNA）。羊口疮病毒对外界环境抵抗力强。干燥痂皮内的病毒于夏季日光下经

30～60天开始丧失其传染性；散落于地面的病毒可以越冬，至来春仍具有感染性。病料在低温冷冻条件下保存，可保持毒力达数年之久。本病毒对高温较为敏感，60℃ 30分钟即可被灭活。常用的消毒药为2%氢氧化钠溶液、10%石灰乳、20%热草木灰溶液。

【诊断要点】

（1）流行特点　本病只危害绵羊和山羊，且以3～6月龄的羔羊发病为多，常呈群发性流行。成年羊也可感染发病，但呈散发性流行。人也可感染羊口疮病毒。病羊和带毒羊为传染源，主要通过损伤的皮肤、黏膜感染。自然感染是由于引入病羊或带毒羊，或者利用被病羊污染的厩舍或牧场而引起。由于病毒的抵抗力较强，本病在羊群内可连续危害多年。

（2）临床症状和病理变化　潜伏期4～8天。本病临床上一般分为唇型、蹄型和外阴型3种病型，也见混合型感染病例。

① 唇型。病羊首先在口角、上唇或鼻镜上出现散在的小红斑，逐渐变为丘疹和小结节，继而成为水疱或脓疱，破溃后结成黄色或棕色的疣状硬痂。如为良性经过，则经1～2周痂皮干燥、脱落而康复。严重病例，患部继续发生丘疹、水疱、脓疱、痂垢，并互相融合，波及整个口唇周围及眼睑和耳郭等部位，形成大面积龟裂、易出血的污秽痂垢。痂垢下伴有肉芽组织增生，痂垢不断增厚，整个嘴唇肿大外翻呈桑葚状隆起，影响采食，病羊日趋衰弱。部分病例常伴有坏死杆菌、化脓性病原菌的继发感染，引起深部组织化脓和坏死，致使病情恶化。有些病例口腔黏膜也发生水疱、脓疱和糜烂，使病羊采食、咀嚼和吞咽困难。个别病羊可因继发肺炎而死亡。继发感染的病害可蔓延至喉、肺及真胃。

② 蹄型。病羊多见一肢患病，但也可能同时或相继侵害多数甚至全部蹄端。通常于蹄叉、蹄冠或系部皮肤上形成水疱、脓疱，破裂后则成为由脓液覆盖的溃疡。如继发感染则发生化脓、坏死，常波及基部、蹄骨，甚至肌腱或关节。病羊跛行，长期卧地，病期缠绵。也可能在肺脏、肝脏及乳房中发生转移性病灶，严重者衰竭而死或因败血症死亡。

③ 外阴型。外阴型病例较为少见。病羊表现为黏性或脓性阴道分泌物，在肿胀的阴唇及附近皮肤上发生溃疡；乳房和乳头皮肤（多系

病羔吮乳时传染）发生脓疱、烂斑和痂垢；公羊则表现为阴囊鞘肿胀，出现脓疱和溃疡。

（3）实验诊断

① 病原学检查

a. 病料采集：在病变局部采集水疱液、水疱皮、脓疱皮及较深层痂皮。

b. 电镜观察：病料制片，磷钨酸钠负染后直接作电镜检查，可见特殊形态的羊口疮病毒粒子，结合流行病学分析、症状和病变，即可确诊。

c. 分离培养：羊口疮病毒可用胎羊皮肤细胞，牛、羊睾丸细胞和肾细胞，人羊膜细胞等进行分离培养。一般接种后48～60小时可见细胞变圆、团聚和脱壁等病变，并可观察到胞浆内嗜酸性包涵体。

d. 动物接种试验：病料制成乳剂，划痕接种于健康羔羊口唇，次日接种部位红肿，继而出现水疱，4～6天变为脓疱，经3～4周脱落。

② 血清学试验。本病可用补体结合反应、琼脂扩散试验、免疫荧光技术、反向间接血凝试验、酶联免疫吸附试验等血清学方法进行诊断。

（4）类症鉴别　本病需与羊痘、坏死杆菌病等类似疾病相鉴别。

① 羊传染性脓疱与羊痘的鉴别。羊痘的痘疹多为全身性，而且病羊体温升高，全身反应严重。痘疹结节呈圆形突出于皮肤表面，界限明显，似脐状。

② 羊传染性脓疱与坏死杆菌病的鉴别。坏死杆菌病主要表现为组织坏死，一般无水疱、脓疱病变，也无疣状增生物。进行细菌学检查和动物试验即可区别。

【防治措施】

第一，勿从疫区引进羊或购入饲料、畜产品。引进羊须隔离观察2～3周，严格检疫，同时应将蹄部多次清洗、消毒，证明无病后方可混入大群饲养。

第二，保护羊的皮肤、黏膜勿受损伤，捡出饲料和垫草中的芒刺。加喂适量食盐，以减少羊只啃土啃墙，防止发生外伤。

第三，本病流行区用羊口疮弱毒疫苗进行免疫接种，使用疫苗株毒型应与当地流行毒株相同。也可在严格隔离的条件下，采集当地自然发病羊的痂皮，再感染易感羊制成活毒疫苗，对未发病羊的尾根无毛部进行划痕接种，10天后即可产生免疫力，保护期可达1年左右。

第四，病羊可先用水杨酸软膏将痂垢软化，除去痂垢后再用0.1%～0.2%高锰酸钾溶液冲洗创面，然后涂2%龙胆紫、碘甘油溶液或土霉素软膏，每日1～2次，至痊愈。蹄型病羊则将蹄部置5%～10%福尔马林溶液中浸泡1分钟，连续浸泡3次；也可隔日用3%龙胆紫溶液、1%苦味酸溶液或土霉素软膏涂拭患部。

（三）羊坏死杆菌病

坏死杆菌病是畜禽共患的一种慢性传染病。临床上表现为皮肤、皮下组织和消化道黏膜坏死，有时在其他脏器上形成转移性坏死灶。

【病原】

其病原为坏死梭杆菌。坏死梭杆菌为革兰阴性，属于厌氧菌，属拟杆菌科梭形杆菌属。具有明显的多形性，小者呈球杆状，大者为长丝状，且多见于病灶及幼龄培养物中，染色时因着色不匀，犹如串珠状。本菌无鞭毛，无芽孢，也不产生荚膜。该菌至少可产生两种毒素，其外毒素皮下注射（兔）可引起组织水肿，静脉注射则数小时内死亡；内毒素皮下或皮内注射可致组织坏死。

坏死梭杆菌对理化因素抵抗力不强，对热及常用消毒剂敏感，但在污染的土壤中能长时间存活。本菌对4%的醋酸敏感。

【诊断要点】

根据流行情况和临床症状，基本上可以确诊。

（1）流行特点　坏死梭杆菌在自然界分布很广，动物的粪便、死水坑、沼泽和土壤中均有存在，通过皮肤和黏膜而感染，多见于低洼潮湿地区和多雨季节，呈散发性或地方性流行。

（2）临床症状　绵羊患坏死杆菌病多于山羊，常侵害蹄部，引起腐蹄病。初呈跛行，多为一肢患病，蹄间隙、蹄和蹄冠开始红肿、热痛，而后溃烂，挤压肿烂部有发臭的脓样液体流出。随病变发展，可波及到腱、韧带和关节，有时蹄匣脱落。羊羔可发生唇疮，在鼻、唇、眼部甚至口腔发生结节和水疱，随后形成棕色痂块。轻症病例能很快恢复，重症病例若治疗不及时，往往由于内脏形成转移性坏死灶而死亡。

（3）实验诊断　从病羊的病灶与健康组织的交界处采取病料涂

片，用稀释石炭酸复红或碱性美蓝加温染色、镜检，发现着色不匀，犹如串珠状细长丝状菌，即可作出诊断，必要时可进行分离培养及动物试验确诊。

【防治措施】

对羊坏死杆菌引起的腐蹄病的治疗，首先要清除坏死组织，用食醋、3%来苏儿或1%高锰酸钾溶液脚浴，然后用抗生素软膏涂抹，为防止硬物刺激，可将患部用绷带包扎。当发生转移性病灶时，应进行全身治疗，以注射磺胺嘧啶或土霉素效果最好，连用5日，并配合应用强心和解毒药，可促进康复，提高治愈率。

预防应加强管理，保持羊圈干燥，避免发生外伤，如发生外伤，应及时涂擦碘酊。

（四）蓝舌病

蓝舌病是由昆虫媒介库蠓属异翅库蠓传播的反刍动物的一种急性病毒传染病。其特征表现为发热、口腔黏膜损伤和跛行，由于病畜舌、齿龈、颊部黏膜充血肿胀，淤血后变为青紫色，故此得名蓝舌病。牛、山羊虽都能感染本病，但以绵羊最易感，危害最严重。

【症状】

自然感染潜伏期约1周。病畜发热，体温升高至42℃；精神沉郁，食欲废绝，嘴唇、舌、咽发生水肿；口腔黏膜潮红甚至发绀，齿床、齿龈、舌及唇边缘出现烂斑；唇易出血，鼻孔内有浓稠鼻漏，干痼后变为痂块覆盖其表面。如肠道发生病变则出现血样下痢；肌肉、蹄部受侵害，病羊步行僵直或跛行，蹄冠皮肤上有暗红色或紫色的线或引起趾间皮肤坏死，肋部、腹部、会阴、乳房及乳头皮肤出现斑块性急性皮炎。

【防治措施】

消灭传播媒介和免疫接种。

(1) 消灭传播媒介：①喷杀虫药。用0.2%除虫菊酯煤油溶液或除虫菊酯干粉0.37～0.75克与煤油1.8升混合制成溶液，夏季每隔5～7天全场喷雾。②用0.05%蝇毒磷或1.25%马拉硫磷或0.06%氧酸磷（蜱虱敌）喷淋畜体，以防库蠓叮咬。

(2) 免疫接种：①鸡胚化弱毒苗（单价和多价），免疫期1年，怀孕时不能接种。②羊肾细胞培养疫苗，试用于羔羊，也有良好的抗体反应。

（五）布氏杆菌病

布氏杆菌病是人畜共患病，其危害主要是使羊生殖器官和胎膜发炎，引起流产、不育。

【病原】

病原体为布氏杆菌，是一种较小的球杆菌或短杆菌，不产生芽孢。布氏杆菌对外界抵抗力不太强，一般消毒药都能将其杀死。

布氏杆菌主要通过消化道传播，山羊通过摄取被病原污染的饲料和饮水而被感染。病原体也可以经过皮肤伤口感染健康羊。

【症状】

在通常情况下，山羊感染此病后，不表现全身症状，但怀孕母羊则发生流产，流产前，母羊食欲减退，体温升高，口渴喜饮，阴户流出黄色黏液。流产发生在怀孕后3～4个月。有的山羊流产2～3次，有的不流产。有的母羊还伴有乳房炎。公羊患此病后大部分睾丸肿大。

【预防】

控制布氏杆菌病传入的最好办法是自繁自养。从外地引进的羊要严格检疫，最好先了解引进地区山羊传染病的发生情况，不要从疫区引进山羊。如果发现有羊感染了布氏杆菌病，要立即隔离病羊，流产胎儿要深埋，污染的羊圈和场地要彻底消毒。对没有严格隔离条件的羊群，健康羊要进行防疫接种。可将布氏杆菌猪型2号菌苗放在水槽内让羊饮入，也可用布氏杆菌羊型5号菌苗进行气雾免疫，或者用冻干布氏杆菌羊型5号菌苗皮下注射1毫升，免疫期1年。

（六）羔羊大肠杆菌病

羔羊大肠杆菌病是由致病性大肠杆菌所引起的一种幼羔急性、致死性传染病。临床上表现为腹泻和败血症。

【病原】

大肠杆菌是革兰阴性、中等大小的杆菌，属肠杆菌科埃希菌属。无芽孢，具有周鞭毛，对碳水化合物发酵能力强。本菌对外界不利因素的抵抗力不强，60℃15分钟即死亡，一般常用消毒剂易将其杀死。

【诊断要点】

依据临床症状、病理变化和流行情况，可作出初步诊断，其确诊需进行实验诊断。

(1) 流行特点　多发生于数日至6周龄的羔羊，有些地方3～8月龄的羊也有发生，呈现地方性流行，也有散发者。该病的发生与气候不良、营养不足、场地潮湿污秽等有关。放牧季节很少发生，冬春季舍饲期间常发。经消化道感染。

(2) 临床症状　潜伏期1～2天。分为败血型和下痢型两型。

① 败血型。多发生于2～6周龄羔羊。病羊体温41～42℃，精神沉郁，迅速虚脱，有轻微的腹泻或不腹泻，有的有神经症状，如运步失调、磨牙、视力障碍，有的病例出现关节炎，多于发病后4～12小时死亡。

② 下痢型。多发生于2～8日龄新生羔。病初体温略高，出现腹泻后体温下降，粪便呈半液状，带有气泡，有时混有血液。羔羊表现腹痛，虚弱，严重脱水，不能起立。如不及时治疗，可于24～36小时死亡，病死率15％～17％。

(3) 病理变化　败血型者剖检胸、腹腔和心包见大量积液，内有纤维素样物；关节肿大，含浑浊液体或脓性絮片；脑膜充血，有许多小出血点。下痢型者主要为急性胃肠炎变化，胃内乳凝块发酵，肠黏膜充血、水肿和出血，肠内混有血液和气泡，肠系膜淋巴结肿胀，切面多汁或充血。

(4) 实验诊断　采取内脏组织、血液或肠内容物用麦康或其他鉴别培养基划线分离，挑取可疑菌落转种三糖铁培养基培养后，其反应符合大肠杆菌者，纯培养后进行生化鉴定和血清学鉴定，以确定血清型。有条件时可进行黏着素抗原检查和肠毒素检查。

(5) 类症鉴别　B型魏氏梭菌也可引起初生羔下痢，应注意区别。在病羔濒死或刚死时，采取内脏和肠内容物做细菌分离培养，如分离出纯的B型魏氏梭菌时，则具有鉴别诊断意义。

【防治措施】

大肠杆菌对土霉素、磺胺类和呋喃类药物敏感，但必须配合护理和其他对症疗法。土霉素，每日每千克体重20～50毫克，分2～3次口服；或每日每千克体重10～20毫克，分2次肌内注射。20％磺胺嘧啶钠，5～10毫升，肌内注射，每日2次；或口服复方新诺明，每次每千克体重20～25毫克，每日2次，连用3天。呋喃唑酮，每日每千克体重5～10毫克，分2～3次内服。也可使用微生态制剂，如促菌生等，按说明拌料或口服，使用此制剂时，不可与抗菌药物同用。新生羔再加胃蛋白酶0.2～0.3克。对心脏衰弱者，皮下注射25%安钠咖0.5～1.0毫升；对脱水严重者，静脉注射5%葡萄糖盐水20～100毫升；对有兴奋症状的病羔，用水合氯醛0.1～0.2克加水灌服。预防本病，主要是对母羊加强饲养管理，做好抓膘、保膘工作，保证新生羔羊健壮、抗病力强。同时应注意羔羊的保暖。其特异性预防可使用灭活疫苗。对病羔要立即隔离，及早治疗。对污染的环境、用具要用3%～5%来苏儿液消毒。

（七）羊痘

【流行情况及临床表现】

病羊体温高达41～42℃，呼吸加快，流黏液性鼻涕，眼睑肿胀，结膜充血，有浆液性分泌物，鼻孔周围、面部、耳部、背部、胸腹部、四肢无毛区有4～6平方厘米大小的疹块，有的疹块破溃，有淡黄色液体流出。

【剖检病变】

呼吸道、消化道黏膜卡他出血性炎症，肺部呈大理石样硬块结节，胃、肠管等有硬块结节。根据本病的发病季节、流行特点和典型症状，可确诊。

【防治】

① 发病羊立即进行隔离治疗和消毒，病死羊尸体立即深埋，防止病原扩散。

② 对未发病羊进行紧急预防注射。

③ 加强饲养管理，做好隔离防疫工作。对新购入的羊要先隔离检疫21天，外来人员不能随便进入健康羊群。

④ 治疗。对羊皮肤病变部位用1%高锰酸钾溶液洗净后，再涂擦碘甘油。为防继发感染，肌注青霉素、链霉素100万～200万单位，每日1～2次，羔羊酌减用量，连用2天。

（八）羊黑疫

羊黑疫又称“传染性坏死性肝炎”，是由B型诺维梭菌引起的绵羊、山羊的一种急性高度致死性毒血症。本病以肝实质发生坏死性病灶为特征。

【病原】

诺维梭菌属于梭菌属，为革兰阳性的大杆菌。本菌严格厌氧，可形成芽孢，不产生荚膜，具有周身鞭毛，能运动。根据本菌产生的外毒素，通常分为A、B、C 3型。A型菌主要产生a、g、e、d 4种外毒素；B型菌主要产生a、b、h、x、q 5种外毒素；C型菌不产生外毒素，一般认为无病原学意义。

【诊断要点】

(1) 流行特点　本菌能使1岁以上的绵羊发病，以2～4岁、营养好的绵羊多发，山羊也可患病，牛偶可感染。实验动物以豚鼠最为敏感，家兔、小鼠易感性较低。诺维梭菌存在于自然界特别是土壤之中，羊采食被芽孢体污染的饲草后，芽孢由胃肠壁经目前尚未阐明的途径进入肝脏。当羊感染肝片吸虫时，肝片吸虫幼虫游走损害肝脏，使其氧化-还原电位降低，存在于该处的诺维梭菌芽孢即获适宜条件，迅速生长繁殖，产生毒素，进入血液循环，引起毒血症，导致急性休克而死亡。本病主要发生于低洼、潮湿地区，以春、夏季节多发，其发病常与肝片吸虫的感染侵袭密切相关。

(2) 临床症状　本病临床表现与羊快疫、羊肠毒血症等疾病极为相似。病程短促，大多数发病羊只表现为突然死亡，临床症状不明显。部分病例可拖延1～2天，病羊放牧时掉群，食欲废绝，精神沉郁，反刍停止，呼吸急促，体温41.5℃，常昏睡俯卧而死。

(3) 病理变化　病羊尸体皮下静脉显著淤血，使羊皮呈暗黑色外观（黑疫之名由此而来）。真胃幽门部、小肠黏膜充血、出血。肝脏表面和深层有数目不等的凝固性坏死灶，呈灰黑色不整圆形，周围有一鲜红色充血带，坏死灶直径可达2～3厘米，切面呈半月形。羊黑疫肝脏的坏死变化具有重要的诊断意义（这种病变与未成熟肝片吸虫通过肝脏时所造成的病变不同，后者为黄绿色、弯曲似虫样的带状病痕）。体腔多有积液。心内膜常见出血点。

(4) 类症鉴别　羊黑疫应与羊快疫、羊肠毒血症、羊炭疽等类似疾病进行区别诊断（参见相关疾病）。

【防治措施】

第一，流行本病的地区应控制肝片吸虫感染。

第二，常发病地区定期接种“羊快疫、肠毒血症、猝疽、羔羊痢疾、黑疫五联苗”，每只羊皮下注射或肌内注射 5 毫升，注射后 2 周产生免疫力，保护期达半年。

第三，本病发生、流行时，将羊群移牧于高燥地区。可用抗诺维梭菌血清进行早期预防，每只羊皮下注射或肌内注射 10～15 毫升，必要时重复注射 1 次。

第四，病程稍缓的羊只，肌内注射青霉素 80 万～160 万单位，每日 2 次，连用 3 日；或者发病早期静脉注射或肌内注射抗诺维梭菌血清 50～80 毫升，必要时重复用药 1 次。

（九）羊快疫

羊快疫是由腐败梭菌经消化道感染引起的主要发生于绵羊的一种急性传染病。本病以突然发病，病程短促，真胃出血性炎性损害为特征。

【病原】

腐败梭菌是革兰阳性的厌气大杆菌，属于梭菌属。本菌在体内外均能产生芽孢，不形成荚膜，可产生多种外毒素。病羊血液或脏器涂片可见单个或 2～5 个菌体相连的粗大杆菌，有时呈无关节的长丝状，其中一些可能断为数段。这种无关节的长丝状形态，在肝被膜触片中更易发现，在诊断上具有重要意义。

【诊断要点】

（1）流行特点　发病羊多为 6～18 月龄、营养较好的绵羊，山羊较少发病。主要经消化道感染。腐败梭菌通常以芽孢体形式散布于自然界，特别是潮湿、低洼或沼泽地带。羊只要饮食污染的饲草水，芽孢体随之进入消化道，但不一定引起发病。当存在诱发因素时，特别是秋冬或早春季节气候骤变、阴雨连绵之际，羊寒冷饥饿或采食冰冻带霜草料时，机体抵抗力下降，腐败梭菌即大量繁殖，产生外毒素，使消化道黏膜发炎、坏死并引起中毒性休克，使患羊迅速死亡。本病以散发性流行为主，发病率低而病死率高。

（2）临床症状　患羊往往来不及表现临床症状即突然死亡，常在放牧时死于牧场或早晨发现死于圈舍内。病程稍缓者，表现为不愿行走，运动失调，腹痛、腹泻，磨牙抽搐，最后衰弱昏迷，口流带血泡沫，多于数分钟或几小时内死亡，病程极为短促。

（3）病理变化　病死羊尸体迅速腐败膨胀。剖检见可视黏膜充血，呈暗紫色。体腔多有积液。其特征性表现为真胃出血性炎症，胃底部及幽门部黏膜可见大小不等的出血斑点及坏死区，黏膜下发生水肿。肠道内充满气体，常有充血、出血、坏死或溃疡。心内、外膜可见点状出血。胆囊多肿胀。

（4）实验诊断　主要进行病原学检查。

① 病料采集。迅速无菌采集病死羊脏器组织，同时做肝被膜触片或其他脏器涂片，用于病原学检查。

② 染色镜检。病料涂片用瑞氏染色法或美蓝染色法染色镜检，除见到两端钝圆、单个或短链状的粗大菌体外，也可观察到无关节的长丝状菌体链，这种表现在肝被膜触片中尤为明显。革兰染色则呈阳性反应。

③ 分离培养。病料采集后立即进行分离培养，需用厌氧培养法进行分离鉴定工作。病料中分离到腐败梭菌时，尚需结合临床发病情况、病理变化及取材分离的时间进行综合分析、判断。

④ 动物接种试验。将新鲜病料制成悬液，肌内注射豚鼠或小鼠，阳性反应实验动物多于4小时内死亡，立即采集病料进行分离培养，较易获得纯培养物，涂片镜检可发现腐败梭菌无关节长丝状的特征表现。

（5）类症鉴别　通常羊快疫应与羊炭疽、羊肠毒血症、羊黑疫等类似疾病相鉴别。

① 羊快疫与羊炭疽的鉴别。羊快疫与羊炭疽的临床症状和病理变化较为相似，可通过病原学检查区别腐败梭菌和炭疽杆菌。此外，也可采集病料做炭疽沉淀试验进行区别诊断。

② 羊快疫与羊肠毒血症的鉴别。羊快疫与羊肠毒血症在临诊表现上很相似，可通过以下几方面进行区别：a. 羊快疫多发于秋冬季和早春，多见于阴洼潮湿地区，其诱因常为气候骤变，阴雨连绵，风雪交加，特别是在采食了冰冻带霜的草料时多发。羊肠毒血症在牧区多发于春夏之交和秋季，农区则多发于夏秋收割季节，羊采食过量谷类或青嫩多汁及富含蛋白质的草料时发生。b. 肠毒血症病羊常有血糖和尿糖升高现象，羊快疫则无此现象。c. 羊快疫病羊有显著的真胃出血性炎症，肠毒血症则多见肾脏软化。d. 羊快疫病例肝被膜触片可见无关节长丝状的腐败梭菌；肠毒血症病例肾脏等器官可检出D型魏氏梭菌。

③ 羊快疫与羊黑疫的鉴别。羊黑疫的发生常与肝片吸虫病的流行有关。羊黑疫病例真胃损害轻微，肝脏多见坏死灶。病原学检查，羊黑疫病例可检出诺维梭菌；羊快疫病例则可检出腐败梭菌，且腐败梭菌呈无关节长丝状。

【防治措施】

第一，常发病地区，每年定期接种"羊快疫、肠毒血症、猝疽三联苗"或"羊快疫、肠毒血症、猝疽、羔羊痢疾、黑疫五联苗"，羊不论大小，一律皮下注射或肌内注射5毫升，注射后2周产生免疫力，保护期达半年。

第二，加强饲养管理，防止严寒袭击。有霜期早晨出牧不要过早，避免采食霜冻饲草。

第三，发病时及时隔离病羊，并将羊群转移至高燥牧地或草场，可收到减少或停止发病的效果。

第四，本病病程短促，往往来不及治疗。病程稍长者，可肌注青霉素，每次80万～100万单位，1日2次，连用2～3日；内服磺胺嘧啶，1次5～6克，连服3～4次；也可内服10%～20%石灰乳500～1000毫升，连服1～2次。必要时可将10%安钠咖10毫升加于500～1000毫升5%～10%葡萄糖溶液中，静脉滴注。

（十）伪结核病

羊伪结核病是由伪结核棒状杆菌感染所引起的一种接触性、慢性传染病。其特征为局部淋巴结发生干酪样坏死，有时在肺、肝、脾和子宫角等处发生大小不等的结节，内含淡黄绿色干酪样物质。

【病原】

伪结核棒状杆菌为不规则、无芽孢革兰阳性杆菌，属棒状杆菌属。其具有多形性，呈球状、杆状，偶见丝状；在脓汁中其多形性更明显，在新鲜脓汁中杆状者占优势，而在陈旧脓汁中球状者占优势。在培养物中则呈较一致的球杆状，多排列成丛状，无鞭毛和荚膜，美蓝染色着色不匀，非抗酸性。本菌对干燥有抵抗力，在自然环境中能存活很长时间，对热及多种消毒剂敏感。

【诊断要点】

（1）流行特点　伪结核棒状杆菌存在于土壤、肥料、肠道内和皮肤上，经创伤感染。

（2）临床症状　该病羔羊中少见，随羊龄增长，发病增多。感染初期，局部发生炎症，后波及邻近淋巴结，淋巴结慢慢增大和化脓，脓初稀，渐变为牙膏样或干酪样。病羊一般没有明显症状，屠宰时才被发现。如体内淋巴结和内脏被波及时，则病羊逐渐消瘦、衰弱，呼吸加快，时有咳嗽，最后陷于恶病质而死亡。该病在头部和颈部淋巴结发生较多，肩前、股前和乳房等淋巴结次之。

（3）病理变化　剖检见尸体消瘦，被毛粗乱、干燥，体表淋巴结肿大，内含干酪样坏死物；在肺、肝、肝、脾、肾和子宫角等处有大小不一、数量不等的脓肿。

（4）实验诊断　对动物特征性化脓病灶（无臭味、牙膏样脓汁）涂片染色镜检。如为革兰阳性，抗酸染色阴性，呈多形性形态学特征，可初步疑为伪结核棒状杆菌。进一步用血琼脂平板分离培养，并加以鉴定。本菌菌落微溶血，易于推动；不液化凝固血清，石蕊牛乳无变化，接触酶阳性。据此，可与化脓棒状杆菌相区别。也可做血清学试验，如抗溶血抑制试验、间接血凝试验、琼脂扩散试验。

【防治措施】

伪结核棒状杆菌对青霉素高度敏感，但因脓肿有厚包囊，故疗效不理想。据报道，早期用0.5%黄色素升静脉注射有效，如与青霉素并用，可提高疗效。对于脓肿按一般外科常规连同包膜一并摘除。平时需做好皮肤和环境的清洁卫生工作，皮肤伤应注意及时处理，发现病畜应及时隔离治疗。

（十一）羊猝疽

羊猝疽是由C型魏氏梭菌引起的一种毒血症，临床上以急性死亡、腹膜炎和溃疡性肠炎为特征。

【病原】

魏氏梭菌又称为“产气荚膜杆菌”，属于梭菌属。本菌革兰染色阳性，在动物体内可形成荚膜，芽孢位于菌体中央。本菌可产生a、b、e、i等多种外毒素，依据毒素-抗毒素中和试验可将魏氏梭菌分为A、B、C、D、E五个毒素型。羊猝疽由C型魏氏梭菌所引起。

【诊断要点】

（1）流行特点　本病发生于成年绵羊，以1～2岁的绵羊发病较多，常流行于低洼、潮湿地区和冬春季节，主要经消化道感染，呈地方性流行。

（2）临床症状 C型魏氏梭菌随污染的饲料或饮水进入羊只消化道，在小肠特别是十二指肠和空肠内繁殖，主要产生b毒素，引起羊只发病。病程短促，多未见到症状即突然死亡。有时发现病羊掉群、卧地，表现不安，衰弱或痉挛，于数小时内死亡。

（3）病理变化 剖检可见十二指肠和空肠黏膜严重充血糜烂，个别区段可见大小不等的溃疡灶。体腔内有积液，暴露于空气中易形成纤维素絮块。浆膜上有小点出血。死后8小时，骨骼肌肌间积聚有气性裂孔，这种变化与黑腿病病变十分相似。

（4）实验诊断 采集体腔渗出液、脾脏等病料进行细菌学检查；取小肠内容物进行毒素检验以确定菌型（参见羊肠毒血症）。

（5）类症鉴别 本病应与羊快疫类疾病、炭疽、巴氏杆菌病等类似疾病鉴别。主要通过病原学检查和毒素检验进行区别（参见羊肠毒血症等）。

【防治措施】

羊猝疽的防治措施可参照羊快疫、羊肠毒血症。

（十二）羊肠毒血症

羊肠毒血症又称“软肾病”或“类快疫”，是由D型魏氏梭菌在羊肠道内大量繁殖产生毒素引起的主要发生于绵羊的一种急性毒血症。本病菌以急性死亡，死后肾组织易于软化为特征。

【病原】

魏氏梭菌又名产气荚膜杆菌，属于梭菌属。本菌为厌气性粗大杆菌，革兰染色阳性，在动物体内可形成荚膜，芽孢位于菌体中央。本菌可产生a、b、e、i等多种外毒素，依据毒素、抗毒素中和试验可将魏氏梭菌分为A、B、C、D、E五个毒素型。羊肠毒血症由D型魏氏梭菌所引起。

【诊断要点】

（1）流行特点 发病以绵羊为多，山羊较少。通常以2～12月龄、膘情较好的羊只为主。魏氏梭菌为土壤常在菌，也存在于污水中，通常羊只采食被芽孢污染的饲草或饮水，芽孢随之进入消化道，一般情况下并不引起发病。当饲料突然改变，特别是从吃干草改为采食大量谷类或青嫩多汁和富含蛋白质的草料之后，导致羊抵抗力下降和消化功能紊乱，D型魏氏梭菌在肠道内迅速繁殖，产生大量e原毒素，经胰蛋白酶激活变为e毒素，毒素进入血液，引起全身毒血症，发生休克而死亡。本病的发生常表现一定的季节性，牧区以春夏之交抢青时和秋季牧草结籽后发病为多；农区则多见于收割抢荐季节或采食大量富含蛋白质饲料时，一般呈散发性流行。

（2）临床症状　本病发生突然，病羊呈腹痛、肚胀症状。患羊常离群呆立、卧地不起或独自奔跑。濒死期发生肠鸣或腹泻，排出黄褐色水样稀粪。病羊全身颤抖、磨牙，头颈后仰，口鼻流沫，于昏迷中死去。体温一般不高，血、尿常规检查有血糖、尿糖升高现象。

（3）病理变化　病变主要限于消化道、呼吸道和心血管系统。真胃内有未消化的饲料；肠道特别是小肠充血、出血，严重者整个肠段肠壁呈血红色或有溃疡。肺脏出血、水肿。肾脏软化如泥样，一般认为这是病羊死后发生的变化。体腔积液，心脏扩张，心内、外膜有出血点。

（4）实验诊断

① 病原学检查

a. 病料采集：采集小肠内容物、肾脏及淋巴结等作为病料。

b. 染色镜检：病料染色检查，可于肠道发现大量的有荚膜的革兰阳性大杆菌，同时肾脏等脏器也可检出魏氏梭菌。

c. 分离培养：本菌虽为专性厌氧菌，但厌氧条件不苛刻，较易培养。常用厌气肉肝汤和鲜血琼脂分离培养。纯分离物进行生化试验以便于鉴定。

② 毒素检查。利用小肠内容物滤液接种小鼠或豚鼠进行毒素检查和中和试验，以确定毒素的存在和菌型。

（5）类症鉴别　本病应与炭疽、巴氏杆菌病和羊快疫等相鉴别。

① 羊肠毒血症与炭疽的鉴别。炭疽可致各种年龄的羊只发病，临床检查有明显的体温反应，死后尸僵不全，可视黏膜发绀，天然孔流血，血液凝固不良。如剖检可见脾脏高度肿大。细菌学检查可发现具有荚膜的炭疽杆菌，此外，炭疽环状沉淀试验也可用于鉴别诊断。

② 羊肠毒血症与巴氏杆菌病的鉴别。巴氏杆菌病病程多在1天以上，其临床表现有体温升高，皮下组织出血性胶样浸润，后期则呈现肺炎症状。病料涂片镜检可见革兰阴性、两极染色的巴氏杆菌。

③ 羊肠毒血症与羊快疫的鉴别。参见羊快疫。

【防治措施】

第一，常发病地区每年定期接种“羊快疫、肠毒血症、猝疽三联苗”或“羊快疫、肠毒血症、猝疽、羔羊痢疾、黑疫五联苗”，羊只不论大小，一律皮下注射或肌内注射5毫升，注射后2周产生免疫力，保护期达半年。

第二，加强饲养管理，农区、牧区春夏之际抢青、抢茬，秋季避免采食过量结籽物草。发病时及时转移至高燥牧地草场。

第三，本病病程短促，往往来不及治疗。羊群出现该病病例多时，对未发病羊只可内服10%～20%石灰乳500～1000毫升进行预防。

（十三）羔羊痢疾

多种病原微生物都能引起羔羊痢疾（腹泻），主要是大肠杆菌、产气荚膜杆菌、沙门杆菌、轮状病毒、牛腹泻病毒等，一种或两种以上病原都能引起发病。多发生于7日龄左右的初生羔羊，以2～4日龄羔羊发病率最高。传染源为病羔排出的粪便，由于母羊乳头被粪便污染，羔羊吃奶时，经口进入消化道而感染。但该病原体有时也存在于健康羊只肠道中，在羊抵抗力降低时，病原体毒力可相对增强而致病；羔羊体质瘦弱，气候骤变，也是发生羔羊腹泻的诱因。

【症状】

潜伏期为1～2天。病初精神沉郁，不想吃奶，弓背、喜卧，不久即发生不同程度的腹泻，排恶臭的白色、黄色以至绿色稀水样粪便。病羊迅速消瘦，眼窝下陷，口流泡沫，卧地不起，被毛粗乱，食欲停止，粪中带血，体温下降，经1～2天死亡。

【预防】

加强管理，注意卫生，产前产后对圈舍彻底清理消毒，接羔时注意清洁。特别是脐带和乳房的消毒。

【治疗】

初病以清理肠道与灭菌消毒为主，先灌服6%硫酸镁溶液20～30毫升，经6～8小时后，灌服0.5%高锰酸钾溶液20～30毫升，第2天可再灌服1次。或用下列药物治疗。

① 土霉素、链霉素、氯霉素，均为0.125～0.25克，口服，或加

乳酶生1片口服，每日2次。

② 痢菌净，肌内注射1～2毫升，2次即可。

③ 土霉素针剂10万单位，每日2次，肌内注射，连续3日。

④ 合霉素粉剂，每日0.5克口服，连用3～5日。

⑤ 合霉素针剂，每次肌内注射0.125克，每日2次，连用3～5日。

⑥ 促菌生（DM423）、分叉杆菌-酵母菌合剂（124～146）、大肠杆菌高免乳清口服，均有疗效。

⑦ 杨树花煎剂、增效泻痢宁、维迪康口服对病毒引起的腹泻疗效较高。

（十四）痒病

痒病又称慢性传染性脑炎，又名“驴跑病”、“瘙痒病”或“震颤病”，是由痒病朊病毒引起的成年绵羊（也可见于山羊）的一种缓慢发展的中枢神经系统变性疾病。其临床特征是潜伏期特别长，患病动物共济失调，皮肤剧痒，精神委顿，麻痹，衰弱，瘫痪，最终死亡。痒病是历史最久的传染性海绵状脑病，可谓传染性海绵状脑病的原型。羊群遭受本病感染后，很难清除，几乎每年都有不少羊因患该病死亡或被淘汰，对养羊业危害极大。

【病原】

痒病的病原体具有与普通病原微生物不同的生物学特性，目前定名为朊病毒，或称蛋白侵染因子，迄今未发现其含有核酸。痒病朊病毒可人工感染多种实验动物。动物机体感染后不发热，不产生炎症，无特异性免疫应答反应。痒病朊病毒对各种理化因素抵抗力强。紫外线照射、离子辐射及热处理均不能使朊病毒完全灭活。痒病朊病毒在37℃经20%福尔马林处理18小时、0.35%福尔马林处理3个月不完全灭活。在10%～20%福尔马林溶液中可存活28个月。感染脑组织在4℃条件下经12.5%戊二醛或19%过氧乙酸作用16小时也不能完全灭活。在20℃条件下置于100%乙醇内2周仍具有感染性。痒病动物的脑悬液可耐受pH值2.1～10.5环境达24小时以上。痒病朊病毒不被多种核酸酶（RNA酶和DNA酶）灭活。5摩/升氢氧化钠、90%苯酚、5%次氯酸钠、碘酊、6～8摩/升尿素、1%十二烷基磺酸钠对痒病病原体有很强的灭活作用。

【诊断要点】

（1）流行特点　不同性别、品种的羊均可发生痒病，但品种间存在明显的易感性差异，如英国萨福克种绵羊更为敏感。痒病具有明显的家族史，在品种内某些受感染的谱系发病率高。一般发生于2～5岁的绵羊，5岁以上和1岁半以下的羊通常不发病。患病羊或潜伏期感染羊为主要传染源。痒病可在无关联的羊间水平传播，患羊不仅可以通过接触将病原传给绵羊或山羊，也可垂直传播给后代。健康羊群长期放牧于污染的牧地（被病羊胎膜污染），也可引起感染发病。本病通常呈散发性流行，感染羊群内只有少数羊发病，传播缓慢。小鼠、仓鼠、大鼠和水貂等实验动物均可人工感染痒病。羊群一旦感染痒病，很难根除，几乎每年都有少数患羊死于本病。

（2）临床症状　自然感染潜伏期1～3年或更长。大多数羊只不知不觉起病。早期，病羊敏感、易惊。有些病羊表现攻击性或离群呆立，不愿采食。有些病羊则容易兴奋，头颈抬起，眼凝视或目光呆滞。大多数病例通常呈现行为异常、瘙痒、运动失调及痴呆等症状，头颈部及腹肋部肌肉发生频细震颤。瘙痒症状有时很轻微以至于观察不到。用手抓搔患羊腰部，常发生伸颈、摆头、咬唇或舔舌等反射性动作。严重时患羊皮肤脱毛、破损甚至撕脱。病羊常啃咬腹肋部、股部或尾部；或在墙壁、栅栏、树干等物体上摩擦痒部皮肤，致使被毛大量脱落，皮肤红肿发炎甚至破溃出血。病羊常以一种高举步态运步，呈现特殊的驴跑步样姿态或雄鸡步样姿态，后肢软弱无力，肌肉颤抖，步态蹒跚。病羊体温一般不高，照常采食，但日渐消瘦，体重明显下降，常不能跳跃，遇沟坡、土堆、门槛等障碍时，反复跌倒或卧地不起。病程数周或数月，甚至1年以上，少数病例为急性经过，患病数日即突然死亡。病死率高，几乎达100%。

（3）病理变化　病死羊尸体剖检，除见尸体消瘦、被毛脱落及皮肤损伤外，常无肉眼可见的病理变化。组织病理学检查，突出的变化是中枢神经系统的海绵样变性。自然感染的病羊以中枢神经系统神经元的空泡变性和星状胶质细胞肥大增生为特征，病变通常是非炎症性的，且两侧对称。大量的神经元发生空泡化，胞质内出现一个或多个空泡，呈圆形或卵圆形，界限明显，胞核常被挤压于一侧甚至消失。神经元空泡化主要见于延脑、脑桥、中脑和脊髓。星状细胞呈弥漫性或局灶性肥大增生，多见于脑干灰质和小脑皮质内。大脑皮层常无明显变化。

(4) 实验诊断　痒病的临床症状具有特征性，结合流行病学分析(如由疫区购进种羊或患病动物父母代有痒病病史等)，一般可作出诊断。其确诊通常需进行组织病理学检查、异常朊病毒蛋白（PrPSC）的免疫学检测、痒病相关纤维（SAF）检查等实验室检验。必要时可做动物接种试验。

(5) 类症鉴别　痒病通常需与梅迪-维斯纳病、羊螨病和虱病等疾病相区别。

① 痒病与梅迪-维斯纳病的鉴别。痒病的临床表现具有特征性，病羊瘙痒，组织病理学检查中枢神经系统呈海绵样变性，神经元发生空泡化，星状胶质细胞肥大增生，与梅迪-维斯纳病不同。此外，梅迪-维斯纳病可用免疫血清学方法检出抗体，而痒病则不能。

② 痒病与螨病、虱病的鉴别。螨病、虱病虽然能引起擦痒、咬伤、皮毛脱落、皮肤发炎等，但仔细检查，可发现螨、虱等寄生虫。

【防治措施】

第一，严禁从有痒病的国家和地区引进种羊、精液及羊胚胎。引进动物时，严格口岸检疫，引入羊在检疫隔离期间发现痒病应全部捕杀、销毁，并进行彻底消毒，以除后患。不得从有痒病的国家和地区购入含反刍动物蛋白的饲料。

第二，无病地区发生痒病，应立即申报，同时采取扑杀、隔离、封锁、消毒等措施，并进行疫情监测。

第三，本病目前尚无有效的预防和治疗措施。常用的消毒方法有：①焚烧；②5%～10%氢氧化钠溶液作用1小时；③0.5%～1.0%次氯酸钠溶液作用2小时；④浸入3%十二烷基磺酸钠溶液煮沸10分钟。

（十五）羊衣原体病

羊衣原体病是由鹦鹉热衣原体引起的绵羊、山羊的一种传染病。临床上以发热、流产、死产和产出弱羔为特征。在疾病流行期，部分羊可表现多发性关节炎、结膜炎等疾患。

【病原】

鹦鹉热衣原体属于衣原体科衣原体属。衣原体只能在活的细胞内繁殖，增殖过程因不同的发育周期有始体和原体之分。始体为繁殖型，无传染性；原体具有传染性，感染主要由原体引起。衣原体呈球形或卵圆形，革兰染色阴性，生活周期各期形态不同，染色反应亦异。经姬姆萨染色法染色，形态较小而具有传染性的原体被染成紫色，形态较大的繁殖性始体则被染成蓝色。受感染的细胞内可查见各种形态的包涵体，由原体组成，对疾病诊断有特异性。衣原体在一般培养基上不能繁殖，常在鸡胚和组织培养中增殖。小鼠和豚鼠对其具有易感性。鹦鹉热衣原体抵抗力不强，对热敏感，感染鸡胚卵黄囊中的衣原体在－20℃可保存数年。0.1％福尔马林、0.5％石炭酸、70％酒精、3％氢氧化钠均能将其灭活。衣原体对青霉素、四环素、氯霉素、红霉素等抗生素敏感，而对链霉素有抵抗力。沙眼衣原体对磺胺类药物敏感，而鹦鹉热衣原体则对其具有抵抗力。

【诊断要点】

(1) 流行特点　鹦鹉热衣原体可感染多种动物，多为隐性经过。家畜中以牛、羊较为易感，禽类感染后称为“鹦鹉热”或“鸟疫”。许多野生动物和禽类是本菌的自然贮主。患病动物和带菌动物为主要传染源，可通过粪便、尿液、乳汁、泪液、鼻分泌物，以及流产的胎儿、胎衣、羊水排出病原体，污染水源、饲料及环境。本病主要经呼吸道、消化道及损伤的皮肤、黏膜感染；也可通过交配或用患病公畜的精液人工受精发生感染，子宫内感染也有可能；蜱、螨等吸血昆虫叮咬也可能传播本病。羊衣原体性流产多呈地方性流行。密集饲养、营养缺乏、长途运输或迁徙、寄生虫侵袭等应激因素可促进本病的发生、流行。

(2) 临床症状　鹦鹉热衣原体感染绵羊、山羊可有不同的临床表现，主要有下列几种病型。

① 流产型。潜伏期 50～90 天。流产通常发生于妊娠的中后期，一般无征兆，临床表现主要为流产、死产或娩出生命力不强的弱羔羊。流产后往往发生胎衣滞留，流产羊阴道排出分泌物可达数日。有些病羊可因继发感染细菌性子宫内膜炎而死亡。羊群首次发生流产，流产率可达 20％～30％，以后则流产率下降。流产过的母羊，一般不再发生流产。在本病流行的羊群中，公羊患有睾丸炎、附睾炎等疾病。

② 关节炎型。鹦鹉热衣原体侵害羔羊，可引起多发性关节炎。感染羔羊病初体温高达41～42℃。食欲减退，掉群，不适，肢关节（尤其腕关节、跗关节）肿胀、疼痛，一肢或四肢跛行。患病羔羊肌肉僵硬，或弓背而立，或长期卧地，体重减轻，生长发育受阻。有些羔羊同时发生结膜炎。发病率高，病程2～4周。

③ 结膜炎型。结膜炎主要发生于绵羊，特别是肥育羔和哺乳羔。病羔一眼或双眼均可患病，眼结膜充血、水肿，大量流泪。病后2～3天，角膜发生不同程度的浑浊，出现血管翳、糜烂、溃疡或穿孔。数天后，在瞬膜、眼结膜上形成直径1～10毫米的淋巴滤泡（滤泡性结膜炎）。某些病羊可伴发关节炎，发生跛行。其发病率高，一般不引起死亡。病程6～10天，角膜溃疡者，病期可达数周。

部分病例可发生肺炎、肠炎等疾患。

（3）病理变化

① 流产型。流产母羊胎膜水肿、增厚，子叶呈黑红色或土黄色。流产胎儿水肿，皮肤、皮下组织、胸腺及淋巴结等处有点状出血，肝脏充血、肿胀，表面可能有针尖大小的灰白色病灶。组织病理学检查，胎儿肝、肺、肾、心肌和骨骼肌血管周围网状内皮细胞增生。

② 关节炎型。关节囊扩张，发生纤维素性滑膜炎。关节囊内积聚有炎性渗出物，滑膜附有疏松的纤维素性絮片。患病数周的关节滑膜层由于绒毛样增生而变得粗糙。

③ 结膜炎型。结膜充血、水肿。角膜发生水肿、糜烂和溃疡。瞬膜、眼结膜上可见大小不等的淋巴样滤泡，组织病理学检查可发现滤泡内淋巴细胞增生。

（4）实验诊断

① 病原学检查

a. 病料采集：采集血液、脾脏、肺脏及气管分泌物、肠黏膜及内容物、流产胎儿及流产分泌物等作为病料。

b. 染色镜检：病料涂片或接种鸡胚卵黄液抹片，姬姆萨染色法染色镜检，可发现圆形或卵圆形的病原颗粒。

c. 分离培养：病料悬液0.2毫升接种于孵化5～7天的鸡胚卵黄囊内，感染鸡胚常于5～12天死亡，胚胎或卵黄囊表现充血、出血。取卵黄囊抹片镜检，可发现大量原体。有些衣原体菌株则须盲传几代，方能检出原体。

d. 动物接种试验：将病料接种无特定病原的小鼠或豚鼠，经脑内、鼻腔或腹腔途径接种，均可进行衣原体的分离和繁殖。

② 血清学试验。补体结合试验、血清中和试验可用于本病诊断。

（5）类症鉴别　本病在临床上常与布氏杆菌病、弯杆菌病、沙门菌病等类似疾病进行区别诊断，需依据病原学检查和血清学试验鉴别。

【防治措施】

第一，加强饲养卫生管理，消除各种诱发因素，防止寄生虫侵袭，增强羊群体质。

第二，流行本病的地区，用羊流产衣原体灭活苗对母羊和种公羊进行免疫接种，可有效控制羊衣原体病的流行。

第三，发生本病时，流产母羊及其所产弱羔应及时隔离。流产胎盘、产出的死羔应予销毁。污染的羊舍、场地等用2%氢氧化钠溶液、2%来苏儿溶液等进行彻底消毒。

第四，本病治疗可肌注氯霉素，每千克体重20～40毫克，每日1次，连用1周；或肌注青霉素，每次80万～160万单位，1日2次，连用3日。也可将四环素族抗生素混于饲料中喂给，连用1～2周。结膜炎患羊可用土霉霉素软膏点眼治疗。

（十六）伪狂犬病

伪狂犬病又名“奥耶斯基病”、“传染性延髓麻痹”、“奇痒病”，是由伪狂犬病病毒引起的家畜和野生动物共患的一种急性传染病。临床上以发热、奇痒及脑脊髓炎症状为特征。本病主要侵害中枢神经系统，因临床表现与狂犬病相似，曾一度被误认为是狂犬病。后证实是由不同的病毒所引起，被命名为伪狂犬病，以示区别。

【病原】

伪狂犬病病毒又称猪疱疹病毒Ⅰ型，属于疱疹病毒科水痘病毒属。核酸类型为双股RNA。伪狂犬病病毒具有疱疹病毒的一般形态特征，成熟的病毒粒子由含有基因组的核芯、衣壳和囊膜三部分组成。伪狂犬病病毒能在鸡胚及多种哺乳动物细胞上培养增殖，并产生核内嗜酸性包涵体。常于猪肾细胞、兔肾细胞及鸡胚成纤维细胞上形成蚀斑。病毒在发病初期存在于血液、乳汁、尿液及脏器中，而在疾病后期，则主要存在于中枢神经系统内。伪狂犬病病毒对外界环境抵抗力强，畜舍内干草上的病毒夏季可存活3天，冬季可存活46天，含毒材料在50%甘油盐水中于4℃左右可保持毒力达3年之久。0.5%石灰乳、2%氢氧化钠溶液、2%福尔马林溶液等可很快使病毒灭活。但病毒于0.5%石炭酸溶液中可保持毒力达数十日之久。

【诊断要点】

（1）流行特点　自然感染见于牛、羊、猪、猫、犬及多种野生动物，鼠类也可自然发病。成年猪感染多呈隐性经过。实验动物以兔最易感，小鼠、大鼠、豚鼠等均可感染。病畜、带毒家畜及带毒鼠类为本病主要传染源。感染猪和带毒鼠类是伪狂犬病病毒重要的天然宿主。羊或其他动物感染多与带毒的猪、鼠接触有关。感染动物通过鼻漏、唾液、乳汁、尿液等各种分泌物、排泄物排出病毒，污染饲料、牧草、饮水、用具及环境。本病主要通过消化道、呼吸道途径感染，也可经受伤的皮肤、黏膜及交配传染，或者通过胎盘、哺乳发生垂直传染。本病一般呈地方性流行，以冬季、春季发病为多。

（2）临床症状　潜伏期3～6天。羊感染伪狂犬病病毒多呈急性病程，体温升高，精神委顿，肌肉震颤，出现奇痒。常见病羊用前肢摩擦口唇、头部等痒处，有时啃咬痒部并发出凄惨叫声或撕脱痒部被毛。病羊卧地不起，食欲减退或拒食，咽喉部发生麻痹，流出带泡沫的唾液及浆液性鼻液。多于发病后1～2天内死亡，山羊患病病程可稍有延长。

（3）病理变化　病死羊除局部被毛脱落，皮肤水肿、充血、擦伤甚至撕裂外，一般无明显肉眼可见变化。组织病理学检查，中枢神经系统呈弥漫性非化脓性脑膜脑脊髓炎变化及神经节炎。病变部位有明显的周围血管套，以及弥漫的灶性胶质细胞增生，同时伴有广泛的神经节细胞及胶质细胞坏死。

（4）实验诊断

① 病原学检查

a. 病料采集：采集脑组织（中脑、小脑、脑桥和延脑）、扁桃体、肺脏、脾脏及淋巴结，其中脑组织是理想的病毒分离材料。也可采集鼻咽洗液、患部水肿液作为病料。

b. 直接镜检：伪狂犬病病毒具有疱疹病毒的一般形态特征，病料电镜观察病毒粒子呈圆形或椭圆形，中央为核芯，内含双股RNA，其外是衣壳，呈20面体立体对称，最外层是病毒囊膜，囊膜表面有纤突。

c. 分离培养：将脑组织或扁桃体等病料研磨制成10%病料悬液，每毫升加青霉素1000单位、链霉素1000微克处理，离心取上清液用于接种；鼻咽洗液或水肿液离心除去大块沉渣，经青霉素、链霉素处理即可用于接种。病料经绒毛尿囊膜接种9～11日龄鸡胚，4天后绒毛尿囊膜出现灰白色斑性病变，胚体弥漫性出血、水肿，因神经系统受侵害而死亡。也可将病料接种猪肾细胞、兔肾细胞及鸡胚成纤维细胞，可出现细胞病变，镜检病变细胞内可发现核内嗜酸性包涵体。

d. 动物接种试验：病料悬液经抗生素处理后，离心取上清液，皮下接种或肌内接种家兔，每只注射1毫升。接种后2～3日，注射局部出现奇痒，家兔表现不安，摩擦或啃咬痒部，使局部脱毛，皮肤破溃出血，随后发生四肢麻痹，衰竭死亡。也可用小鼠或豚鼠进行接种试验。

② 血清学试验。病毒中和试验、琼脂扩散试验、补体结合试验、免疫荧光抗体技术、酶联免疫吸附试验等均可用于伪狂犬病的诊断，其中病毒中和试验敏感性高。

(5) 类症鉴别　伪狂犬病常与李氏杆菌病、狂犬病等类似疾病进行区别诊断。

① 伪狂犬病与李氏杆菌病的鉴别。羊感染李氏杆菌病后，一般无皮肤瘙痒症状。血液涂片染色镜检，可见单核细胞增多。病料镜检观察，可发现革兰阳性的李氏杆菌。病料悬液接种家兔，不出现特殊的瘙痒症状。

② 伪狂犬病与狂犬病的鉴别。狂犬病患畜一般有被患病动物咬伤的病史，病畜兴奋时多有攻击性行为。病料悬液皮下接种家兔，通常不易感染。脑内接种，发病后无皮肤瘙痒症状。

【防治措施】

第一，本病流行区可用伪狂犬病弱毒细胞苗进行免疫接种。冻干苗先加3.5毫升中性磷酸盐缓冲液恢复原量，再稀释20倍。4月龄以上羊肌内注射1毫升，接种后6天产生免疫力，保护期可达1年。国内新近研制的牛羊伪狂犬病氢氧化铝甲醛灭活苗，被证明有可靠的免疫效果。

第二，加强饲养管理，提倡自繁自养，不从疫区引入种羊。购入羊时，严格检疫，阳性动物扑杀、销毁，同群羊隔离观察，证实无病后，方可混群饲养。

第三，消灭牧场内的鼠类，避免与猪接触或混养。发生本病后立即隔离病畜，用2%氢氧化钠溶液或10%石灰乳等消毒药消毒厩舍、污染的环境及饲管用具等。

第四，通过血清学试验检疫淘汰阳性羊只，结合免疫接种，逐步净化羊群，清除本病。

第五，早期应用抗伪狂犬病高免血清治疗病羊，有较好疗效。目前尚无其他有效治疗方法或药物。

（十七）关节炎-脑炎

山羊关节炎-脑炎是由山羊关节炎-脑炎病毒引起的山羊的一种慢性病毒性传染病。本病的主要特征是成年山羊呈缓慢发展的关节炎，间或伴有间质性肺炎或间质性乳房炎；而2～6月龄羔羊则表现为上行性麻痹的脑脊髓炎症状。本病分布于世界很多养羊国家。1985年以来，我国先后在甘肃、贵州、四川、陕西、山东和新疆等省（自治区）发现本病，具有临床症状的羊多为从国外引进的奶山羊及其后代或是与这些进口山羊有过接触的山羊。

【病原】

山羊关节炎-脑炎病毒属于反转录病毒科慢病毒属。病毒核酸类型为单股RNA。本病毒与梅迪-维斯纳病病毒同属于慢病毒属，血清学试验有交叉反应，两种病毒可通过分析基因组核酸序列进行区别，基因组有15%～30%的同源性。山羊胎儿滑膜细胞常用于分离山羊关节炎-脑炎病毒，病料接种后15～20小时，病毒开始增殖，24小时后细胞出现融合现象，5～6天细胞层布满大小不一的多核巨细胞。试验证明，合胞体的形成是病毒复制的象征。山羊关节炎-脑炎病毒虽能在山羊睾丸细胞、山羊胎肺细胞、山羊角膜细胞上进行复制，但不引起细胞病变。

【诊断要点】

（1）流行特点　山羊是本病的主要易感动物。在自然条件下，本病只在山羊之间相互传染发病，绵羊不感染。病羊和隐性带毒羊为主要传染源。感染羊可通过粪便、唾液、呼吸道分泌物、阴道分泌物、乳汁等排出病毒，污染环境。病毒主要经吮乳而感染羔羊，污染的牧草、饲料、饮水及用具、器物可成为传播媒介，消化道是主要感染途径。各种年龄的羊均有易感性，而以成年羊感染发病居多。感染母羊所产羔羊当年发病率为16%～19%，病死率高达100%。感染羊在良好的饲养管理条件下，多不出现临床症状或症状不明显，只有通过血清学检查，才被发现。一旦饲养管理不良、长途运输或遭受环境应激因素的刺激，则表现出临床症状。

（2）临床症状　依据临床表现，一般分为3种病型：脑脊髓炎型、关节炎型和肺炎型，多独立发生。

① 脑脊髓炎型。潜伏期53～131天。脑脊髓炎型主要发生于2～6月龄山羊羔，也可发生于较大年龄的山羊。病初羊精神沉郁、跛行，随即四肢僵硬，共济失调，一肢或数肢麻痹，横卧不起，四肢划动。有些病羊眼球震颤，角弓反张，头颈歪斜或做圈型运动，有时面神经麻痹，吞咽困难或双目失明。少数病例兼有肺炎或关节炎症状。病程半月至数年，最终死亡。

② 关节炎型。关节炎多发生于1岁以上的成年山羊，多见腕关节肿大、跛行，膝关节和跗关节也可发生炎症。一般症状缓慢出现，病情逐渐加重，也可突然发生。发炎关节周围软组织水肿，初起发热、波动，疼痛敏感，进而关节肿大，活动不便，常见前肢跪地膝行。个别病羊肩前淋巴结和咽淋巴结肿大。发病羊多因长期卧地、衰竭或继发感染而死亡。病程较长，1～3年。

③ 肺炎型。肺炎型病例临床上较为少见。患羊进行性消瘦，衰弱，咳嗽，呼吸困难，肺部叩诊有浊音，听诊有湿啰音。各种年龄的羊均可发生，病程3～6个月。

除上述3种病型外，哺乳母羊有时发生间质性乳房炎。

（3）病理变化　病变多见于神经系统、四肢关节、肺脏及乳房。

① 脑脊髓炎型。脑和脊髓白质有5毫米大小的棕红色病灶。组织病理学观察，呈现中枢神经系统的非化脓性脑炎及颈部脊髓脱髓鞘现象。

② 关节炎型。发病关节肿胀、波动，皮下浆液渗出。关节滑膜增厚并有出血点。滑膜常与关节软骨粘连。关节腔扩张，充满黄色或粉

红色液体，内有纤维素絮状物。病理组织学检查呈慢性滑膜炎，淋巴细胞和单核细胞浸润，严重者发生纤维蛋白坏死。

③ 肺炎型。肺脏轻度肿大，质地变硬，表面散在灰白色小点，切面呈斑块状实变区。支气管淋巴结和纵隔淋巴结肿大。病理组织学检查发现细支气管及血管周围淋巴细胞、单核细胞浸润，肺泡上皮增生，小叶间结缔组织增生，邻近细胞萎缩或纤维化。

乳腺炎病例，病理组织学检查可见血管、乳导管周围及腺叶间有大量淋巴细胞、单核细胞和巨细胞渗出，间质常发生灶状坏死。少数病例肾脏表面有1～2毫米灰白色小点，组织学检查表现为广泛性肾小球肾炎。

（4）实验室诊断

① 病原学检查

a. 病料采集：用于病毒分离的材料，一般采集病变关节滑液囊的渗出液、乳汁或血液；病理学检查，应取扑杀病羊或新鲜尸体的小脑、脊髓、病肺、关节滑膜及关节周围软组织作为病料；也可采集血液分离血清用于血清学试验。

b. 直接镜检：取病山羊的关节滑膜制作超薄切片，负染后置电镜下观察，可发现颗粒较大的山羊关节炎-脑炎病毒。

c. 分离培养：无菌采集关节滑液囊渗出液或病羊乳汁，接种于山羊关节滑膜细胞培养物中，5～6天可于细胞单层上出现大小不一的多核巨细胞，观察到合胞体，说明本病毒已在培养细胞中增殖。也可用其他培养细胞进行山羊关节炎-脑炎病毒的增殖。

d. 动物接种试验：采集患羊关节滑液囊液经消化道感染1周岁以上的易感山羊和2～4周龄的山羊羔，经过较长的潜伏期，成年山羊出现与自然感染病例相似的关节炎症状，山羊羔则多表现为脑脊髓炎症状，病理学变化也与自然感染病例相同。

② 血清学试验。诊断山羊关节炎-脑炎最常用的血清学方法有琼脂扩散试验和酶联免疫吸附试验。但血清学试验尚不能区分山羊关节炎-脑炎病毒和梅迪-维斯纳病病毒。

（5）类症鉴别　山羊关节炎-脑炎通常需与梅迪-维斯纳病进行鉴别。在自然情况下，山羊关节炎-脑炎只感染山羊，梅迪-维斯纳病主要感染绵羊，也可感染山羊。通过病毒基因组核酸序列分析，可对两种病毒进行区别。

【防治措施】

第一，勿从有本病的国家或地区引进种山羊，引入羊坚持严格检疫，而且入境后继续单独隔离观察，定期复查，确认健康后，才能转入正常饲养繁殖或投入使用。提倡自繁自养，防止本病由外地传入。

第二，本病目前尚无疫苗和特异性治疗药物可供使用，主要以加强饲养管理和卫生防疫工作为主，羊群定期检疫，及时淘汰血清学反应阳性羊。

（十八）羊肺腺瘤病

羊肺腺瘤病又名“羊肺癌”或“驱赶病”，是由绵羊肺腺瘤病病毒引起的一种慢性、接触传染性肺脏肿瘤病。其特征为潜伏期长，肺泡和支气管上皮进行性肿瘤性增生，病羊消瘦，咳嗽，呼吸困难，最终死亡。

【病原】

羊肺腺瘤病病毒被认为是一种反转录病毒，在绵羊肺腺瘤病的肿瘤匀浆和肺组织中发现有 RNA 及依赖 RNA 的 DNA 反转录酶。本病毒有完整或不完整的衣壳，具有囊膜，病毒的核衣壳呈二十面体对称，内有单股 RNA。本病毒抵抗力不强，56℃30 分钟可被灭活，对氯仿和酸性环境敏感。－20℃条件下病肺细胞内的病毒可存活数年。病毒组织培养较为困难，可于易感羊的支气管上皮细胞内增殖；气管内接种易感羔羊，10～22 个月后，在其肺内可产生病变。

【诊断要点】

（1）流行特点　各种品种和年龄的绵羊均能发病，以美利奴绵羊易感性为高，而且临床发病多为 3～5 岁的绵羊，2 岁以内的羊较少出现症状。除绵羊外，山羊也可发病。病羊是主要传染源，病羊通过咳嗽、喘气将病毒排出，经呼吸道使附近的易感羊感染。羊群拥挤，尤其在密闭的圈舍中，有利于本病的传播。气候寒冷，可使病情加重，也容易引起感染羊继发细菌性肺炎，致使病程缩短，死亡增多。

（2）临床症状　潜伏期很长，半年至 2 年不等。人工感染病例潜伏期长达 3～7 个月。只有成年绵羊和较大的羊才见到临床表现，病羊逐渐出现虚弱、消瘦、呼吸困难症状。病初，病羊因剧烈运动而呼吸加快，随疾病发展，呼吸快而浅表，吸气时常见头颈伸直、鼻孔扩张。病羊常有湿性咳嗽。当支气管分泌物积聚于鼻腔时，则出现鼻塞音，低头时，分泌物自鼻孔流出。分泌物检查可见增生的上皮细胞。肺部叩诊、听诊，可闻知湿啰音和肺实变区。疾病后期，病羊衰竭、消瘦、贫血，但仍可站立。体温一般正常。病羊常继发细菌性感染，引起化脓性肺炎，导致急性病程。病羊最终因虚脱而死亡，病死率高，可达100%。

(3) 病理变化 病羊死后的病理变化主要局限于肺部及胸部。早期病羊肺尖叶、心叶、膈叶前缘等部位出现弥散性小结节，质地硬，稍突出于肺表面，切面可见颗粒状突起物，反光性强。随疾病进展，肺脏出现大量肿瘤组织构成的结节，粟粒至枣子大小。有时一个肺叶的结节增生、融合而形成较大的肿块。继发感染时则形成大小不一的脓肿。患区胸膜增厚，常与胸壁、心包膜粘连。支气管淋巴结、纵隔淋巴结增大，也可形成肿块。体腔内常积聚有少量的渗出液。病理组织学检查，肿瘤由支气管上皮细胞所组成，除见有简单的腺瘤状构造外，还可见到乳头状瘤构造。新增生的细胞呈立方形，胞浆丰富、淡染，核丰富，呈圆形或卵圆形，有的无绒毛结构。排列紧密的上皮细胞由于异常增生而向肺泡腔和细支气管内延伸，如乳头状或手指状，逐渐取代正常的肺泡腔。在肺腺瘤病灶之间的肺泡内有大量的巨噬细胞浸润。这些细胞常被腺瘤上皮分泌的黏液连在一起，形成细胞团块。支气管淋巴结、纵隔淋巴结失去正常结构，代之以类似肺内的腺瘤状构造。

(4) 实验诊断

① 病原学检查

a. 病料采集：一般采集病羊肺部腺瘤组织及鼻腔分泌物（疾病后期，抬起病羊后肢，可收集大量的水样分泌物）。进行病理组织学检查的标本，应采集肺脏腺瘤组织及其周围的肺组织。

b. 直接镜检：病肺组织或细胞培养物做超薄切片，负染后在电镜下观察绵羊肺腺瘤病病毒。

c. 分离培养：将病肺组织制成悬液接种于人胎成纤维细胞或绵羊胎肺细胞，可产生细胞病变。本病毒不能在鸡胚中增殖。

d. 动物接种试验：将病羊的病肺组织或鼻腔分泌物接种于易感羊的气管内，经过14个月后，将实验羊扑杀，可发现感染羊肺脏内的腺瘤病变。若用感染的细胞培养物气管内接种羔羊，经10～22个月，羔羊肺部出现腺瘤病变。

② 血清学试验。人工感染羔羊群，感染后1个月采集血清做琼脂凝胶扩散试验即有呈现阳性反应的羊，2个月后阳性率达50%以上，6个月时所有羊的血清都呈现阳性反应，且可以保持终生。本法既适于群体检疫，又适于个体检疫。除琼脂凝胶扩散试验外，补体结合反应、病毒中和试验、荧光抗体技术及酶联免疫吸附试验也可用于绵羊肺腺瘤病的诊断或检疫。

（5）类症鉴别 羊肺腺瘤病应与巴氏杆菌病、梅迪-维斯纳病及蠕虫性肺炎等肺部疾患进行区别诊断。羊肺腺瘤病一个很重要的特点是，在疾病症状明显期可从病羊鼻腔采集到大量的水样分泌物。

① 羊肺腺瘤病与巴氏杆菌病的鉴别。羊巴氏杆菌病是一种急性、热性传染病，病羊全身症状严重而明显，体温升高达41～42℃。有些病羊剧烈腹泻，粪便恶臭。病羊颈部、胸部发生水肿，肺脏淤血、点状出血或发生实变；肝脏常有坏死性病灶；胃肠道有出血性炎症。采集血液、病变组织，可分离出多杀性巴氏杆菌。

② 羊肺腺瘤病与梅迪-维斯纳病的鉴别。羊肺腺瘤病与梅迪-维斯纳病在临床表现上类似，均引起慢性、进行性肺炎症状，但病理组织学变化不同，羊肺腺瘤病以增生性、肿瘤性肺炎为主要特征，病理切片观察，可发现肺泡上皮细胞和细支气管上皮细胞异型性增生，形成腺样构造；而梅迪-维斯纳病则以间质性肺炎为特征，间质增厚变宽，平滑肌增生，支气管和血管周围淋巴样细胞浸润。也可通过血清学试验进行区别。

③ 羊肺腺瘤病与蠕虫性肺炎的鉴别。蠕虫性肺炎在病理剖检或组织切片中均可发现虫体，易与绵羊肺腺瘤病进行区别。

【防治措施】

第一，严禁从有本病的国家、地区引进羊。进口羊时，加强口岸检疫工作，引进羊应严格隔离观察，证明无病后方可混入大群饲养。

第二，本病目前尚无有效的治疗方法，也无特异性的预防制剂可供使用。羊群一经传入本病，很难清除，故需全群淘汰，以消除病原，并通过建立无绵羊肺腺瘤病的健康羊群，逐步消灭本病。

（十九）羊李氏杆菌病

李氏杆菌病又称转圈病，是畜禽、啮齿动物和人共患的传染病。其临床特征是病羊神经系统紊乱，表现为转圈运动，面部麻痹，孕羊可发生流产。

【病原】

病原为单核细胞增多症李氏杆菌。单核细胞增多症李氏杆菌属李氏杆菌属，是一种染色呈革兰阳性的杆菌。在抹片中或单个存在，或两个排成“V”形，或互相并列，无荚膜，无芽孢，有周身鞭毛，能运动。可生长温度范围广，4℃中也能缓慢生长，pH 5.0～9.6 均能生长。对食盐耐受性强，对热的耐受性比大多数无芽孢杆菌强，65℃经30～40 分钟才能被杀死，一般消毒剂均可灭活。本菌对青霉素有抵抗力，对链霉素、氯霉素、四环素族抗生素和磺胺类药物敏感。家兔、豚鼠、小鼠对本病易感。

【诊断要点】

（1）流行特点　该病易感动物范围很广，几乎各种家畜、家禽和野生动物均可通过消化道、呼吸道及损伤的皮肤而感染。通常呈散发性，发病率低，病死率很高。

（2）临床症状　病羊短期发热，精神抑郁，食欲减退，多数病例表现脑炎症状，如转圈、倒地、四肢作游泳姿势，颈项强直，角弓反张，颜面神经麻痹，嚼肌麻痹，咽麻痹，昏迷等。孕羊可出现流产。羔羊多以急性败血症而迅速死亡，病死率甚高。

（3）病理变化　剖检一般没有特殊的肉眼可见病变。有神经症状的病羊，脑及脑膜充血、水肿，脑脊液增多，稍浑浊。流产母羊都有胎盘炎，表现子叶水肿、坏死，血液和组织中单核细胞增多。

（4）实验诊断　采血、肝、脾、肾、脑脊髓液、脑的病变组织等做触片或涂片，革兰染色镜检。如见有革兰阳性，呈“V”形排列或并列的细小杆菌，可作出初步诊断再取上述材料接种于0.5%～1%葡萄糖血琼脂平板上，得到纯培养物后，通过革兰染色、溶血检查、运动性检查、生化特性检查及血清学检查，即可确诊。荧光抗体染色可用于迅速鉴定本菌。另外，培养物的鉴定也可应用实验动物进行（用家兔或豚鼠做滴眼感染试验）。

（5）类症鉴别　该病应与具有神经症状的疾病相区别，如羊脑包虫病。患脑包虫病的病羊仅有转圈或斜走等症状，病情发展缓慢，不传染给其他羊。另外，应与有流产症状的其他疾病进行鉴别（主要依靠实验室检查）。

【防治措施】

早期大剂量应用磺胺类药物，或与抗生素并用，有良好的治疗效果。20%磺胺嘧啶钠 5～10 毫升，氨苄青霉素每千克体重 1.0 万～1.5 万单位，庆大霉素每千克体重 1000～1500 单位，均肌内注射，每日 2 次。病羊有神经症状时，可对症治疗，肌内注射盐酸氯丙嗪，每千克体重 1～3 毫克。预防本病，平时应注意清洁卫生和饲养管理，消灭啮齿动物；发病地区应将病畜隔离治疗，病羊尸体要深埋，并用 5%来苏儿对污染场地进行消毒。

（二十）羊链球菌病

羊链球菌病俗称“嗓喉病”，藏语称“吾娃”，是由兽疫链球菌引起的一种急性、热性、败血性传染病。本病菌以颌下淋巴结和咽喉肿胀、大叶性肺炎、呼吸异常困难、各脏器出血、胆囊肿大为特征。

【病原】

兽疫链球菌属于链球菌属，按兰氏分类法属于 C 群链球菌。本菌具有荚膜，革兰染色阳性，在血液、脏器等病料中多呈双球状排列，也可单个菌体存在，偶见 3～5 个菌体相连的短链。本菌需氧或兼性厌氧，无运动性，不形成芽孢。病菌通常存在于病羊的各个脏器及各种分泌物、排泄物中，而以鼻液、气管分泌物和肺脏含量为高。病原体对外环境抵抗力较强，死羊胸水内的细菌在室温下可存活 100 天以上。常用的消毒药有 2%石炭酸、0.1%升汞、2%来苏儿及 0.5%漂白粉。

【诊断要点】

（1）流行特点　本病主要发生于绵羊，绵羊易感性高，山羊次之；实验动物以家兔最为敏感，小鼠和鸽也具有易感性。病羊和带菌羊是本病的主要传染源，通常经呼吸道排出病原体。自然感染主要通过呼吸道途径传播，也可通过损伤的皮肤、黏膜，以及羊虱蝇等昆虫叮咬传播。病死羊的肉、骨、皮、毛等可散播病原，在本病传播中具有重要作用。新发病区常呈流行性发生，老疫区则呈地方性流行或散发性流行。本病菌一般于冬、春季节气候寒冷、草质不良时多发。

(2) 临床症状 人工感染者潜伏期3～10天。病羊体温升高至41℃，呼吸困难，精神不振，食欲低下，反刍停止。眼结膜充血，流泪，常流出脓性分泌物；口流涎水，并混有泡沫；鼻孔流出浆液性、脓性分泌物。咽喉肿胀，颌下淋巴结肿大，部分病例舌体肿大。粪便松软，带有黏液或血液。有些病例可见眼睑、口唇、面颊及乳房部位肿胀。怀孕羊可发生流产。病羊死前常有磨牙、呻吟和抽搐现象。病程一般2～5天。

(3) 病理变化 主要以败血性变化为主。尸僵不显著或者不明显。淋巴结出血、肿大。鼻、咽喉、气管黏膜出血。肺脏水肿、气肿，肺实质出血、肝变，呈大叶性肺炎，有时可出现坏死灶；肺脏常与胸壁粘连。肝脏肿大，表面有少量出血点；胆囊肿大2～4倍，胆汁外渗。肾脏质地变脆、变软，肿胀、梗死，被膜不易剥离。各脏器浆膜面常覆有黏稠、丝状的纤维素样物质。

(4) 实验诊断 主要进行病原学检查。

① 病料采集。通常取血液、脓汁、胸水、腹水、淋巴结、肝脏、脾脏等病变脏器作为病料。

② 染色镜检。病料细菌呈球形，革兰染色阳性，可见荚膜，常单个或成对存在，偶见3～5个菌体的短链。

③ 分离培养。本菌在普通培养基上生长不良，常选用血清肉汤、鲜血琼脂进行分离培养。本菌菌落呈b溶血。纯分离物通过形态学观察、生化试验进行鉴定。

④ 动物接种试验。将无菌采集的病料或纯分离物接种于0.2%葡萄糖肉汤中，于37℃培养18小时，静脉接种小鼠0.3毫升，小鼠应于3～4天死亡；另外2只小鼠腹腔注射0.2毫升，经2～3天再补充注射0.5毫升和1.0毫升，于第9天扑杀，剖检均见肝脏有针尖大小的黄色坏死灶。取心血、肝、脾、肾接种于血液琼脂平板，可分离出本菌。也可用家兔进行接种试验。

(5) 类症鉴别 羊链球菌病应与炭疽、巴氏杆菌病、羊快疫类疾病进行区别。

① 羊链球菌病与羊炭疽的鉴别。炭疽患羊无咽喉炎、肺炎症状，唇、舌、面颊、眼睑及乳房等部位无肿胀，眼、鼻不流浆性、脓性分泌物；各脏器特别是肺浆膜面无丝状黏稠的纤维素样物质。此外，羊

链球菌病病原为链球菌，羊炭疽病病原则为炭疽杆菌，病原形态有所差别；炭疽沉淀试验，羊链球菌病应为阴性，而炭疽则为阳性。

② 羊链球菌病与羊快疫类疾病的鉴别。羊快疫类疾病患羊无高热及全身广泛出血变化。羊快疫类疾病由腐败梭菌引起，羊链球菌病病原为链球菌，病料染色镜检病原大小、形态有所区别。

③ 羊链球菌病与羊巴氏杆菌病的鉴别。羊链球菌病与巴氏杆菌病在临床症状和病理变化上很相似，常通过细菌学检查作出鉴别诊断。羊巴氏杆菌病由多杀性巴氏杆菌引起，巴氏杆菌为革兰阴性、具有两极染色特性的细小杆菌；兽疫链球菌为革兰阳性的球菌。

【防治措施】

第一，未发病地区勿从疫区引入种羊、购进羊肉或皮毛产品，加强防疫检疫工作。

第二，常发病地区坚持免疫接种，每年发病季节到来之前，用羊链球菌氢氧化铝甲醛菌苗进行预防接种。大小羊只一律皮下注射 3 毫升，3 月龄以下羔羊，2～3 周后重复接种 1 次，免疫期可维持半年以上。

第三，加强饲养管理，抓膘、保膘，做好防寒保暖工作，消除各种促进疾病发生的因素。疫区要搞好隔离消毒工作，羊群在一定时间内勿进发过病的“老圈”。

第四，早期可选用青霉素或磺胺类药物进行治疗。每次肌内注射青霉素 80 万～160 万单位，每日 2 次，连用 2～3 日。内服磺胺嘧啶每次 5～6 克（小羊减半），用药 1～3 次；或口服复方新诺明，每次每千克体重 25～30 毫克，1 日 2 次，连用 3 日。

（二十一）羊弯杆菌病

羊弯杆菌病原名“弧菌病”，是由弯杆菌属细菌引起的多种动物罹患的传染病。羊弯杆菌病在临床上主要表现为暂时性不育、流产等症状。

【病原】

引起动物和人类疾病的弯杆菌主要是胎儿弯杆菌和空肠弯杆菌。胎儿弯杆菌又分为两个亚种：胎儿弯杆菌亚种和胎儿弯杆菌性病亚种。两种弯杆菌分类上均属于弯杆菌属，为革兰阴性的细长弯曲杆菌。菌体呈“S”形、撇形或“O”形，但在老龄培养物中可呈球形或螺旋状长丝（有多个“S”形菌体形成的链）。本菌运动力活泼，为微需氧菌，在10%二氧化碳环境中生长良好，鲜血或血清培养基有利于初代分离培养。

【诊断要点】

（1）流行特点　胎儿弯杆菌对人和动物均有感染性，绵羊感染可引起流产，病菌主要存在于流产胎儿及胎儿胃内容物中。空肠弯杆菌可引起人和动物腹泻，也可引起绵羊流产，病菌主要存在于流产绵羊的胎盘、胎儿胃内容物及血液和粪便中。正常动物的肠道中也有空肠弯杆菌。患病羊和带菌动物是传染源，主要经消化道感染。绵羊流产常呈地方性流行，在一个地区或一个羊场流行1～2年或更长时间后，可停息1～2年，然后重新发生流行。

（2）临床症状　怀孕母羊多于后期（怀孕的第4～5个月）发生流产，娩出死胎、死羔或弱羔。流产母羊一般只有轻度先兆——流出少量阴道分泌物，易被忽视。流产后阴道排出黏性或脓性分泌物。大多数流产母羊很快痊愈，少数母羊由于死胎滞留而发生子宫炎、腹膜炎，最后死亡。病死率不高，约为5%。

（3）病理变化　流产胎儿皮下水肿，肝脏有坏死灶。病死羊可见子宫炎、腹膜炎和子宫积脓。

（4）类症鉴别　本病应与羊布氏杆菌病、羊衣原体病及羊沙门菌病等类似疾病进行区别，主要通过实验诊断进行鉴别。

【防治措施】

第一，严格执行兽医卫生防疫措施。产羔季节流产母羊应严格隔离并进行治疗。流产胎儿、胎衣及污染物要彻底销毁；粪便、垫草等要及时清除并进行无害化处理；流产地点及时消毒除害。染疫羊群中的羊不得出售，以免扩大传染。

第二，本病流行区可用当地分离的菌株制备弯杆菌多价灭活菌苗，对绵羊进行免疫接种，可有效预防流产。

第三，发病羊用四环素、氯霉素和呋喃唑酮内服治疗。四环素，每千克体重日服20～50毫克，分2～3次服完。氯霉素，每千克体重日服30～50毫克，分2～3次服完。呋喃唑酮，每千克体重日服5～10毫克，分2～3次服完。上述药物可连用2～3天，早期治疗能减少流产损失。

（二十二）羊沙门菌病

羊沙门菌病包括绵羊流产和羔羊副伤寒两病。发病羔羊以急性败血症和泻痢为主。

【病原】

绵羊流产的病原主要是羊流产沙门菌；羔羊副伤寒的病原以都柏林沙门菌和鼠伤寒沙门菌为主。沙门菌是肠杆菌科的一个属，是一种革兰阴性、较小的杆菌，一般无荚膜。除雏沙门菌、鸡伤寒沙门菌外，都具周鞭毛，能运动，多数有菌毛。沙门菌对外界抵抗力较强，在水、土壤和粪便中能存活几个月，但不耐热。一般消毒药均能迅速将其杀死。本菌有 O 抗原（菌体抗原）、H 抗原（鞭毛抗原）、Vi 抗原（一种表面抗原，又称毒力抗原）3 种抗原，可用于菌型鉴定。实验动物中，小鼠对沙门菌最易感，可用注射或口服方法使之感染。

【诊断要点】

（1）流行特点　沙门菌病可发生于不同年龄的羊，无季节性，以消化道传染为主，各种不良因素均可促进该病的发生。

（2）临床症状和病理变化　潜伏期长短不一，因动物的年龄、应激因子和侵入途径等而不同。

① 羔羊副伤寒（下痢型）。多见于 15～30 日龄的羔羊，体温升高达 40～41℃，食欲减退，腹泻，排黏性带血稀粪，有恶臭；精神委顿，虚弱，低头，拱背，继而倒地，经 1～5 天死亡。发病率约 30%，病死率约 25%。剖检见病羔尸体消瘦，真胃与小肠黏膜充血，肠道内容物稀薄如水，肠系膜淋巴结水肿，脾脏充血，肾脏皮质部与心外膜有血点。

② 绵羊流产。多见于妊娠最后 2 个月。病羊体温升至 40～41℃，厌食，精神抑郁，部分羊有腹泻症状。病羊产下的活羔，表现衰弱、委顿、卧地，并可有腹泻，往往于 1～7 天内死亡。病母羊也可在流产后或无流产的情况下死亡。羊群暴发 1 次，一般持续 10～15 天。剖检流产、死产胎儿或生后 1 周内死亡的羔羊，表现败血症变，组织水肿、充血，肝脾肿胀，有灰色病灶，胎盘水肿、出血。

（3）实验诊断　本病确诊需进行细菌分离鉴定。取下痢死亡羊的肠系膜淋巴结、脾、心血和粪便或病母羊的粪便、阴道分泌物、血液及胎儿组织，接种到选择性培养基如 SS 琼脂或鉴别培养基如麦康凯琼脂、伊红美蓝琼脂等，37℃下培养24小时，挑取可疑菌落接种三糖铁琼脂培养基（斜面划线后底部穿刺接种），如果被检菌株三糖铁琼脂上红（斜面）下黄（底部）有黑色，且可能有产气，可进一步做生化鉴定和抗原测定。

生化鉴定，常见的沙门菌应为MR试验阳性，VP试验阴性，利用柠檬酸盐，不产生吲哚，葡萄糖产气，甘露醇和麦芽糖产酸。

抗原测定时，先采用沙门菌的A-F多价血清与被检菌（三糖铁或营养琼脂斜面上的菌苔）进行玻板凝集试验，同时以生理盐水代血清作为对照（注意Vi抗原的影响）。若凝集且生化反应较典型，可进一步用O因子血清、Vi因子血清和H因子血清作血清分型鉴定。

还可利用荧光抗体检查沙门菌。将可疑沙门菌的被检样品或经过增菌的培养物制作涂片，以沙门菌多价荧光抗体染色，用荧光显微镜检查，可快速得出初步结果。

【防治措施】

病羊可隔离治疗或淘汰处理。对该病有治疗作用的药物很多，但必须配合护理及对症治疗。首选药为氯霉素，其次是土霉素和新霉素，羔羊每日每千克体重30～50毫克，分3次内服；成年羊每次每千克体重10～30毫克，肌内注射或静脉注射，1日2次。也可应用呋喃唑酮，每日每千克体重5～10毫克，分2～3次内服，连续用药不得超过2周。也可试用促菌生、调痢生、乳康生等微生态制剂，按说明拌料或口服，使用时不可与抗菌药物同用。预防的主要措施是加强饲养管理。羔羊在出生后应及早吃初乳，并注意保暖；发现病羊应及时隔离并立即治疗；被污染的圈栏要彻底消毒，发病羊群进行药物预防。

（二十三）羊土拉杆菌病

土拉杆菌病是牧场绵羊（特别是羔羊）的一种急性败血性疾病，也是人畜共患病，又称野兔热。其特征为发热、肌肉僵硬和淋巴结肿大。

【病原】

病原为土拉弗朗西斯菌。土拉弗朗西斯菌是弗朗西斯菌属的代表种，是一种多形态的细菌。在患病动物的血液内近似球状，在培养物中则有球状至丝状等形态。不能运动，不产生芽孢，强毒菌株能产生荚膜。革兰染色阴性，美蓝染色呈两极着色。本菌难于培养，常用葡萄糖-胱氨酸琼脂、血液胱氨酸琼脂培养，初次分离常需2～5天以上才能形成透明灰白色、带黏性的小菌落。本菌对热及常用消毒剂敏感，但在土壤、水、肉和皮毛中可存活数十天，在尸体中可存活100余天。对链霉素、氯霉素和四环素族抗生素敏感。实验动物中，小鼠、豚鼠、家兔等易感，任何途径接种都可感染，多于8～15天发生败血症而死亡。

【诊断要点】

(1) 流行特点　该病的易感动物种类很多，人也可感染。野兔和野生啮齿动物是主要传染源，通过蜱、蚊和虻等吸血虫传播；污染的饲料和饮水等也是传播媒介。

(2) 临床症状　发病后病羊体温高达40.5～41.0℃，精神委顿，步态僵硬、不稳，后肢软弱或瘫痪。体表淋巴结肿大，2～3天后体温恢复正常，但之后又常回升。一般8～15天痊愈。妊娠母羊发生流产和死胎，羔羊发病较重。除上述症状外，还可见有腹泻，有的兴奋不安，有的呈昏睡状态，不久死亡，病死率很高。山羊较少患病，症状与绵羊相似。

(3) 病理变化　剖检尸体可见表面寄生着许多蜱，组织贫血明显，皮下和浆膜下有许多出血点，蜱侵袭部位及其附近尤为显著。淋巴结肿大，有坏死和化脓灶。肝、脾可能肿大。在一些羔羊中，肺脏尖叶与心叶可能有肺炎病变。

(4) 实验诊断　可疑病畜或尸体可采血液、淋巴结、肝、脾、肾的病变组织涂片染色镜检，如发现革兰阴性、两极着色、在细胞内成堆排列的较小菌体，则具有诊断意义。如做分离培养，事前须将污染病料接种实验动物；培养基可用含有胱氨酸、血液的特殊培养基，有微生物生长时，应用荧光抗体染色或凝聚试验进行鉴定。也可进行变态反应诊断，即用土拉杆菌素0.2毫升注射于羊尾根皱褶处皮内，24小时后检查，如局部发红、肿胀、发硬、疼痛者为阳性，但部分病羊不发生反应。血清学试验如凝集反应和沉淀反应也可用于本病诊断。

【防治措施】

本病治疗以链霉素最为有效，其次是土霉素、金霉素和氯霉素，每日2次，肌内注射，连用5～7日。用量：链霉素每千克体重10毫克，土霉素和金霉素每千克体重5～10毫克，氯霉素每千克体重10～

30毫克。为防止蜱对羊群的侵袭，可用灭蜱药物进行全群药浴；病死羊的尸体，以及各种啮齿动物的尸体要深埋，以免污染环境。

（二十四）破伤风

破伤风病是由破伤风梭菌引起的一种急性、创伤性、人畜共患的中毒性传染病，又名强直症。

【诊断要点】

运动神经中枢反射兴奋性增高和持续性肌肉痉挛为其特征，通过伤口感染。可见背腰僵硬及四肢不灵活，牙关紧闭，吞咽困难，吊腹，耳立尾直，瘤胃臌气，瞬膜外露等。

【预防】

（1）预防创伤　外科去势及手术时一定要彻底消毒，除去饲料与畜舍内外的尖锐异物。

（2）预防注射　精制破伤风类毒素1毫升，皮下注射（幼羊减半），3周后产生免疫力，免疫期1年，第2年再注射一次免疫期4年。

（3）破伤风抗毒素　在外伤或手术前进行注射，每次5000单位，肌内注射或皮下注射。

【治疗】

要尽早发现并及时治疗。治疗时应采取综合措施，包括护理、创伤处理和药物治疗三个方面。

（1）加强护理　将患羊放暗室内，注意保温、安静，避免刺激。下咽无困难时，让其吃饱饮足。有咽下障碍时要人工补充营养。

（2）局部外科处理　对外伤进行扩创，除去坏死组织，用3%双氧水或0.1%高锰酸钾水冲洗后涂5%碘酊。

（3）药物治疗

① 破伤风抗毒素。成年羊每次20万～30万单位，加5%葡萄糖液1000毫升静脉注射。

② 镇静解痉。25%硫酸镁3～5毫升或氯丙嗪10～25毫克肌内注射。青霉素100万～200万单位肌内注射，每天2次，连用3～5天。

③ 中药可用防风散。防风30～60克、羌活30～60克、天麻15～45克、胆南星15～30克、炒僵蚕15～30克、川芎15～45克、细辛6～15克、全蝎12～20克、姜白芷15～40克、红花15～40克、姜半

夏15～20克、蝉蜕15～40克，水煎候温灌服，每天1剂，连用3剂并用黄酒200毫升为引。根据需要可对症治疗，如强心、补液、解毒和加强营养等综合措施。

二、羊常见普通病及其防治技术

（一）口炎

羊的口炎是口腔黏膜表层和深层组织炎症。在病理过程中，口腔黏膜和齿龈发炎，可使病羊采食和咀嚼困难，口流清涎，痛觉敏感性增高。临床常见单纯性局部炎症和继发性全身反应。

【病因】

原发性口炎多由外伤引起。羊可因采食尖锐的植物枝杈、秸秆刺伤口腔而发病。也可因接触氨水、强酸、强碱损伤口腔黏膜而发病。病羊患羊口疮、口蹄疫、羊痘、霉菌性口炎时，也可发生口炎症状。

【诊断要点】

采食与咀嚼障碍是口炎的一种临床症状。其临床表现常见有卡他性口炎、水疱性口炎、溃疡性口炎。原发性口炎病羊常采食减少或停止，口腔黏膜潮红、肿胀、疼痛、流涎。严重者可见出血、糜烂、溃疡，或引起体质消瘦。

继发性口炎多见有体温升高等全身反应。如羊口疮时，口腔黏膜及上下嘴唇、口角处呈现水疱疹和出血干痂样坏死；口蹄疫时，除口腔黏膜发生水疱及烂斑外，趾间及皮肤也有类似病变；羊痘时，除口腔黏膜有典型的痘疹外，乳房、眼角、头部、腹下皮肤等处亦有痘疹。

霉菌性口炎，常有采食发霉饲料的病史，除口腔黏膜发炎外，还可表现腹泻、黄疸等。

过敏反应性口炎，多与突然采食或接触某种过敏原有关，除口腔有炎症变化外，鼻腔、乳房、肘部、股内侧等处可见充血、渗出、溃烂、结痂等变化。

【防治措施】

加强管理和护理，防止因口腔受伤而发生原发性口炎。对传染病合并口炎者，宜隔离消毒。轻度口炎，可用2%～3%重碳酸钠溶液或0.1%高锰酸钾溶液或食盐水冲洗；对慢性口炎发生糜烂及渗出时，用1%～5%蛋白银溶液或2%明矾溶液冲洗；有溃疡时用1∶9碘甘油或蜂蜜涂擦。

全身反应明显时，用青霉素 40 万～80 万单位，链霉素 100 万单位，1 次肌内注射，连用 3～5 日；亦可服用磺胺类药物。

中药疗法，可用柳花散：黄柏 50 克、青黛 12 克、肉桂 6 克、冰片 2 克，各研细末，和匀，擦口内疮面上。亦可用青黄散：青黛 100 克、冰片 30 克、黄柏 150 克、五倍子 30 克、硼砂 80 克、枯矾 80 克，共为细末，蜂蜜混合储藏，每次用少许擦口疮面上。

杜绝口炎的蔓延，宜用 2%碱水刷洗消毒饲槽。给病羊饲喂青嫩、多汁、柔软的饲草。

（二）急性瘤胃臌气

急性瘤胃臌气（气胀），是羊采食了大量易发酵的饲料，迅速产生大量气体而引起的前胃疾病。该病多发于春末夏初放牧的羊群，往往绵羊较山羊多见。

【病因】

由于羊吃了大量易于发酵的饲料，如幼嫩的紫花苜蓿等而致病。曾见一群 50 只羊，窜入苜蓿地采食，30 分钟后全群羊瘤胃臌气。此外，秋季放牧羊群在草场采食了大量的豆科牧草亦易发病。冬春两季给怀孕母羊补饲精料，群羊抢食，其中抢食过量的羊易发病，并可继发瘤胃积食。舍饲羊群因喂霜冻、霉败变质饲料，或喂给大量的酒糟，均可成为本病的发病因素。每年剪毛季节常发生肠扭转疾病，也可导致急性瘤胃臌气。

【诊断要点】

初期病羊表现不安，回顾腹部，弓背伸腰，肷窝突起，有时左肷向外突出，高于髋节或脊背水平线；反刍和嗳气停止，触诊腹部紧张性增加，叩诊呈鼓音，听诊瘤胃蠕动力量减弱，次数减少。

【防治措施】

加强饲养管理，严禁在苜蓿地放牧；注意饲草饲料的储藏，防止霉败变质。

治疗原则是胃管放气，防腐止酵，清理胃肠。可插入胃导管放气，缓解腹部压力。或用 5%的碳酸氢钠溶液 1500 毫升洗胃，以排出气体及中和酸败胃内容物。必要时可行瘤胃穿刺放气。具体操作如下：先在左肷部剪毛、消毒，然后以术者拇指压迫左肷部的中心点，使腹壁紧贴瘤胃壁，用兽用套管针或16号针头垂直刺入腹壁并穿透瘤胃胃壁放气，在放气过程中紧紧按压住腹壁，勿使腹壁与瘤胃胃壁脱离，边放气边下压，防止胃液漏入腹腔，引起腹膜炎。也可用石蜡油100毫升、鱼石脂2克、酒精10～15毫升，加水适量，1次内服。或用氧化镁30克，加水300毫升，或用8%氢氧化镁混悬液100毫升，1次内服。

中药治疗可用莱菔子30克、芒硝20克、滑石10克，煎水，另加清油30毫升，1次内服。

（三）胃肠炎

胃肠炎是胃肠黏膜及其深层组织的出血性或坏死性炎症。临床表现以食欲减退或废绝、体温升高、腹泻、脱水、腹痛和不同程度的自体中毒为特征。

【病因】

该病多由前胃疾病引起。饲养管理不当，如采食大量的冰冻、发霉饲料；饲草、饲料中混有具有刺激性的化肥，如过磷酸钙、硝铵等；服用过量的蓖麻油、芦荟、芒硝等，也可致病。笔者曾见绵羊服9克过磷酸钙4小时后出现出血性胃肠炎症状。圈舍潮湿，卫生不良，春季羊体质乏弱，营养不良，以及驱虫药投服剂量偏大，也是该病发生的原因。

该病可继发于羊副结核、巴氏杆菌病、羊快疫、肠毒血症、炭疽、羔羊大肠杆菌病等疾病。

【诊断要点】

初期病羊多呈现急性消化不良症状，其后逐渐或迅速转为胃肠炎。病羊表现食欲减少或废绝，口腔干燥发臭，舌有黄厚苔或薄白苔，伴有疼痛。肠音初期增强，后减弱或消失，排稀粪或水样便，排泄物腥臭或恶臭，粪中混有血液、黏脓、坏死脱落的组织片。脱水严重，少尿，眼球下陷，皮肤弹性降低，消瘦，腹围紧缩。虚脱时，病羊卧地，脉搏微细，心力衰竭。体温在整个病程中升高。病至后期，因循环和微循环障碍，病羊四肢冷凉，昏睡，搐搦而死。

慢性胃肠炎病程较长，病势缓慢，主要症状与急性胃肠炎相同，也可引起恶病质。

【防治措施】

（1）人工盐15克，石蜡油30毫升，成年羊一次内服。

（2）磺胺脒0.25克×8片，小苏打0.3克×8片，加水内服。

（3）青霉素、链霉素各80万单位，一次肌注，每日2次，连用5天。

（4）当脱水时，先用糖盐水200毫升补充体液，然后用10%安钠咖2毫升，一次静脉注射。

（四）创伤

【病因】

创伤是羊体局部受到外力作用而引起的软组织开放性损伤，如擦伤、刺伤、切伤、裂伤、咬伤，以及因手术而造成的创伤等。创伤过程中如有大量细菌侵入，则可发生感染，出现化脓性炎症。羊发生坏死杆菌病（腐蹄病），是因蹄部受伤后感染化脓所致；羊发生破伤风主要是由于阉割或处理羔羊脐带时伤口消毒不严，导致病原菌侵入产生毒素而引起。外伤也可成为羊流产的原因之一。

【诊断要点】

各种创伤的主要症状是出血、疼痛和伤口裂开，创伤严重者，常可出现不同程度的全身症状。创伤如感染化脓，创缘及创面肿胀、疼痛，局部温度增高，创口不断流出脓汁或形成很厚的脓痂。创腔深而创口小或创内存有异物形成创囊时，有时会发生脓肿或导致周围组织蜂窝织炎（即皮下、肌膜下及肌间等处的疏松结缔组织发生急性进行性化脓性炎症），并有体温升高。随着化脓性炎症的消退，创内出现肉芽组织，一般呈红色平整颗粒状，质地较坚硬，表面附有黏稠的带灰白色脓性物。

【治疗】

（1）一般创伤的治疗

① 创伤止血。如伤口出血不止，可施行压迫、钳夹或结扎止血。还可应用止血剂，如将止血粉撒布创面，必要时可应用安络血（肌注2～4毫克，1日2～3次）、维生素K_3（肌注30～50毫克，1日2～3次）等全身止血剂。

② 清洁创围。先用灭菌纱布将创口盖住，剪除周围被毛，用0.1%新洁尔灭溶液或生理盐水将创围洗净，然后用5%碘酊进行创围消毒。

③ 清理创腔。除去覆盖物，用镊子仔细除去创内异物，反复用生理盐水洗涤创腔，然后用灭菌纱布轻轻吸蘸创内残存的药液和污物，再在创面涂布碘酊。

④ 缝合与包扎。创面比较整齐，外科处理比较彻底时，可行密闭缝合；有感染危险时，行部分缝合；创口裂开过宽，可缝合两端；组织损伤严重或不便缝合时，可行开放疗法。四肢下部的创伤，一般应行包扎。

若组织损伤或污染严重，应及时注射破伤风类毒素、抗生素。

（2）化脓性感染创的治疗

① 化脓创的治疗。其步骤是：清洁创围；用0.1%高锰酸钾液、3%双氧水或0.1%新洁尔灭溶液等冲洗创腔；扩大创口，开张创缘，除去深部异物，切除坏死组织，排出脓汁；最后用10%磺胺乳剂或碘仿甘油等行创面涂布或纱布条引流。有全身症状时，可用抗菌消炎药物，并注意强心解毒。

如为脓肿，病初可用温热疗法（如热敷），或涂布用醋调制的复方醋酸铅散（安得利斯），同时用抗生素或磺胺类药物进行全身性治疗。如果上述方法不能使炎症消散，可用具有弱刺激性的软膏涂布患部，如鱼石脂软膏等，以促进脓肿成熟。出现波动感时，即表明脓肿已成熟，这时应及时切开，彻底排除脓汁，再用3%双氧水或0.1%高锰酸钾水冲洗干净，涂布磺胺乳剂或碘仿甘油，或视情况用纱布条引流，以加速坏死组织的净化。

② 肉芽创的治疗。其步骤是：首先清理创口，然后清洁创面（用生理盐水轻轻清洗），最后局部用药（应用刺激性小、能促进肉芽组织和上皮生长的药，如3%龙胆紫等）。如肉芽组织赘生，可用硫酸铜进行腐蚀。

（五）羔羊白肌病

羔羊白肌病亦称肌营养不良症，是伴有骨骼肌和心肌变性，并发生运动障碍和急性心肌坏死的一种微量元素缺乏症。其临床特征为，生后数周或2个月后发病。患病羔羊弓背，四肢无力，运动困难，喜卧地。死后剖检骨骼肌苍白，营养不良。

【病因】

有研究资料表明，该病是由于缺硒所致。随着生命科学及食物链研究的深化，多数学者认为本病与母乳中维生素E缺乏，或硒、钴、铜和锰等微量元素缺乏有关。

【诊断要点】

病羔精神不振，运动无力，站立困难，卧地不愿起立；有时呈现强直性痉挛状态，随即出现麻痹、血尿；死亡前昏迷，呼吸困难。

有的羔羊病初不见异常，往往于放牧时由于剧烈运动或过度兴奋而突然死亡。该病常呈地方性同群发病，应用其他药物治疗不能控制病情。

【防治措施】

应用硒制剂，如0.2%亚硒酸钠溶液2毫升，每月肌内注射1次，连用2次。与此同时，应用氯化钴3毫克、硫酸铜8毫克、氯化锰4毫克、碘盐3克，加水适量内服。如辅以维生素E注射液300毫克肌内注射，则效果更佳。

加强母畜饲养管理，供给豆科牧草，母羊产羔前补硒，可收到良好效果。

（六）难产

难产是指分娩过程中胎儿排出困难，不能将胎儿顺利地送出产道。

【病因】

从临床检查结果分析，难产的常见原因为阵缩无力、胎位不正、子宫颈狭窄及骨盆腔狭窄等。

【助产】

为了保证母仔安全，对于难产的羊必须进行全面检查，并及时施行人工助产术；对种羊可考虑进行剖腹产手术。

（1）助产的时机　当母羊阵缩超过4～5小时以上，而在阴门外未见绒毛膜或绒毛膜在阴门内破裂（绵羊需1.5～2.5小时，双胎间隔15分钟；山羊需0.5～4.0小时，双胎间隔0.5～1.0小时），母羊停止阵缩或阵缩无力时，须迅速进行人工助产，不可拖延时间，以防羔羊死亡。

（2）助产准备

① 术前准备。询问羊分娩的时间，初产或经产，胎膜是否破裂，有无羊水流出，检查全身状况。

② 保定母羊。一般使羊侧卧，保持安静，使其前躯低、后躯稍高，以便于矫正胎位。

③ 消毒。对助产者手臂、助产用具进行消毒；对母羊阴户外周，用1∶5000的新洁尔灭溶液进行清洗。

④ 产道检查。注意产道有无水肿、损伤、感染，以及产道表面干燥和湿润状态。

⑤ 胎位、胎儿检查。确定胎位是否正常，判断胎儿死活。胎儿正产时，手伸入阴道可摸到胎儿嘴巴、两前肢，两前肢中间夹着胎儿的头部；当胎儿倒产时，手伸入产道可发现胎儿尾巴、臀部、后蹄及脐动脉。以手指压迫胎儿，如有反应，表示尚存活。

（3）助产的方法　常见的难产位有头颈弯、头颈下弯、前肢腕关节屈曲、肩关节屈曲、关节屈曲、胎儿下位、胎儿横向、胎儿过大等，可按不同的异常产位将其矫正，然后将胎儿拉出产道。多胎母羊，应注意怀羔数目，在助产中认真检查，直至将全部胎儿助产完毕，方可将母羊归群。

阵缩及努责微弱者，可皮下注射垂体后叶素、麦角碱注射液1～2毫升。必须注意，麦角制剂只限于子宫完全开张，胎势、胎位及胎向正常时方可使用，否则易引起子宫破裂。

当羊怀双羔时，可遇到双羔同时各将一肢伸出产道，形成交叉的情况。由此形成的难产，应分清情况，辨明关系，可触摸腕关节以确定前肢，触摸跗关节以确定后肢。若遇交叉，可将另一羔的肢体推回腹腔，先整顺一只羔羊的肢体，将其拉出产道，再将另一只羔羊的肢体整顺拉出。切忌将两只羔羊的不同肢体误认为同只羔羊的肢体。

（七）流产

流产是指母羊妊娠中断，或胎儿不足月就排出子宫而死亡。流产分为小产、流产、早产。

【病因】

流产的原因极为复杂。传染性流产者，多见于布氏杆菌病、弯杆菌病、毛滴虫病。非传染性流产者，可见于子宫畸形、胎盘坏死、胎膜炎和羊水增多症等；内科病，如肺炎、肾炎、有毒植物中毒、食盐中毒等也可致流产；外科病，如外伤、蜂窝织炎、败血症等也可致流产。长途运输过于拥挤，水草供应不均，饲喂冰冻和发霉饲料，也可导致流产。

【诊断要点】

突然发生流产者，产前一般无特征表现。发病缓慢者，表现精神不佳，食欲停止，腹痛起卧，努责咩叫，阴户流出羊水，待胎儿排出后稍为安静。若在同一群中病因相同，则陆续出现流产，直至受害母羊流产完毕，方能稳定。外伤性致病，可使羊发生隐性流产，即胎儿不排出体外，溶解物排出子宫外，或形成胎骨在子宫内残留，由于受外伤程度的不同，受伤的胎儿常因胎膜出血、剥离于数小时或数天排出。

【防治措施】

以加强饲养管理为主，重视传染病的防治，根据流产发生的原因，采取有效的防治保健措施。对于已排出不足月胎儿或死亡胎儿的母羊，一般不需要进行特殊处理，但需加强饲养。

对有流产先兆的母羊，可用黄体酮注射液2支（每支含15毫克），1次肌内注射。

中药治疗宜用四物胶艾汤加减：当归6克、熟地黄6克、川芎4克、黄芩3克、阿胶12克、艾叶9克、菟丝子6克，共研末用开水调，每日1次，灌服2剂。死胎滞留时，应采用引产或助产措施。胎儿死亡，子宫颈未开时，应先肌内注射雌激素（如己烯雌酚或苯甲酸雌二醇）2～3毫克，使子宫颈开张，然后从产道拉出胎儿，母羊出现全身症状时，应对症治疗。

（八）胎衣不下

胎衣不下是指孕羊产后4～6小时，胎衣仍未排出的疾病。

【病因】

该病多因孕羊缺乏运动，饲料中缺乏镍盐、维生素，饮饲失调，体质虚弱而致。此外，子宫炎、布氏杆菌等也可致病。有报道，羊缺硒也可致胎衣不下。

【诊断要点】

病羊常表现弓腰努责，食欲减退或废绝，精神较差，喜卧地，体温升高，呼吸脉搏增快。胎衣久久滞留不下，可发生腐败，从阴户中流出污红色腐败恶臭的恶露，其中杂有灰白色未腐败的胎衣碎片或脉管。当全部胎衣不下时，部分胎衣从阴户垂露于后肢跗关节部。

【防治措施】

（1）药物疗法　病羊分娩后不超过 24 小时的，可应用马来酸麦角新碱 0.5 毫克，1 次肌内注射；垂体后叶素注射液或催产素注射液 0.8～1.0 毫升，1 次肌内注射。

（2）手术剥离法　应用药物方法已达 48～72 小时而不奏效者，应立即采用此法。宜先保定好病羊，常规准备及消毒后，进行手术。术者一手握住阴门外的胎衣，稍向外牵拉；另一手沿胎衣表面伸入子宫，可用食指和中指夹住胎盘周围绒毛，以拇指剥离母子胎盘相互结合的周边，剥离半周后，手向手背侧翻转以扭转绒毛膜，使其从窦中拔出，与母体胎盘分离。子宫角尖端难以剥离，常借助子宫角的反射收缩而上升，然后再行剥离。最后宫内灌注抗生素或防腐消毒药，如土霉素 2 克，溶于 100 毫升生理盐水中，注入子宫腔内；或注入 0.2%普鲁卡因溶液 30～50 毫升。

（3）自然剥离法　不借助手术剥离，而辅以防腐消毒药或抗生素，让胎膜自行排出，达到自行剥离的目的。可于子宫内投放土霉素（0.5 克）胶囊，效果较好。

中药可用当归 9 克、白术 6 克、益母草 9 克、桃仁 3 克、红花 6 克、川芎 3 克、陈皮 3 克，共研细末，开水调后内服。当体温升高时，宜用抗生素注射。

为了预防本病，可用亚硒酸钠维生素 E 注射液，妊娠期肌注 3 次，每次 0.5 毫升。

（九）乳房炎

乳房炎是乳腺、乳池、乳头局部的炎症；多见于泌乳期的绵羊、山羊。其临床特征为，乳腺发生各种不同性质的炎症，乳房发热、红肿、疼痛，影响泌乳机能和产乳量。常见的有浆液性乳房炎、卡他性乳房炎、脓性乳房炎和出血性乳房炎。

【病因】

该病多因挤乳人员技术不熟练，损伤乳头、乳腺体；或因挤乳人员手臂不卫生，使乳房受到细菌感染；或羔羊吮乳咬伤乳头所致。亦见于结核病、口蹄疫、子宫炎、羊痘、脓毒败血症等疾病过程中。

【诊断要点】

轻者无临床症状，病羊全身无反应，仅乳汁有变化。一般多为急性乳房炎，乳房局部肿胀、硬结、热痛，乳量减少，乳汁变性，其中混有血液、脓汁等，乳汁为絮状物，褐色或淡红色。炎症延续，病羊体温升高，可达41℃。挤乳或羔羊吃乳时，母羊抗拒、躲闪。若炎症转为慢性，则病程延长。由于乳房硬结，常丧失泌乳机能。脓性乳房炎可形成脓腔，使腔体与乳腺相通，若穿透皮肤可形成瘘管。山羊可患坏疽性乳房炎，为地方流行性急性炎症，多发生于产羔后4～6周。

【防治措施】

注意挤乳卫生，扫除圈舍污物，在羊产羔季节应经常注意检查母羊乳房。

病初可用青霉素40万单位、0.5%普鲁卡因5毫升，溶解后用乳房导管注入乳孔内，然后轻揉乳房腺体部，使药液分布于乳房腺中。也可应用青霉素、普鲁卡因溶液行乳房基部封闭，或应用磺胺类药物抗菌消炎。为了促进炎性渗出物的吸收和消散，除在炎症初期冷敷外，2～3天后可施热敷，用10%硫酸镁水溶液1000毫升，加热至45℃，每日外洗热敷1～2次，连用4次。中药治疗，急性者可用当归15克、生地黄6克、蒲公英30克、金银花12克、连翘6克、川芎6克、瓜蒌6克、龙胆24克、山栀子6克、甘草10克，共研细末，开水调服，每日1剂，连用5日。亦可将上述中药煎水内服，同时应积极治疗继发病。

对脓性乳房炎及开口于乳汁深部的脓肿，宜向乳房脓腔内注入0.02%呋喃西林溶液或用3%过氧化氢溶液，或用0.1%高锰酸钾溶液冲洗消毒脓腔，引流排脓。必要时应用四环素族药物静脉注射，以消炎和增强机体抗病能力。

为使乳房保持清洁，可用0.1%新洁尔灭溶液经常擦洗乳头及其周围。

（十）子宫炎

【病因】

子宫炎是由于分娩、助产、子宫脱、阴道脱、胎衣不下、腹膜炎、胎儿死于腹中等导致细菌感染而引起的子宫黏膜炎症。

【诊断要点】

该病临诊可见急性子宫炎和慢性子宫炎两种，按其病程中发炎的性质可分为卡他性子宫炎、出血性子宫炎和化脓性子宫炎。

(1) 急性子宫炎 初期病羊食欲减少，精神欠佳，体温升高。因有疼痛反应而磨牙、呻吟。前胃弛缓，弓背、努责，时时作排尿姿势，阴户内流出污红色内容物。

(2) 慢性子宫炎 病情较急性轻微，病程长，子宫分泌物量少。如不及时治疗可发展为子宫坏死，继而全身状况恶化，发生败血症或脓毒败血症。有时可继发腹膜炎、肺炎、膀胱炎、乳房炎等。

【防治措施】

净化清洗子宫，用0.1%高锰酸钾溶液或协尔兴（含2%氧氟沙星）溶液300毫升，灌入子宫腔内，然后用虹吸法排出灌入子宫内的消毒溶液，每日1次，可连用3～4次。消炎，可在冲洗后给羊子宫内注入碘甘油3毫升，或投放土霉素（0.5克）胶囊；或用青霉素80万单位、链霉素50万单位，肌内注射，每日早晚各1次。治疗自体中毒，应用10%葡萄糖液100毫升、林格氏液100毫升、5%碳酸氢钠溶液30～50毫升，1次静脉注射；肌内注射维生素C 200毫克。

(十一) 佝偻病

佝偻病是羔羊在生长发育期中，因维生素D不足，钙、磷代谢障碍所致的骨骼变形疾病。多发生于冬末春初季节。

【病因】

该病主要见于饼中维生素D含量不足及日光照射不足，以致哺乳羔羊体内维生素D缺乏；怀孕母羊或哺乳羊饲料中钙、磷比例不当。圈舍潮湿、污浊、阴暗，羊消化不良，营养不佳，也可成为该病诱因。放牧母羊秋膘差，冬季未补饲，春季产羔，羔羊更易发此病。

【诊断要点】

病羊轻者主要表现为生长迟缓，异嗜，喜卧，呆滞，卧地起立缓慢，四肢负重困难，行走步态摇摆，或出现跛行。触诊关节有疼痛反应，病程稍长则关节肿大，以腕关节、球关节较为明显。长骨弯曲，四肢可以展开，形如青蛙。后期病羊以腕关节着地爬行，后躯不能抬起。重症者卧地，呼吸和心跳均加快。

【防治措施】

(1) 改善和加强母羊的饲养管理，加强运动和放牧，喂给青饲料，补喂骨粉，增加幼羔的日照时间。

(2) 药物治疗，可用维生素AD注射液3毫升，肌内注射；精制鱼肝油3毫升灌服或肌内注射，每周2次。为了补充钙制剂，可用10%葡萄糖酸钙液5～10毫升，静脉注射，亦可用维丁胶性钙2毫升肌内注射，每周1次，连用3次。

也可喂给三仙蛋壳粉：神曲60克、焦山楂60克、麦芽60克、蛋壳粉120克、麦饭石粉60克，混合后每只羔羊喂12克，连用1周。

（十二）皱胃阻塞

皱胃阻塞是皱胃内积聚过多的食糜，使胃壁扩张，体积增大，胃黏膜及胃壁发炎，食物不能排入肠道所致。其临床特征为前胃弛缓，胃肠蠕动废绝，皱胃扩大，在右侧下腹部冲击或触诊可感到坚硬的皱胃，并有疼痛，病至后期病羊不排粪。

【病因】

羊消化机能紊乱，胃肠分泌、蠕动机能降低；长期饲喂细碎饲料；迷走神经分支损伤，创伤性网胃炎使肠袢与皱胃粘连；幽门痉挛，幽门被异物如地膜块、塑料袋、毛球堵塞等，均可使羊发病。

【诊断要点】

该病发展较缓慢，初期似前胃弛缓症状，病羊食欲减退，排粪量少，以至停止排粪，粪便干燥，其上附有大量黏液或血丝。右腹皱胃区扩大，瘤胃充满液体，冲击皱胃区可感觉到坚硬的皱胃胃体。应注意与瓣胃阻塞相鉴别。

【防治措施】

(1) 治疗　应先给病羊输液（见瓣胃阻塞治疗），可试用25%硫酸镁溶液50毫升、甘油30毫长、生理盐水100毫升，混合后做皱胃注射。操作方法应按以下步骤进行：首先在右腹下肋骨弓处触摸皱胃胃体，在胃体突起的腹壁部局部剪毛，碘酊消毒，用12号针头刺入腹壁，再用注射器吸取胃内容物，当见有胃内容物残渣时，将药液注入。待10小时后，再用胃肠通注射液0.5毫升，1次皮下注射，每日2次。或用比赛可灵注射液2毫升，皮下注射，亦可重复使用。

中药治疗可用大黄9克、油炒当归12克、芒硝10克、生地黄3克、桃仁2.5克、莪术2.5克、郁李仁3克，煎成水剂内服。

对于发病的种羊，当药物治疗无效时，可考虑进行皱胃切开术，以排除阻塞物。

羔羊哺乳期，常因过食羊奶使凝乳块聚结，充盈于皱胃腔内，或因毛球移至幽门部不能下行，形成阻塞物，继发皱胃阻塞。病羔临床表现为食欲废绝，腹胀疼痛，口流清涎，眼结膜发绀，严重脱水，腹泻，触诊瘤胃、皱胃松软。治疗可用石蜡油 20 毫升、水合氯醛 1 克、复方陈皮酊 3 毫升、三酶合剂（胖得生）5 克，加温水 20 毫升，1 次内服。此外，病羔可诱发胃肠炎和机体抵抗力降低，应进行全身保护性治疗。

（2）预防 加强饲养管理，除去致病因素，尤其对饲料的品质、加工调配等要特别注意。做到定时定量喂料，供给足量的清洁饮水。冬季注意圈舍保暖和环境卫生。

（十三）创伤性网胃腹膜炎及心包炎

创伤性网胃腹膜炎及心包炎是由于异物刺伤网胃壁而发生的疾病。其临床特征为急性前胃弛缓，胸壁疼痛，间歇性臌气。实验室检验，白细胞总数增加，白细胞分类计数核左移等。本病多见于奶山羊。

【病因】

该病主要由于尖锐金属异物（如钢丝、铁丝、缝针、发卡、锐铁片等）混入饲料被羊吃进网胃，因网胃收缩，异物刺破或损伤胃壁所致。如果异物经横膈膜刺入心包，则发生创伤性网胃心包炎。异物穿透网胃胃壁或瘤胃胃壁时，可损伤脾、肝、肺等脏器，此时可引起腹膜炎及各部位的化脓性炎症。

【诊断要点】

（1）创伤性网胃腹膜炎 病羊精神沉郁，食欲减少，反刍缓慢或停止，鼻镜干燥，行动谨慎，表现疼痛，弓背，不愿急转弯或走下坡路。用手冲击网胃区及心区，或用拳头顶压剑状软骨区时，病畜表现疼痛、呻吟、躲闪。肘头外展，肘肌颤动。前胃弛缓，慢性瘤胃臌气。血液检查，白细胞总数每立方毫米高达 14000～20000，白细胞分类初期核左移，中性粒细胞高达 70％，淋巴细胞则降至 30％左右。

（2）创伤性网胃心包炎 病羊心动过速，每分钟 80～120 次，颈静脉怒张，粗如手指。颌下及胸前水肿。听诊心音区扩大，出现心包摩擦音及拍水音。后期，常发生腹膜粘连、心包积脓和脓毒败血症。

根据临床症状和病史，结合金属探测仪及 X 光透视拍片检查，即可确诊。

【防治措施】

（1）治疗　确诊后可行瘤胃切开术，清理排除异物。如病程发展至心包积脓阶段，病羊应予淘汰。

对症治疗，消除炎症，可用青霉素40万～80万单位、链霉素50万单位，1次肌内注射。亦可用磺胺嘧啶钠5～8克、碳酸氢钠5克，加水内服，每日1次，连用1周以上。亦可用健胃剂、镇痛剂。

（2）预防　清除饲料中的异物，在饲料加工设备中安装磁铁，以排除铁器，并严禁在牧场或羊舍内堆放铁器。饲喂人员勿带尖细的铁器用具进入羊舍，以防止混落在饲料中，被羊食入。

（十四）食道阻塞

食道阻塞是羊食道内腔被食物或异物堵塞而发生的以咽下障碍为特征的疾病。

【病因】

该病主要是由于过度饥饿的羊吞食了过大的块根饲料，未经充分咀嚼即吞咽，阻塞于食道某一段而酿祸成疾。例如，吞进大块萝卜、西瓜皮、洋芋、玉米棒、包心菜根及落果等。亦见有误食塑料袋、地膜等异物造成食道阻塞者。继发性食道阻塞常见于食道麻痹、狭窄和扩张。

【诊断要点】

该病一般多突然发生。一旦阻塞，病羊采食停止，头颈伸直，伴有吞咽和作呕动作；口腔流涎，骚动不安；或因异物吸入气管，引起咳嗽。当颈部食道阻塞时，局部突起，形成肿块，手触可感觉到异物形状；当胸部食道阻塞时，病羊疼痛明显，并可继发瘤胃臌气。

食道阻塞分为完全阻塞和不完全阻塞两种，使用胃管探诊可确定阻塞部位。完全阻塞，水和唾液不能下咽，并从鼻腔、口腔流出，在阻塞物上方部位可积存液体，手触有波动感。不完全阻塞，液体可以通过食道，而食物不能下咽。

诊断时，应注意与咽炎、急性瘤胃臌气、口腔疾病相区别。

食道阻塞时，如有异物吸入气管可发生异物性气管炎和异物性肺炎。

【防治措施】

（1）治疗

① 吸取法。阻塞物为草料食团时，可将羊保定好，送入胃管后用橡皮球吸取水，注入胃管，在阻塞物上部或前部软化阻塞物，反复冲洗，边注入边吸出，反复操作，直至食道畅通。

② 胃管探送法。阻塞物在近贲门部位时，可先将2%普鲁卡因溶液5毫升、石蜡油30毫升混合后，用胃管送至阻塞部位，待10分钟后，再用硬质胃管推送阻塞物进入瘤胃中。

③ 砸碎法。当阻塞物易碎、表面光滑并阻塞在颈部食道时，可在阻塞物两侧垫上布鞋底，将一侧固定，在另一侧用木槌或拳头砸（用力要均匀），使其破碎后进入瘤胃。

治疗中若继发瘤胃臌气，可施行瘤胃放气术，以防病羊发生窒息。

（2）预防　为了预防该病的发生，应防止羊偷食未加工的块根饲料；补喂家畜生长素制剂或饲料添加剂；清理牧场、厩舍周围的废弃杂物。

（十五）瓣胃阻塞

瓣胃阻塞（重瓣胃秘结）是由于羊瓣胃收缩力量减弱，食物排出作用不充分，通过瓣胃的食糜积聚，不能后移，充满瓣叶之间，水分被吸收，内容物变干而致病。其临床特征为瓣胃容积增大，坚硬，不排粪便，腹部胀满。

【病因】

该病主要由于饮水失宜和饲喂秕糠、粗纤维饲料而引起；或饲料和饮水中混有过多的泥沙，使泥沙混入食糜，沉积于瓣胃瓣叶之间而发病。

本病可继发于前胃弛缓、瘤胃积食、皱胃阻塞、瓣胃和皱胃与腹膜粘连等疾病。

【诊断要点】

病羊初期症状与前胃弛缓相似，瘤胃蠕动力量减弱，瓣胃蠕动消失，并可继发瘤胃臌气和瘤胃积食。触压病羊右侧第7～9肋间，肩胛关节水平线上下时，羊表现为疼痛不安。粪便干少，色泽暗黑，后期停止排粪。随着病程延长，瓣胃小叶发炎或坏死，常可继发败血症，此时可见体温升高，呼吸和脉搏加快，全身表现衰弱，病羊卧地不能站立，最后死亡。

根据病史和临床表现（病羊不排粪便，瓣胃区敏感，瓣胃扩大、坚硬等）即可确诊。

【防治措施】

应以软化瓣胃内容物为主，辅以兴奋前胃运动机能，促进胃肠内容物排出。

瓣胃注射疗法，对顽固性瓣胃阻塞疗效显著。具体方法是：准备25%硫酸镁溶液30～40毫升，石蜡油100毫升，在右侧第9肋间隙和肩胛关节线交界下方，选用12号7厘米长针头，向对侧肩关节方向刺入4厘米深，刺入后可先注入20毫升生理盐水，有较大压力时，表明针已刺入瓣胃，再将药液用注射器交替注入瓣胃，于第2日重复注射1次。

瓣胃注射后，可用10%氯化钙10毫升、10%氯化钠50～100毫升、5%葡萄糖生理盐水150～300毫升，混合后1次静脉注射。待瓣胃松软后，皮下注射0.1%氨甲酰胆碱0.2～0.3毫升，兴奋胃肠运动机能，促进积聚物下排。

此外，亦可内服中药。选用健胃、止酵、通便、润燥、清热剂，效果佳。方剂组成为：大黄9克、枳壳6克、二丑9克、玉片3克、当归12克、白芍2.5克、番泻叶6克、千金子3克、山枝2克，煎水内服。或用大黄末15克、人工盐25克、清油100毫升，加水300毫升，1次内服。

（十六）感冒

【病因】

本病主要是由于对羊只管理不当，因寒冷的突然袭击所致。如厩舍条件差，羊只在寒冷的天气突然外出放牧或露宿，或出汗后拴在潮湿阴凉有过堂风的地方等。

【症状】

病羊精神不振，头低耳耷，初期皮温不均，耳尖、鼻端和四肢末端发凉，继而体温升高，呼吸、脉搏加快。鼻黏膜充血、肿胀，鼻塞不通，初流清鼻，患羊鼻黏膜发痒，不断喷鼻，并在墙壁、饲槽擦鼻止痒。食欲减退或废绝，反刍减少或停止，鼻镜干燥，肠音不整或减弱，粪便干燥。

【治疗】

以解热镇痛、祛风散寒为主。

（1）肌内注射复方氨基比林5～10毫升，或30%安乃近5～10毫升，或复方奎宁、百尔定、穿心莲、柴胡、鱼腥草等注射液。

（2）为防止继发感染，可与抗生素药物同时应用。复方氨基比林10毫升、青霉素160万单位、硫酸链霉素50万单位，加蒸馏水10毫升，分别肌注，日注2次。病情严重时，也可静脉注射青霉素160万单位×4支，同时配以皮质激素类药物，如地塞米松等。

（3）感冒通2片，1日3次内服。

（十七）羊小叶性肺炎

【病因】

羊受寒感冒；受物理性、化学性因素刺激（即环境应激）；受条件性病原菌的侵害，如巴氏杆菌、链球菌、化脓放线菌、坏死杆菌、铜绿假单胞菌、葡萄球菌等的感染，皆可导致该病，同时可见于肺线虫、羊鼻蝇、乳房炎、创伤性心包炎等病的病理过程中。该病可继发于口蹄疫、放线菌病、羊子宫炎和乳房炎、肺脓肿。

【症状】

病羊呼吸困难，呈现弛张热和低弱的痛咳，体温可高达40℃以上。叩诊肺部有局灶性浊音区，浊音多见于肺下区边缘，其周围的健康肺脏呈现高朗音。转为肺脓肿后，病羊呈现间歇热，体温升高至41.5℃，咳嗽，呼吸困难；血液检查白细胞总数增加到1.5万/毫升。

【类症鉴别】

本病应与大叶性肺炎、咽炎和副鼻窦疾病加以区别。

【预防】

加强饲养管理，保持圈舍卫生，防止吸入灰尘。勿使羊受寒感冒，杜绝传染病感染。防止插胃管时误插入气管中。

【治疗】

（1）消炎止咳　可选用10％磺胺嘧啶20毫升或抗生素（青霉素、链霉素），肌内注射。亦可用氯化铵1～5克、酒石酸锑钾0.4克、杏仁水2毫升，加水混合后灌服。

（2）解热强心　可用复方氨基比林或水杨酸钠2～5克，口服；10％樟脑水注射液2毫升，肌内注射。

（十八）羊有机磷中毒

【病因】

有机磷农药是农业上常用的杀虫剂，也是畜牧业上常用的杀虫和驱虫药。主要有甲拌磷（3911）、对硫磷（1605）、内吸磷（1059）等。这些杀虫剂多具有较高的脂溶性，可经皮肤渗入机体内，通过消化道和呼吸道被较快吸收。羊的中毒常是误食喷洒有机磷农药的种子；应用有机磷杀虫剂防治羊体外寄生虫，剂量过大或使用方法不当；羊接触有机磷杀虫剂污染的各种工具器皿等，而发生中毒。

【症状】

病羊流涎，流泪，咬牙，瞳孔收缩，眼球颤动，个别羊严重拉稀，无食欲，反刍停止，全身发抖，步态不稳，卧倒在地，全身麻痹，呼吸困难，有的窒息死亡。病羊心跳100次以上/分钟，呼吸50次以上/分钟，体温正常。

【剖检】

胃黏膜充血、出血、肿胀，黏膜易脱落，肺充血肿大，气管内有白色泡沫，肝脾肿大，肾脏浑浊肿胀，包膜不易剥落。

【治疗】

（1）阿托品皮下注射，每只2～4毫克，病情严重者可加大剂量2～3倍，第1次注射后隔2小时再注射一次，直到症状减轻为止。

（2）10%葡萄糖注射液500毫升，碘解磷定注射液15毫克/千克，静脉滴注；2小时后再静脉推注一次。

（十九）羊有机氯中毒

【病因】

往往因误食、舔食撒有有机氯制剂（六六六、滴滴涕、毒杀芬等）的青草、蔬菜，或用有机氯药物杀灭外寄生虫时，体表涂撒面积过大，有机氯经皮肤吸收而引起中毒。

【症状】

有机氯农药是神经毒，又是一种肝毒。羊中毒后主要表现为精神萎靡，食欲减少或消失，口吐白沫，呕吐，心悸亢进，呼吸加快，行动缓慢，呆立不动。中枢神经兴奋而引起肌肉颤动，逐渐表现为运动失调，痉挛，步态不稳。经1～2小时流涎停止，四肢无力，倒地，心律不齐，呻吟，眼球震颤，体表肌肉抽动。以后四肢麻痹，多于12～24小时内死亡。

【预防】

严禁将喷洒过有机氯制剂的谷物、饲草喂羊；妥善保管有机氯农药；用有机氯农药防病灭虫时，打开门窗，让药气消散，以防发生中毒。

【治疗】

（1）尽快灌服盐类泻剂，排除胃内毒物，用硫酸镁或硫酸钠20～50克，加水200毫升，灌服，禁用油类泻剂。

（2）缓解痉挛，可用巴比妥类，每千克体重25毫克，肌内注射；或用氯丙嗪，每千克体重1～3毫克，肌内注射。

（3）内服石灰水等碱性药物可破坏其毒性，用石灰500克加水1000毫升，搅拌澄清，服用澄清液300～500毫升。

（二十）羊有机氟中毒

【病因】

羊因误食喷过农药的鲜草和其他植物，或误食毒饵，而引起中毒；或喂食长期施用过氟乙酰胺的饲料，因残毒蓄积，喂后发生中毒；或误饮被污染的水而引起中毒。

【症状】

病羊因采食量不同，所表现的临床症状的严重程度也不同。常分为急性中毒和慢性中毒。

（1）急性中毒　无明显前兆，病羊精神不振，饮水少，食欲减退或废绝，反刍停止，肘肌震颤，结膜潮红，肠音初期高朗，后期减弱，最后消失。心音增速，驱赶时不愿行走。病程持续2～3天，病羊突然倒地，抽搐，惊厥或角弓反张，有的数分钟内呼吸抑制，心跳停止而死亡。

（2）慢性中毒　病羊中毒后5～7天，表现为精神不振，食欲减退，不合群，反刍停止，流涎，不愿行走，喜静，瞳孔散大或缩小，肘肌震颤，有时轻微腹痛。个别病羊排恶臭稀粪。体温正常或低于常温，脉搏增速，心音节律不齐，心房纤颤等。病情可反复发作，往往在抽搐过程中，因呼吸抑制、循环衰竭而致死。

【预防】

（1）凡施用过氟乙酰胺的农作物，从施药到收割期必须经过2个月以上的残毒排出时间，方能作为饲料用，否则易发生中毒。

（2）对有机氟农药（氟乙酰胺）要建立严格的保管制度，被污染的用具应妥善保管，防止羊误舐而中毒。

（3）已发生中毒或有中毒可疑的羊，应加强饲养管理，同时普遍内服绿豆汤解毒。

【治疗】

（1）应立即进行洗胃处理，早期用0.05%高锰酸钾或淡肥皂水洗胃；如食入毒饲料时间较长，可用硫酸镁或硫酸钠350～500克，口服，并同时内服活性炭60～100克，加水1000毫升，以吸附毒物，促使其快速排出；病羊也可服绿豆汤、鸡蛋清，对保护胃肠黏膜、吸附毒素、防止毒素的吸收效果较好。

（2）乙酰胺（解氟灵）是氟乙酰胺中毒的特效解毒剂，每千克体重0.1～0.3克，用0.5%盐酸普鲁卡因溶液稀释后分3～4次肌内注射，首次量为全天药量的1/2，另一半每隔2小时注射1/4；第2天开始将全天量分为4份，每4小时肌内注射1次，连用3～5天。

（3）用60度的白酒40～70毫升，每天1～2次内服。

（二十一）羊铜中毒

【病因】

在使用过含铜喷雾或土壤含铜量高的牧场放牧，饲料中添加铜盐过多，误食杀虫或杀灭蜗牛的铜制剂，均可引发本病。

【症状】

本病分为急性和慢性两种。急性铜中毒主要表现为呕吐、流涎，剧烈腹痛、腹泻，心动过速，惊厥，麻痹和虚脱，最后死亡。粪便中含有黏液，呈深绿色。慢性铜中毒则表现为精神沉郁，厌食，黏膜黄疸，尿中含有血红蛋白，粪便变黑。

【剖检】

剖检可见肝脏黄染，肾脏呈暗黑色。胃内容物和粪便分析有助于本病的诊断，取胃内容物和粪便加入氨水，若由绿变黄，则为阳性。

【预防】

防止用硫酸铜喷雾污染草料；药用硫酸铜制剂要严格掌握用量；使用补加铜饲料添加剂时，必须混合均匀，控制喂量。

【治疗】

治疗原则是消除致病因素、加速毒物的排除及解毒疗法。首先应把病羊置于安全处所，更换饲料，加强护理。促进铜盐排出，可用0.1%亚铁氰化钾溶液洗胃；也可灌服牛奶、蛋清、豆浆或活性炭等肠黏膜保护剂，以减少铜盐的吸收。排除已吸收的铜盐，可应用二乙胺四乙酸二钠钙或二巯基丁二酸钠。慢性中毒者，可给予钼酸铵50～500毫克、硫酸钠0.3～1毫克。

（二十二）谷物酸中毒

谷物酸中毒是因羊采食或偷食谷物物饲料过多，从而引起瘤胃内产生乳酸的异常发酵，使瘤胃内微生物区系和纤毛虫生理活性降低的一种消化不良疾病。其临床表现以精神兴奋或沉郁、食欲和瘤胃蠕动废绝、胃液酸度升高、瘤胃积食胀软、脱水等为特征。

【病因】

主要为过食富含碳水化合物的谷物如大麦、小麦、玉米、高粱、水稻，或麸皮和糟粕等浓厚饲料所引起。

【诊断要点】

通常在过食谷物饲料后4～6小时内发病，呈急性消化不良，表现精神沉郁，腹胀，喜卧，亦见有腹泻，很快死亡。

一般症状为食欲、反刍减少，并很快废绝，瘤胃蠕动变弱，很快停止。触诊瘤胃胀软，内容物为液体。体温正常或升高，心律和呼吸增数，眼球下陷，血液黏稠，皮肤丧失弹性，尿量减少，常伴有瘤胃炎和蹄叶炎。瘤胃液pH值用石蕊试纸测定在6以下，血液碱贮和二氧化碳结合力降低。在病程中亦见有视觉紊乱、盲目运动者。

【防治措施】

（1）加强饲养管理　严防羊偷食谷物饲料及突然增加浓厚精饲料的喂量，故应控制喂量，做到逐步增加，使之适应。

（2）中和胃液酸度　用5%碳酸氢钠1500毫升胃管洗胃，或用石灰水洗胃。石灰水制作：生石灰1千克，加水5升，搅拌均匀，沉淀后取上清液。

（3）强心补液　可用5%葡萄糖盐水500～1000毫升，10%樟脑磺钠5毫升，混合后静脉注射。

（4）健胃轻泻　用大黄苏打片15片、橙皮酊10毫升、豆蔻酊5毫升、石蜡油100毫升，混合加水，1次内服。

（二十三）羊食盐中毒

食盐是动物饲料中不可缺少的成分。适量的食盐能维持动物体内的正常水盐代谢，并可增进食欲和胃肠活动，但过量则可引发中毒。

据分析，羊食盐的中毒量是3～6克/千克体重；成年羊食盐的致死量是125～250克。

动物发生食盐中毒或致死并不单纯决定于食盐的食入量，还取决于羊饮水是否充足。比如，如果一时食入的食盐太多，但同时又饮用了大量水分，这种情况下不一定会发生中毒；相反，如果食入的食盐过多，又缺乏饮水，那么中毒的机会加大。

曾有报告说，给绵羊喂以含2%食盐的饲料，同时限制其饮水，数日后即出现中毒；但喂以含13%食盐的饲料，同时不限制饮水，结果没有发生中毒。

【症状】

动物发生食盐中毒的主要症状是口渴，饮欲大大增加，呼吸急促，眼结膜潮红充血，视力模糊或失明，肌肉震颤与痉挛。最后倒地，四肢不规则划动，昏迷而死。

【剖检】

剖检的主要变化是：脑膜和脑内充血与出血，胃肠黏膜潮红、出血或有水肿。

【治疗】

早期可用含5%葡萄糖的生理盐水500毫升静脉内注射；内服蓖麻油150～200毫升。重症羊很难救治。

（二十四）羊阿维菌素中毒

阿维菌素是一种驱虫药物，用于驱杀羊体内的线虫和体表寄生虫，临床应用疗效好，但如果使用过量，也会产生一些毒副作用。

【发病情况】

羊户对其饲养的156只小尾寒羊进行春季预防性驱虫，用1%的阿维菌素进行皮下注射，注射剂量为0.2毫升/10千克体重。用药10～16小时后，个别羊出现行走不稳、倒地不起等症状，结合用药史，初步诊断为阿维菌素中毒。全群共出现临床症状羊17只，经及时救治，1～3天后全部康复，无1例死亡。

【症状】

中毒羊的主要症状为行走不稳，流涎，严重时卧地不起，全身肌肉震颤，倒地后四肢呈游泳状划动。心律加快，心音亢进，甚至头向后仰，颈和四肢痉挛。舌麻痹，伸出口外，呼吸加快。

【治疗措施】

（1）用10%葡萄糖注射液200～400毫升，维生素C5毫升，葡萄糖酸钙100毫升，静脉注射。

（2）强力解毒敏2毫升肌内注射，或肌注阿托品2～4毫克，每天3次，直至症状缓解。

（二十五）羊棉籽饼中毒

【病因】

羊因大量采食未经脱酚处理或加工不当的棉籽饼及棉叶会引起中毒。此病多发生于棉花主产区，饲料中棉籽饼添加不当时，也会发生中毒。

【症状】

轻症表现为食欲减退，低头弓腰，发生消化不良或轻度胃肠炎，粪便干硬呈黑色，体温一般正常。重症者体温升高，精神沉郁，喜卧阴凉处，被毛粗乱，后肢无力，走路不稳。眼睛怕光、流泪，有时甚至失明。严重时，体温升高到41℃以上，食欲废绝，瘤胃蠕动减弱，粪球干硬呈枣核状，外表带有黑色血液。呼吸困难，肌肉震颤，尿量减少、色黄，有时有血尿，可视黏膜充血并有大量的眼屎。一般情况下，2～3天死亡。

【防治措施】

（1）预防　用棉叶喂羊，必须经晒干压碎、发酵后，用清水洗净。棉籽饼必须煮沸2小时以上方能饲喂。饲喂料不能超过饲料量的20%，饲喂几周后，应停喂几周，然后再喂。饲喂棉籽饼时，应加些食盐和硫酸亚铁，以减少毒性。哺乳羔羊和哺乳母羊及怀孕羊不宜饲喂。

（2）治疗　有发病表现时，立即停喂，病初绝食1～2天，内服0.1%～0.5%高锰酸钾或3%碳酸氢钠溶液，早期投服盐类泻剂；有出血性胃肠炎时，应用鞣酸蛋白质5克、次硝酸铋10克、氢氧化铝凝胶10～20毫升，灌服，同时注射仙鹤草素、安络血等止血剂；前胃弛缓时，可用新斯的明3～5毫升，皮下注射，并酌情采用输液、强心及补糖和维生素等措施。

（二十六）羊荞麦秸秆中毒

荞麦属蓼科植物，其籽实、秸秆和叶壳等被绵羊采食后，能增加动物对阳光的敏感性，引起家畜中毒。

【症状】

在绵羊皮肤上发生红斑性炎症，首先在眼睑、耳、鼻及咽部出现严重水肿且吞咽困难，体温上升，发生角膜炎和黄疸，皮肤有黄色液体渗出，后形成硬结龟裂或溃疡、坏死。有的病羊出现痉挛，个别羊出现中毒症状后1～2天内发生死亡。

【剖检】

剖检两只病死羊，可见皮下水肿、尸体黄染，食管和胃肠有轻微炎症，可初步诊断为绵羊饲喂荞麦叶、壳引起中毒。

【预防】

（1）尽量不饲喂荞麦秸秆和叶壳等。

（2）饲喂荞麦秸秆和叶壳时，最好先用热水浸泡或少喂并与其他饲料搭配。

（3）发现绵羊有初期症状时，应立即将绵羊移到阴暗处，防止阳光直射。

【治疗】

（1）静脉注射糖盐水或口服糖盐水500毫升，以增加尿量，促进毒物排泄。肌内注射樟脑磺酸钠5毫升。

（2）静脉注射10%葡萄糖酸钙无菌水溶液50～100毫升，地塞米松磷酸钠盐针剂，每只羊肌内注射2～4毫克。

（3）发生皮疹的部位应用高锰酸钾溶液洗涤，然后涂擦鱼石脂软膏或磺胺软膏。

（二十七）羊急性酸中毒

【病因】

饲管条件、气候、环境等多方面因素的突然改变，使羊一直处在精神高度紧张和疲劳状态中；在旅途中由于饲养管理条件差，羊吃不好，休息不好，部分羊处于饥饿和半饥饿状态，到场后的前2天，给羊饲喂了大量严重发酵酸败的酒糟与配合饲料相混的日粮，处于饥饿和半饥饿状态的羊贪食吃得过多而造成急性酸中毒。

【症状】

羊只特别消瘦，毛缺乏光泽，精神委顿，反应淡漠，卧多立少，不愿走动，强行驱赶，行走无力，不驱赶时又卧下。耳、鼻、四肢末梢发凉，结膜淡白或发绀，舌质薄软无力，舌苔淡白。体温一般正常或偏低，继发肺部炎症者稍高。羊安静时心跳稍快而弱，稍有骚动不安心跳马上加快加强，可达120～130次/分钟，节律不齐，有的可在颈部和背部听到明显的心音，严重的胸、腹部被毛也随心跳而颤动。稍有惊动则表现出不安恐惧。瘤胃蠕动音微弱或消失，瘤胃松软。病情严重者瘤胃内积满大量液状内容物，随着羊腹部的摆动或用手撞击瘤胃部，可听到明显的击水声。病情较轻者还能吃一些草料，病情较重者不吃草料。病羊均喜欢舔食碱土，如羊场厕所、砖墙上、墙根下的白色碱土。病羊多死于心力衰竭和呼吸困难。

【剖检】

病羊消瘦，皮下脂肪完全消失，骨骼肌萎缩，肌纤维粗糙无光泽。瘤胃内容物呈糊状，瘤胃、网胃壁菲薄，瓣胃、真胃壁薄而空虚，有少量糊状物。肠壁菲薄空虚，肠系膜、网膜无脂肪。十二指肠有轻度炎症。心脏扩大、心肌薄而松软。肝淤血稍肿，胆汁外渗。肾稍肿，肾脏周围无一点脂肪沉积。肺水肿或淤血，支气管内充满泡沫状液体。胃、肠、肝、胆、肺未发现寄生虫。只在盲肠内发现鞭虫。

【防治措施】

（1）立即停止饲喂酒糟　改放牧为主为舍饲为主适当放牧的饲养方法，使羊得到充分的休息，减少营养消耗，恢复体力。供给适口性好、营养丰富的青干草、嫩草芽、嫩树枝、黄萝卜丝和配合饲料。对病情轻的羊在羊场周围草地上每天上下午放牧1～2小时，让其自由选择牧草。

（2）恢复消化功能，中和体内酸度　对病情轻的能吃一些草料的羊，每天每只以20～30克的人工盐拌入草料或撒进饲槽中让病羊自由采食或舔食，连续使用。

（3）对病情严重、食欲废绝的羊，每天用50%葡萄糖液80毫升、糖盐水500毫升、10%安钠咖5毫升、5%碳酸氢钠液100毫升，混合后缓慢静脉注射，每日1次。灌服人工盐10克，木鳖酊2毫升、姜酊10毫升、复方龙胆酊10毫升，每日2次。

（4）对瘤胃中大量积液的病羊，除用上述治疗方法外，每天静脉注射1次10%氯化钠液100毫升。此药对消除瘤胃积液十分理想，用药1～2次后积液基本消失。

（5）对有体温升高、呼吸道炎症或其他症状的病羊，使用抗生素和对症疗法。

（二十八）羊霉玉米中毒

【发病经过】

发现1只羊走路不稳，转圈，强行赶回家中死于圈内。待晚间给羊补喂草料时，又发现病羊4只，请求诊治。

【症状】

病的4只羊，3只饮食欲废绝，1只吃草料较慢，时吃时停。共同的症状为：精神兴奋，肌肉震颤，乱走乱撞，视物不清，跨越饲槽，走路蹒跚无力，左摇右摆，后躯无力显醉酒状。口唇麻痹，流涎，失明，倒地后四肢乱划，呈游泳状，挣扎站起。

【病因】

发病时间集中，症状相似，且发病的羊全部是个体大、膘肥体壮者，其中有1只种公羊。对全群羊进行检查，又发现8只羊走路步态不稳。立即检查饲草饲料，发现饲料玉米全部发霉，并有部分发芽。由此诊断为霉玉米中毒。

【治疗】

10%葡萄糖500毫升，50%葡萄糖200毫升，复方氯化钠500毫升，40%乌洛托品10毫升，20%安钠咖8毫升，10%维生素C 10毫升，1次静脉注射。注射中死亡5只。25日对羊群进行2次检查，又发现17只出现临床症状。采取下列措施进行紧急抢救：对出现临床症状的第1日按上方静脉注射2次。第2日减乌洛托品、安钠咖，每日注射2次，连用2日，对无症状的其他羊只，用50%葡萄糖200毫升、5%葡萄糖500毫升、生理盐水500毫升、10%维生素C 5毫升，每日静脉注射1次，连用3天。全群羊恢复食欲而痊愈。

（二十九）羊常见误食中毒

1. 高粱苗中毒

【症状】

中毒羊反刍、嗳气停止，从口腔流出大量带泡沫的液体，呼吸困难，可视黏膜鲜红，伸颈哞叫，烦躁不安，呼出气体有苦杏仁味，站立不稳，眼球突出，体温偏低，脉搏弱。

【抢救方法】

① 用0.1%的高锰酸钾溶液洗胃，后灌服200毫升。

② 静脉放血200毫升，随后再静脉注射10%的葡萄糖溶液1000～1500毫升。

③ 静脉注射3%的亚硝酸钠溶液6～7毫升，后再静脉注射10%的硫代硫酸钠溶液50毫升。

④ 肌内注射20%的安钠咖溶液5毫升。

2. 毒芹中毒

【症状】

中毒后的羊兴奋不安，口鼻流，食欲废绝，然后反刍停止，瘤胃臌气，排尿次数增加。初期呼吸急速，体温升高达40～41℃；中毒后期，体温下降到37℃以下，四肢抽搐，知觉消失，四肢末端冷厥，最终因呼吸中枢麻痹而死亡。

【抢救方法】

取10%安钠咖注射液10毫升，10%维生素C注射液20毫升，分别肌内注射。同时用1%鞣酸液1000毫升洗胃，稍后灌服硫酸钠100～200克、水2500～4000毫升，以清理肠道，排除毒物。治愈率达95%以上。

3. 苍耳草中毒

【症状】

苍耳草的新鲜汁液含有大量的生物碱和其他有毒物质，尤其是在开花前被羊采食后，易发生中毒，严重时可引起死亡，轻度中毒时发生肠胃炎，食欲减退，低头站立；重者狂躁不安、呕吐，后精神沉郁，呆立不动，耳朵肿胀裂口并流出黄色黏稠液体，口唇及眼睑浮肿、四肢麻木，行走摇摆。

【抢救方法】

① 发现中毒立即用高锰酸钾溶液或双氧水洗胃。

② 用人工盐100克、硫酸镁150克、水1000～2000毫升混合后口服。

③ 20%葡萄糖注射液500～1000毫升静脉注射，1日1次，连用3日。体质虚弱时可适当注射强心剂如苯甲酸咖啡因、尼可刹米、樟脑油等。

4. 尿素中毒

【症状】

羊误食尿素中毒后，精神沉郁，眼红，肌体痉挛，呼吸困难。

【抢救方法】

① 用1%醋酸200～300毫升或食醋250～500克灌服，若再加入食糖50～100克，加水灌服效果更好。

② 硫代硫酸钠3～5克，溶于100毫升5%葡萄糖生理盐水，静脉注射，再加食醋250克灌服，具有良好效果。

三、常见寄生虫病防治

羊是草食动物，在日常饲养管理上如不注意，往往会因寄生虫感染而带来严重的经济损失。患病羊轻者消瘦，生长缓慢，生产力下降，重者死亡。

对寄生虫病的防治，关键在于平时加强羊群饲养管理，注意羊舍卫生，饲草干净，饮水清洁；增强羊群体质，提高抵抗力；治疗病羊，消灭体内外病原；粪便处理，环境杀虫，消灭外环境病原体；对羊群进行定期预防性驱虫。

根据寄生虫的生活特点，一般每年4～5月份及10～11月份各驱虫一次。药物驱虫1周后，宜再驱一次，以便使体内幼虫得以驱除。驱虫后要注意羊粪的收集，并集中堆积发酵处理，防止病原扩散，引起重复感染。

现将羊易患的各种内外寄生虫病及其具体治疗方法分述如下。

（一）片形吸虫病

片形吸虫病是羊最主要的寄生虫病之一。由肝片形吸虫和大片形吸虫寄生于肝脏胆管所致。该病分布于全世界，我国遍布各地。主要危害羊、牛，人也可感染。贫血、感染山羊呈急性或慢性肝炎和胆管炎，并伴有全身性中毒现象和营养障碍，危害相当严重，尤其对幼畜可造成大批死亡。

【病原】

肝片形吸虫新鲜时呈棕红色，扁平状，前端有锥状突起，突起后面为“肩部”，虫体大小为（20～35）毫米×（5～13）毫米。虫卵大小为（130～150）微米×（63～90）微米，卵圆形，黄色或黄褐色，卵盖不明显，卵内充满卵黄细胞和一个胚细胞。大片形吸虫形态与肝片形吸虫相似，但其虫体为长叶状，大小为（33～76）毫米×（5～12）毫米，“肩部”不明显。虫卵较大，为（144～208）微米×（70～109）微米。

虫卵随胆汁入肠道经宿主粪便排出，在适宜条件下经10～15天孵出毛蚴。毛蚴游动于水中，遇中间宿主椎实螺（小土蜗等），即钻入其体内，发育为胞蚴、雷蚴至尾蚴逸出螺体，在水草或水中形成囊蚴，羊吃食后感染。童虫在羊体内穿过肠壁至腹腔，经肝包膜入肝胆管寄生，也可经肠系膜静脉或总胆管开口处入肝脏。囊蚴发育为成虫需2～4个月，成虫寄生寿命达3～5年。

【流行特点】

本病流行与病畜粪便污染的牧场及中间宿主椎实螺类的被感染有着密切关系，所以本病呈地方性流行，多发生于低洼和沼泽地区的放牧场所。雨后地面积水会增加羊感染的机会，特别是多雨年份或久旱逢雨的温暖季节，常可促使本病暴发和流行。夏秋两季是本病的主要感染季节。在放牧吃草或饮用生水时可受感染。

【症状与病变】

羊急性感染病例是由于同时感染上万个囊蚴所致，多发生在夏末和秋季，但并不多见。病羊表现为体温升高，腹胀，有腹水，严重贫血，重者可在几天内死亡。慢性病例较多见，多发于冬春。病羊高度消瘦，黏膜苍白，贫血，眼睑、颌下及胸腹下水肿，衰竭死亡。

急性感染者肝肿大，肝包膜上有纤维素沉积、出血，暗红色虫道内有凝固的血液和很小的童虫，腹腔中有带血色的液体，成虫在胆管中引起慢性胆管炎、慢性肝炎和贫血，早期肝肿大，后萎缩硬化，胆管扩张、增厚、变粗或堵塞，切开见有虫体和污浊稠浓的液体。

【诊断】

根据症状、流行资料、粪便检查和死后剖检等进行综合判定。粪便检查可用水洗沉淀法或尼龙绢袋集卵法。只见少数虫卵而无症状出现，只能视为带虫。急性病例以剖检在肝脏中找到大量幼虫而确诊。近年来有人使用皮内变态反应、间接血凝试验或酶联免疫吸附试验等免疫学方法进行诊断。

【治疗】

治疗片形吸虫病的药物较多，可选用：①硝氯酚，每千克体重4～5毫克，1次口服，对童虫无效。②硫双二氯酚，每千克体重80～100毫克，1次口服，对成虫有效。③丙硫咪唑，每千克体重10～15毫克，1次口服，对成虫有效，且对童虫也有一定疗效。④三氯苯唑（肝蛭净），每千克体重10毫克，1次口服，对成虫、童虫均有效。⑤溴酚磷（蛭得净），每千克体重12毫克，1次口服，对成虫、童虫均有效。⑥双乙酰胺苯氧醚（可利苄），每千克体重100毫克，1次口服，主要对童虫有效。

【预防】

① 定期驱虫，每年春秋两季各驱虫一次。若常年放牧，每年可进行3次驱虫。急性病例可随时驱虫。在同一牧地放牧的动物最好同时驱虫，以减少感染源。

② 做好粪便管理发酵处理及灭螺工作。

③ 保持动物饮水和饲草卫生。在流行地区不喂生的水生饲料和不饮生水。防止在低洼草地放牧和饮水。

（二）**日本血吸虫病**

日本血吸虫病是由日本血吸虫寄生于人、牛、羊等的肠系膜静脉和门静脉系统所引起的人畜共患寄生虫病，俗称血吸虫病。主要流行于亚洲，在我国分布很广，遍及长江沿岸及其以南各省区。本病长期危害着疫区人、畜，严重影响人体健康和畜牧业的发展。

【病原】

日本血吸虫雌雄异体，线虫样，常呈雌雄合抱状态。雄虫粗短，乳白色，长12～20毫米，腹吸盘较口吸盘大，自腹吸盘后方，虫体两侧向腹面卷起形成抱雌沟。雌虫细长，灰褐色，长15～26毫米，口吸盘、腹吸盘均较雄虫小。虫卵短椭圆形，无卵盖，淡黄色，大小为（70～100）微米×（50～80）微米，壳薄，一侧有个小棘，卵内含已发育的毛蚴。成虫在寄生部位产卵，一部分随血流达肝脏，一部分逆流到肠壁，形成结节。结节破溃后，虫卵入肠道，随宿主粪便排出体外。虫卵在水中孵出毛蚴，钻入中间宿主钉螺，经胞蚴、子胞蚴阶段产出大量尾蚴，逸出螺体。当家畜入水时，经皮肤或口腔黏膜感染，胎儿也可经胎盘感染。通过血液循环，最后至肠系膜静脉和门静脉发育为成虫。一般从尾蚴经皮肤感染至成虫产卵需30～40天，成虫寿命可达20年以上。

【流行特点】

带虫的人、畜、野生动物不断排出大量虫卵，污染牧地、河流、湖沼、水田和低湿地等，成为传染来源。而野生动物更是造成自然疫源地不可忽视的传染源。水牛在血吸虫病流行环节中处于重要位置。钉螺是血吸虫发育所必需的中间宿主，适宜在小河边、湖岸、稻田、山区和平原水边潮湿杂草丛生的泥土中滋生，每年4～5月份和9～10月份是其活动和繁殖的主要季节，也正是螺体大量释放尾蚴的季节。羊群放牧、饮水时，接触“疫水”而受感染。在江湖滩放牧的羊群，活动范围大，因此有时阳性率很高。

【症状与病变】

羊主要表现为渐进性消瘦，病羊肋痕外露，被毛粗乱，失去光泽，白色的羊毛因沾满污物而变成灰色。病羊可视黏膜苍白，大便变软，粪粒相互黏合成团，常有黏液、黏膜，甚至有血液，部分病羊有干性咳嗽，呼吸浅而快，严重者卧地不起，常回视腹部。急性感染羊最后多衰竭死亡。轻度感染羊除体型较瘦、粪球略软外，无明显症状。

虫卵沉积于肝、肠等组织形成虫卵结节。初期肝肿大，肝表面及深层充满黄白色结节，晚期肝脏萎缩或硬化。各段肠道都可以发现虫卵沉积，以直肠段病变最为严重，可见到瘢痕、小溃疡和肠黏膜增厚，有时可见肉芽肿，大肠黏膜有不同程度的弥漫性出血，血液随粪便排出。挤压门静脉及肠系膜静脉时，可检出雌雄合抱的虫体。

【诊断】

在流行区，根据临床症状和流行资料分析可做出初步诊断，但确诊和查出轻度感染动物需依靠病原学检查和血清学试验。病原学检查最常用的方法是粪便毛蚴孵化法，可作为确诊的主要依据。血清学试验常作为辅助性诊断，应用于普查中，有环卵沉淀试验、间接血细胞凝集试验和酶联免疫吸附试验。

【治疗】

目前常用的治疗药物有：①吡喹酮，每千克体重40毫克，1次口服，疗效显著。②硝硫氰胺，每千克体重60毫克，1次口服，疗效确实。

【预防】

查病治病；捕杀作为保虫宿主的野生哺乳动物（如鼠类），以绝后患；查螺灭螺；粪便管理，采取无害化处理；安全用水；安全放牧和安全防护。

（三）莫尼斯绦虫病

莫尼斯绦虫病是由扩展莫尼斯绦虫和贝氏莫尼斯绦虫寄生于羊小肠内引起的疾病，常呈地方性流行。特别是对羔羊危害严重，不仅影响其生长发育，甚至造成成批死亡。全世界分布，我国分布也很广，广大牧区几乎每年都有不少羔羊死于本病，农区有局部流行。

【病原】

扩展莫尼斯绦虫带状，乳白色，长1～6米，宽16毫米，头节有4个吸盘，无顶突和钩。虫卵呈三角形或圆形，直径50～60微米，内含1个六钩蚴的梨形器。贝氏莫尼斯绦虫节片较宽，可达26毫米，虫卵以四方形、六角形为多，直径70～95微米。地螨是莫尼斯绦虫的中间宿主。随宿主粪便排出的孕节和虫卵，被地螨吞食。六钩蚴在地螨体内经40天左右发育为成熟的似囊尾蚴，羊吃草时将此地螨吞入后，地螨被消化，释放出似囊尾蚴，吸附于小肠上，经37～50天发育为成虫。成虫生存期2～6个月，然后通常自行排出体外。

【流行特点】

1.5～7月龄羔羊感染率最高，随年龄增长而感染率逐步降低。本病流行呈现一定的季节性，感染高峰一般为春夏季节。因地螨的生态习性，羊在清晨及雨后采食低湿地牧草或早春未开垦过的地埂嫩草时，极易吃到地螨而受感染。

【症状与病变】

轻度感染不表现明显症状。严重感染时，初期出现食欲降低，喜饮水，腹泻，粪便中混有乳白色孕节，继后出现贫血，清瘦，皮毛粗糙，有的有抽搐和回旋等神经症状，后期常卧地不起，头向后仰，常做咀嚼运动，全身衰竭而死亡。剖检胸腔、腹腔有浑浊液体，肠黏膜、心内膜和心包膜有小出血点，小肠卡他性炎症，有时扩张、臌气或套叠、扭转。

【诊断】

在患病羊的粪球表面有黄白色的孕节片，形似煮熟的米粒。将孕节做涂片检查，可见到大量特征性虫卵。用饱和盐水浮集法可检出粪便中的虫卵。结合症状和流行特点便可确立诊断。

【治疗】

常用的驱虫药物有：①氯硝柳胺，每千克体重 75～80 毫克，一次口服。②硫双二氯酚，每千克体重 80～100 毫克，1 次口服。③吡喹酮，每千克体重 10～15 毫克，1 次口服。

【预防】

消灭地螨和预防性驱虫是预防重点。结合牧场条件，播种高质量牧草，更新牧地，能使地螨减少或绝迹。不在雨后的清晨和傍晚放牧，避开地螨滋生地放牧。畜群从舍饲转放牧前进行一次驱虫，放牧开始后宜间隔 1 个月左右进行二次“成熟前驱虫”，坚持数年，效益明显。

（四）脑多头蚴病

脑多头蚴病是由寄生于犬的多头带绦虫的中绦期幼虫脑多头蚴寄生于羊等的脑或脊髓内引起的疾病。它是危害羔羊的一种重寄生虫病。本病呈世界性分布，我国各省、市、区均有报道，但多呈地方性流行，并可引起动物死亡。

【病原】

脑多头蚴为乳白色半透明囊泡，圆形或卵圆形，豌豆大到鸡蛋大，囊壁上有集成簇的许多原头蚴，有 100～250 个。囊内充满液体。羊吞食多头带绦虫虫卵而受感染，六钩蚴钻入肠黏膜，随血流到达脑、脊髓中，经 2～3 个月发育为多头蚴。犬吞食了含多头蚴的羊脑和脊髓，原头蚴吸附于肠壁上经 41～73 天发育为成熟绦虫。

【流行特点】

牧区或非牧区，只要有养犬习惯，羊均可能感染，且一年四季都有感染的可能。

【症状与病变】

感染后 1～3 周呈现体温升高，类似脑炎或脑膜炎症状，严重者常引起死亡，耐过的羊症状消失而呈健康状态。感染 2～7 个月出现典型症状，呈现异常运动和异常姿势。虫体寄生在一侧脑半球表面时，头倾向患侧，并以患侧做圆圈运动，对侧眼失明。虫体寄生在脑前部时，头低垂抵于胸前或高举前肢步行或猛冲向前，遇障碍物后倒地或静立不动。虫体寄生在小脑时，知觉过敏，易惊恐，步态蹒跚，平衡失调，痉挛等。虫体寄生在腰部脊髓时，后躯及盆腔脏器麻痹，最后死于高度消瘦或重要神经中枢受害。

本病前期有脑膜炎和脑炎病变，后期可见囊体或在表面，或嵌入脑组织中。寄生部位的头骨变薄、松软及皮肤隆起。

【诊断】

在流行区，根据其特殊的症状、病史做出初步判断。剖检病畜检查虫体而确诊。

【治疗】

施行手术摘除，但脑后部及深部寄生者则较困难。近年来用吡喹酮和丙硫咪唑进行治疗可获得较满意的效果。

【预防】

应对牧羊犬定期驱虫，排出的犬粪和虫体应深埋。对野犬、狼等终宿主应予以捕杀，防止犬吃到含脑多头蚴的羊、牛等的脑和脊髓。

（五）血矛线虫病

血矛线虫病是由捻转血矛线虫寄生于羊等反刍兽的真胃、小肠内而引起，病原体致病力强，也常与其他毛圆科线虫混合感染。本病呈世界性分布，我国遍及各地。羊群感染率可达70%～80%以上，给畜牧业经济带来十分严重的损失。

【病原】

捻转血矛线虫呈毛发状，淡红色，头端尖细，口囊小，内有一角质背矛，雄虫长15～19毫米，交合伞发达，背肋呈“人”字形。雌虫长27～30毫米，眼观可见红白线条相间，阴门位于虫体后半部，有明显的阴门盖。虫卵无色，壳薄，大小为（75～95）微米×（40～50）微米，内含16～32个胚细胞。虫卵随宿主粪便排出，孵出幼虫经蜕皮发育为带鞘的感染性幼虫，羊随吃草和饮水吞食感染性幼虫而感染，经3～4周发育为成虫。

【流行特点】

流行季节多在夏末和早秋。低湿牧地有利于传播此病，早晚放牧吃露水草或小雨后阴天放牧，羊更易感染。羊对捻转血矛线虫有“自愈”现象。

【症状与病变】

急性型比较少见，以肥羔羊突然死亡为特征，死羊眼结膜苍白，高度贫血。一般呈亚急性经过，表现为显著贫血，眼结膜苍白，下颌和下腹部水肿，被毛粗乱，消瘦，精神委顿，放牧离群，严重者卧地不起，常有大便秘结，或下痢与便秘交替。病程一般为2～4个月，陷于恶病质而死亡，不死亡者转为慢性，病程长达1年左右。剖检可见胸腔及心包积水，真胃黏膜水肿，有小创伤和溃疡，大量虫体绞结成一黏液状团块，小肠黏膜卡他性炎症。

【诊断】

羊群中出现上述症状轻重不同的患者，便可怀疑本病，但确诊需经粪便检查虫卵，并进一步做粪便培养检查具有特征的感染性幼虫，或对流行羊群捕杀剖检，严重病畜检出虫体。

【治疗】

治疗可选用的药物有：丙硫咪唑，每千克体重5～10毫克；左旋咪唑每千克体重6～8毫克；噻苯达唑每千克体重30～70毫克，1次口服；依维菌素每千克体重0.2毫克，1次皮下注射。

【预防】

应采取定期预防性驱虫，一般在春秋季各进行一次，冬季驱杀黏膜内休眠的幼虫，以消除春季排卵高潮，转换放牧场地时应进行驱虫。不在低湿牧地放牧，夏季避免吃露水草。注意饮水卫生，妥善处理粪便。

（六）食道口线虫病

食道口线虫病是由多种食道口线虫的成虫和幼虫寄生于肠腔与肠壁所引起的。有些幼虫可在肠壁形成结节，故又称结节虫病。本病世界性分布，我国各地普遍存在。本病可引起羊生产力下降，甚至死亡，结节病变常影响肠衣加工而废弃，造成严重的经济损失。

【病原】

哥伦比亚食道口线虫、微管食道口线虫、粗纹食道口线虫等寄生于羊的盲肠和结肠，虫体口囊小，口缘有叶冠，头端具头囊、颈沟、颈乳突及侧翼膜。雄虫交合伞发达，有一对等长的交合刺。雌虫阴门位于肛门前方附近，排卵器发达，呈肾形。虫卵椭圆形，无色，大小为（73～89）微米×（34～45）微米。其生活史与捻转血矛线虫相似，但其幼虫进入羊体后，在肠黏膜形成结节，而后返回肠腔，发育为成虫。

【流行特点】

春季和秋季感染率最高。清晨、雨后和多雾天气放牧时易受感染。宿主感染系摄入被感染性幼虫污染的青草和饮水所致。

【症状与病变】

轻度感染不显症状。严重感染时，引起羔羊持续性腹泻，粪便暗绿色，含大量黏液，有时带血，病羊弓腰，后肢僵直，腹痛，生长发育受阻，最后虚脱死亡。剖检大肠壁上有很多结节，结节直径2～10毫米，含淡绿色脓汁，有小孔与肠腔相通，引起溃疡性和化脓性结肠炎。在新结节中可发现虫体。

【诊断与防治】

参照血矛线虫病。

（七）羊双口吸虫病

羊双口吸虫病是由前后盘科的多种吸虫所引起的疾病，也称前后盘吸虫病。成虫寄生于羊的瘤胃和网胃壁上，危害不大，但童虫在发育过程中移行于真胃、小肠、胆管和胆囊中，可造成严重的疾病，甚至导致病羊死亡。本病主要发生在夏秋两季，淡水螺是该病病原物吸虫的中间宿主。

【症状】

主要是童虫在羊真胃、小肠、胆管和胆囊等处移行时破坏组织器官而表现明显的症状，可引起各组织脏器出血、炎症、坏死等。病羊主要表现为顽固性下痢，粪便呈粥样或水样，常有腥臭味。病羊食欲减退，精神委顿，消瘦，体弱无力。病程拖长后，病羊逐渐消瘦，高度贫血，颌下水肿，黏膜苍白，血液稀薄，最后病羊极度消瘦，卧地不起，最终衰竭死亡。

【预防】

（1）定期驱虫：北方可在每年春、秋季各驱虫1次，南方地区因常年放牧，每年可驱虫3次。

（2）灭螺：可用1∶50000的硫酸铜溶液或20%氨水灭螺；也可

饲养水禽来灭螺。

（3）加强饲养管理，注意饮水卫生。选择高燥处放牧。

【治疗】

（1）氯硝柳胺：每千克羊体重用75～80毫克，一次口服，驱除真胃及小肠内的童虫。

（2）硫双二氯酚：每千克羊体重用75～80毫克，一次口服，驱除成虫效果较好。

（3）溴羟替苯胺：每千克羊体重用65毫克，一次口服，对驱除成虫、童虫均有较好效果。

（八）羊双腔吸虫病

羊双腔吸虫病是矛形双腔吸虫寄生于羊肝脏和胆囊内引起的以黏膜黄染、消化紊乱、水肿等为特征的寄生虫病。羊感染率可高达70%～80%。本病有明显的季节性，一般夏、秋季感染，冬、春季发病。

【症状】

轻度感染时一般症状不明显。严重感染时，可见可视黏膜黄染，消化紊乱，颌下水肿，下痢，逐渐消瘦，有的体温升高，最后陷于恶病质而死亡。

【病变】

由于虫体的机械刺激和毒素作用而引起胆管炎和胆管壁增生肥厚。主要病变为胆管出现卡他性炎症，管壁增生、肥厚，胆汁暗褐色，胆管周围结缔组织增生，胆管和胆囊内有大量棕红色狭长虫体。寄生数量较多时，可使肝脏发生硬变、肿大，肝表面形成瘢痕，胆管呈索状。

【预防】

（1）定期驱虫　对同一牧地的所有家畜，每年秋后和冬季进行定期驱虫，驱虫后将粪便集中进行堆制处理，利用发酵产热杀死虫卵。

（2）灭螺、灭蚊　因地制宜，结合改良牧地开荒种草，除去灌木丛或烧荒等措施杀灭宿主。牧场可养鸡灭螺，人工捕捉蜗牛。该病严重流行的牧场，可用氯化钾灭螺，每平方米用20～25克。

（3）合理放牧　感染季节，选择开阔干燥的牧场放牧，尽量避免在中间宿主多的潮湿低洼地上放牧。

【治疗】

(1) 海托林(三氯苯丙酰嗪) 每千克羊体重40～50毫克,配成2%混悬液,一次灌服,这是治疗本病最有效的药物。

(2) 丙硫咪唑 每千克体重30～40毫克,配成5%混悬液,一次灌服。

(3) 吡喹酮 每千克体重50～70毫克,1次口服;油剂腹腔注射,每千克体重50毫克。

(4) 六氯对甲苯 每千克体重200～300毫克,口服,连用2次。

(九) 羊胰吸虫病

羊胰吸虫病又称羊阔盘吸虫病,是由双腔科阔盘属的吸虫寄生在羊胰管中引起胰管炎症、贫血及营养障碍的寄生虫病。这种吸虫在发育过程中需要两个中间宿主(第一中间宿主为陆地螺,第二中间宿主为草螽)的参与。其主要流行季节为春、秋两季,尤以秋季为主。

【症状】

由于虫体的机械刺激和毒素作用,可使羊胰管发生慢性增生性炎症和黏膜上皮渐进性坏死,导致管壁增厚,管腔缩小甚至闭塞,胰液排出受阻,因而发生消化障碍。轻度感染者症状不明显,严重感染者表现消瘦,毛色干枯,贫血,下痢,粪便带黏液,颌下、颈部和胸部可出现水肿,最后陷于恶病质而死亡。

【预防】

(1) 疫区每年3～4月份对羊群进行普遍粪检,对阳性羊逐头治疗,以减少虫卵对草场的污染。

(2) 由于吸虫第二中间宿主草螽分布广泛,难于消灭,因此主要采取杀灭第一中间宿主陆地螺来切断其生活链,可在每年5～6月份陆地螺刚复苏从土内钻出而尚未开始繁殖时人工捕捉,集中火烧或砸碎深埋。

(3) 划区放牧,防止再感染。

(4) 培育无阔盘吸虫的健康羊群,羔羊从断奶开始,移到绝对安全区放牧管理,并逐年扩大健康羊群,最终达到完全净化的目的。

【治疗】

(1) 吡喹酮 每千克体重65～80毫克,1次内服;油剂腹腔注射量为每千克体重30～50毫克，可用灭菌液体石蜡或植物油按1∶5配制。

（2）六氯对二甲苯（血防846） 每千克体重400～600毫克，1次内服，隔日1次，3次为1个疗程。

（十）羊泰勒焦虫病

【发病情况】

观察羊体表，有数量不等、品种达4种多的蜱，第9天开始用畜禽灭害灵驱除蜱。虽蜱被大量杀死，但还无法完全消灭。之后羊陆续死亡，有时每天死亡数达10多头，用青霉素、链霉素、庆大霉素、复方氨基比林、先锋霉素、杀虫霸、左旋咪唑等均无效。1个月后使用复方914后，病情才有所缓解，至今该批羊死亡85头，出生的22头羔羊死亡21头。同时曾与另一户有65头山羊的羊群合栏饲养几天，致使该羊群死亡20头（多数是小羊）。

【临床症状】

大多数羊体表寄生数量不等的蜱。病羊初期跟不上群，精神沉郁，喜卧，食欲减退，反刍减少，体温升高至41～42℃，呈稽留热，呼吸浅表、困难，肺泡音粗厉，流黏稠或水样鼻液，可视黏膜病初充血，继而苍白，有的甚至黄染，浅表淋巴结肿大，有的可见血尿，大多数孕母羊中后期发生流产。体质日渐消瘦，四肢麻痹，步态摇摆，最后卧地不起，衰竭而死。年龄越大病情越轻。

【病理变化】

病羊剖检可见血液稀薄、凝固不良，皮下脂肪有胶冻状物。全身淋巴结不同程度肿大、充血或出血，尤其以肩前、肠系膜、肝、肺等处淋巴结更明显，切开肠系膜淋巴结有大量灰黑色液体流出；心包积液，心外膜有大小不等出血点，心冠脂肪处有出血点且有胶冻样浸润。肺充血、水肿，肝脾肿大、质脆呈土黄色，胆囊肿大并充满暗绿色胆汁。肾呈黄褐色，表面有淡黄色或灰白色结节和小出血点。有的病例真胃黏膜有溃疡。

【预防】

预防的关键在于灭蜱，可根据本地区蜱的活动规律和生活习性制定灭蜱措施。用70毫克/升溴氰菊酯喷雾羊体及棚舍等环境，或用除癞灵对羊只进行药浴几次，可有效灭蜱。也可用贝尼尔等药物对假定健康羊进行药物预防。

【治疗】

(1) 贝尼尔，剂量为7～10毫克/千克体重，用注射用水配成2%溶液，深部肌内注射。每日2次。

(2) 复方914，每日1次。

(3) 阿卡普林，按1毫克/千克体重，配成5%水溶液，皮下注射或肌内注射。脉搏加快时可将总量分为3次注射。每2小时1次，必要时24小时后可重复用药。

在笔者的实践中，发现贝尼尔效果较好。

除采取上述驱虫药物外，还要根据病情进行强心补液等对症治疗，并加强护理以使病羊早日康复。

(十一) 羊虱病

【流行情况】

从1996～2004年，处理羊虱病12起，总存栏羊7861只，感染羊4640只，平均感染率为59%，有的羊群感染率为100%。本病流行有五个特点：一是流行时间长，如果不采取防治措施，可全年带虫。但严重的发病时间在每年的10月份至次年的6月份。二是传播速度快，最初只是发现几只羊有症状，1个多月就能扩散到全群。三是绵羊、山羊的颚虱和毛虱均为混合感染，山羊比绵羊易感染。四是母羊在接羔时发生虱病，虱子可迅速侵袭羔羊，感染率为100%，且感染强度大。五是深秋按操作规程选用有效药物药浴的羊或用驱杀内外寄生虫药的羊，羊虱病发生的时间要晚。

【病原】

羊虱主要有两类，一是绵羊颚虱和山羊颚虱，二是绵羊毛虱和山羊毛虱。

【症状与危害】

发病羊有痒感，表现不安，用嘴啃、蹄弹、角划以解痒；在木桩、墙壁等处擦痒。严重感染时，可引起病羊脱毛、消瘦、发育不良，使其产毛、产绒、产肉、产奶等生产性能降低。羔羊感染时毛色不亮泽，毛不顺，生长发育不良。由于羔羊经常舐吮患部和食入舍内的羊毛，可发生毛球病。

【防治措施】

采用个体治疗和全面预防相结合的方法。其治疗药物和方法如下。

① 长效伊力佳注射液，2毫克/10千克体重，皮下注射。

② 碘硝酚（驱虫王），以0.5毫升/10千克体重，皮下注射。

③ 复方伊维菌素混悬液（双威），2毫克/10千克体重，口服。

④ 灭虱粉。个体治疗可将药粉在全身涂擦，适用于治疗羔羊虱病。防治全群羊时，可将药物均匀地撒在羊体上，剂量为每只羊10克，能达到羊体和羊舍同时杀虫的目的。

⑤ 除癞灵。全身涂擦法：可用木棍前端缠上纱布，蘸取除癞灵原液，分部位在羊体上从后向前擦10余次，每只羊用药12毫升左右。

四、疑难杂症的诊断与防治

（一）新生仔畜胎便停滞

新生仔畜胎便停滞又称便秘，主要是指仔畜出生后1～2日，因秘结而不排胎便，并伴有腹痛症状。

【临床表现】

胎儿出生后1日以上仍不排粪，精神不振，弓背，努责，频作排便姿势而无便排出，起卧不安，有刨地踢腹等腹痛症状时，要考虑是否出现胎便停滞（便秘），此时听诊肠音减弱或消失，或出现不吃奶、出汗、无力、脉搏加快、后期卧地不起等症状；用手指伸入直肠，可摸到干硬粪块，或掏出黑色的浓稠粪便。

【治疗】

用温肥皂水灌肠，或由直肠灌入石蜡油300毫升，用于软化粪便，以利排出。也可用细胶管插入患畜直肠内30～50厘米，进行直肠深部灌肠，必要时经2～3小时后再灌肠1次；也可灌入开塞露20毫升，或内服适量硫酸钠或露露通胶丸，同时配合按摩腹部促使粪便排出。

（二）传染性结膜角膜炎

【病因】

传染性结膜角膜炎是由嗜血杆菌、立克次体引起的反刍家畜的一种急性传染病，损害部位仅限于眼部。

【症状】

病畜怕光流泪，结膜潮红充血，眼角流出黏液性或脓性分泌物，少数形成角膜云翳、白斑或造成失明。该病常发于温度较高、蚊蝇较多的季节和空气流通不畅、氨气浓度较高的环境。

【防治措施】

（1）病羊隔离，圈舍及时清扫消毒。

（2）用2%～5%的硼酸水或淡盐水或0.01%呋喃西林洗眼，擦干后可选用红霉素、氯霉素、四环素、2%黄降汞或2%可的松等眼膏点眼。

（3）也可用青霉素或氯霉素溶液加地塞米松2毫升、0.1%肾上腺素1毫升混合点眼，2～3次/天。

（4）出现角膜浑浊或白内障的山羊，可滴入拨云散或青霉素50万单位加病羊全血10毫升，眼睑皮下注射或50万单位链霉素溶液5毫升眶上孔注射，2天1次。

（三）传染性脓口疮

【病因】

传染性脓口疮是由病毒引起的。

【症状】

口唇等处皮肤和黏膜形成丘疹、脓疱，结成疣状厚痂，主要通过圈舍、用具或皮肤擦伤传播，呈群发性，可在羊群中连续危害多年。

【防治措施】

（1）定期防疫，每年3月份或9月份用口疮弱毒细胞冻干苗在每只山羊口腔黏膜内注射0.2毫升。

（2）少用粗硬饲料，严防创伤感染，发现病羊及时隔离，圈舍和用具用2%火碱或10%石灰乳或20%热草木灰水消毒。

（3）用0.1%～0.2%高锰酸钾溶液冲洗创面，再涂2%龙胆紫、碘甘油、5%土霉素软膏或青霉素呋喃西林软膏等，1～2次/天，对重症者还应对症治疗。

（四）羊鼻蝇蛆病

羊鼻蝇蛆病是由羊鼻蝇幼虫寄生在羊的鼻腔及附近腔窦内所引起的疾病。在我国西北、东北、华北地区较为常见。羊鼻蝇主要危害绵羊，对山羊危害较轻。病羊表现为精神不安，体质消瘦，甚至发生死亡。

【病原】

（1）成虫　羊鼻蝇形似蜜蜂，全身密生短绒毛，体长10～12毫米；头大，呈半环形，黄色；两复眼小，相距较远；触角环形，位于触角窝内；口器退化；胸部有4条断续而不明显的黑色纵纹，腹部有褐色及银白色斑点。

（2）幼虫　第1期幼虫呈淡黄白色，长1毫米，前端有两个黑色口前钩，体表丛生小刺，末端的肛门分左右两叶，后气门很小，呈管状；第2期幼虫呈椭圆形，长20～25毫米，体表刺不明显，后气门呈弯肾形；第3期幼虫长约30毫米，背面拱起，各节上有深棕色的横带，腹面扁平，各节前缘有数行小刺，体前端尖，有两个强大的黑色口前钩，虫体后端齐平，有两个黑色的后气孔。

【生活史】

羊鼻蝇的发育需经幼虫、蛹及成虫3个阶段。成虫出现于每年5～9月间，雌雄交配后，雄虫很快死亡，雌虫则于有阳光的白天以急剧而突然的动作飞向羊鼻，将幼虫产在羊鼻孔内或羊鼻孔周围，雌虫在数天内产完幼虫后亦很快死亡。产出的第1期幼虫活动力很强，爬入鼻腔后以其口前钩固着于鼻黏膜上，并逐渐向鼻腔深部移行，到达额窦或鼻窦内（有些幼虫还可以进入颅腔），经两次蜕化发育为第3期幼虫。幼虫在鼻腔内寄生9～10个月，到翌年春天，发育成熟的第3期幼虫由鼻腔深部向浅部返回移行，当患羊打喷嚏时，将其喷出鼻孔，第3期幼虫即在土壤表层或羊粪内变蛹，蛹的外表形态与第3期幼虫相同。蛹经1～2个月羽化为成虫。成虫寿命2～3周。在温暖地区羊鼻蝇1年可繁殖2代，在寒冷地区每年繁殖1代。

【诊断要点】

（1）临床症状　羊鼻蝇幼虫进入羊鼻腔、额窦及鼻窦后，在其移行过程中，由于体表小刺和口前钩损伤黏膜引起鼻炎，羊流出大量鼻液，鼻液初为浆液性，后为黏液性和脓性，有时混有血液；当大量鼻漏干涸在鼻周围形成硬痂时，使羊发生呼吸困难。此外，病羊表现不安，打喷嚏，时常摇头，磨鼻，眼睑浮肿，流泪，食欲减退，日渐消瘦。症状表现可因幼虫在鼻腔内的发育期不同而持续数月。通常感染不久呈急性表现，以后逐渐好转，到幼虫寄生的晚期，则疾病表现更为剧烈。有时，当个别幼虫进入颅腔损伤的脑膜或因鼻窦发炎而波及脑膜时，可引起神经症状，病羊表现为运动失调，旋转运动，头弯向一侧或发生麻痹；最后病羊食欲废绝，因极度衰竭而死亡。

（2）实验室检查　病羊生前诊断可结合流行病学情况和症状表现，于发病早期用药液喷射鼻腔，查找有无死亡的幼虫排出。死后诊断，剖检时在鼻腔、鼻窦或额窦内发现羊鼻蝇幼虫，即可确诊。

【防治措施】

防治该病应以消灭第1期幼虫为主要措施。各地可根据不同气候条件和羊鼻蝇的发育情况，确定防治时间，一般每年11月份进行为宜。可选用以下药物。

（1）精制敌百虫

① 口服。每千克体重0.12克，配成2%溶液，灌服。

② 肌内注射。取精制敌百虫60克，加95%酒精31毫升，在瓷器内加热溶解后，加入31毫升蒸馏水，再加热到60～65℃，待药完全溶解后，加水至总量100毫升，经药棉过滤后即可注射。剂量：羊体重10～20千克用0.5毫升；体重20～30千克用1毫升；体重30～40千克用1.5毫升；体重40～50千克用2毫升；体重50千克以上用2.5毫升。

（2）敌敌畏

① 口服。每千克体重5毫克，每日1次，连用2天。

② 烟雾法。常用于羊群的大面积防治，药量按熏蒸场所的空间体积计算，每立方米空间使用80%敌敌畏0.5～1.0毫升。吸雾时间应根据小群羊的安全试验和驱虫效果而定，一般不超过1小时。

③ 气雾法。亦适合于大群羊的防治，可用超低量电动喷雾器或气雾枪使药液雾化。药液的用量及吸雾时间与烟雾法相同。

④ 涂药法。对个别良种羊，可在成蝇飞翔季节将1%敌敌畏软膏涂擦在羊鼻孔周围，每5天1次，可杀死雌虫产下的幼虫。

（五）羔羊淋巴外渗

【发病经过】

该批断奶羔羊共48只，以舍饲为主。通过诱食补饲关后，将羔羊全部集中到一排单个圈舍内，并按个体大小、体质强弱进行分群，每群4～5只，分群饲喂。圈舍由钢管横向焊接而成，相互之间有一定间隔，部分羊常将头从钢管缝中挤进挤出，结果在转圈后1周左右就有 3 只羔羊下颌明显肿胀，有的还出现轻微擦伤和被毛逆乱脱落。

【临床症状】

病羊下颌部肿胀，有明显界限，手摸有波动感，用针管穿刺其中，有 2 只羊可抽出无色或浅黄色稍透明液体，另一只羊发病较早，肿胀处皮肤稍松弛，且抽液困难，手摸感觉内部液体变浓，但还未形成明显硬块。几只羔羊炎症较轻微，精神和食欲上基本无异常。

【诊断】

羔羊是在转圈后 1 周左右发病，且 3 只病羊都是体质较好、平日好斗的公羊；翻阅病历，近期内未曾有发病记录，也未进行任何预防性用药。结合临床表现，确诊为淋巴外渗。

【防治】

（1）在圈舍内用木板做保护层，将钢管间缝堵住。

（2）将注射器刺入肿胀处抽取淋巴液，然后注入 95%酒精，停留约 1 分钟，再迅速抽出，其中 1 只抽液较困难的羔羊，结合先锋霉素肌注，3～5 天肿胀全部消失。

（六）孕羊产前截瘫

【病因】

孕期腹内胎儿发育迅速，特别是多胎的母羊在怀孕后期需要大量的营养物质，尤以钙、磷最为重要。如果此时饲料中钙、磷缺乏或比例不平衡，将引起血钙浓度下降，母羊机体只能动用自体骨骼钙来维持血钙水平。长期如此，将造成骨软症，导致产前截瘫。

孕羊胎水过多、胎儿过大及多胎时，母羊后躯神经受到严重压迫，重者发生产前截瘫。

长期或严重缺乏营养的孕羊，机体瘦弱，将出现不能起立的现象，发生截瘫。

母羊怀孕后期，行动迟缓，如果放牧不当、暴力驱赶或者圈舍窄小、羊群拥挤等情况可造成腰荐部骨骼或骨盆部骨骼发生严重伤害，可造成截瘫。

【症状】

本病一般发生在产前 1 个月左右，最初发病时，病羊后肢摇摆不安，步态不稳，卧地后起立困难，如未及时治疗，可导致后肢不能站立。也有个别母羊突然倒地，后肢不能直立。病羊无明显全身病理变化。病期较长者，可造成阴道脱垂或褥疮，甚至引起败血症。如果本症发生后不久即分娩，则产后大多能很快自愈。

【治疗】

细心护理病羊，多垫柔软垫草，每天翻转羊体3～5次，以防止褥疮发生。

加强营养，饲草饲料要易于消化，营养丰富且均衡。

有褥疮发生或有消化机能障碍的孕羊要及时对症治疗。

对于病期较长，诊断为骨软症的病羊，可静注10%葡萄糖酸钙100～200毫升或其他钙制剂。

对病情特别严重的羊，可施行人工引产，甚至剖腹术。人工引产是在严格消毒的情况下，术者将一个手指插入子宫颈口，手工除去黏液塞，再慢慢插入2～3指，以扩张子宫颈。在这种强烈的刺激之下，反射性地引起子宫收缩，一般12～24小时即可排出胎儿。

对于剖腹术，一般在不得已的情况下，可请经验丰富的专业兽医人员施行。

【预防】

放牧时对孕羊倍加留意，细心照顾。

加强孕羊的营养供给，蛋白质、矿物质及维生素应丰富而充足。

运动充足，特别是怀孕后期的母羊要充分到运动场自由活动，多晒太阳。

（七）羔羊肠痉挛

羔羊肠痉挛是因受寒冷等不良因素的刺激，使肠平滑肌发生痉挛性收缩，出现间歇性疼痛。该病多发生于羔羊哺乳期。

【病因】

寒冷刺激是该病发生的主要原因。冬春季节羔羊受气候突变影响或受风雪、冰雹、暴雨突然侵袭而发病。母羊乳汁不足或品质不佳，羔羊处于饥饿或半饥饿状态时也可致病。

【症状】

羔羊突然发病，病羊体温正常或偏低，耳、鼻及四肢冰凉，结膜苍白，口吐清涎水。轻症者，多表现为弓背、卧地、拉肚、回头顾腹、打滚等，有的亦做排尿姿势；严重腹痛时，病羊急起急卧，匍匐不起，四肢蹬直或转圈。腹部听诊胃肠蠕动增强，有时腹部胀满，下痢，排稀粪。疼痛停止后羔羊恢复健康。

【防治措施】

（1）加强母羊和羔羊的饲养管理，注意羔羊保暖，防止受寒。禁止用酸败、发霉、冰凉的饲料饲喂羔羊。

（2）为了暖胃，可用姜酊 10 毫升或茴香酊 10 毫升，加适量温水灌服。30%安乃近 5 毫升，肌内注射；或 2%普鲁卡因 2 毫升、10%硫酸镁 10 毫升，1 次静脉注射。

（3）本病预防可用清热健胃散，每头羊每次 20～50 克，拌入饲料中口服或灌服。

（八）羊肠套叠

羊肠套叠是羊肠管的某一段陷入自身管内引起的剧烈性腹痛病。本病多发生在绵羊，山羊少见。发病后一般需要通过手术矫治。

【病因】

本病的发生与肠道寄生虫病发作有关，特别是结节性寄生虫在肠壁上形成结节后极易形成肠套叠；或采食冷冻、有刺激性的饲料，使肠壁受到刺激，肠炎、肠血管痉挛、肠管神经紊乱等，也会促使肠管痉挛性收缩，引起肠环肌肉痉挛性收缩，影响肠道的正常蠕动，造成病理套叠；肠道病变，如肠套叠。另外，机械性刺激，如急剧奔跑和跳跃、剧烈运动，或由于剪毛时羊只过度挣扎和急剧翻转，也是本病发生的原因。

【症状】

病羊精神沉郁，反刍、食欲消失，鼻镜干燥，体温正常，心音减弱。最初行走不稳，喜卧地，卧时小心，卧后常发出叹息及切齿声。腹痛时，常有伸懒腰、弓背、磨牙、翘鼻等表现。有时两后肢或一肢向同一侧方向伸直，似分娩状。发病 2～3 天后眼结膜变成蓝紫色，食欲完全废绝。

病羊腹部饱满，绝食 1～2 天后仍不缩小，振动腹部，常能听到叮咚的水响声，听诊肠蠕动音减弱或停止。起初粪稍干，以后显著减少，粪球上常附有黏液，2～3 天后不排粪，有时排出带血的黏液；直肠检查，宿粪稀软、酸臭，后期呈黑褐色、黏稠似松馏油状，且有恶臭。

【防治措施】

（1）预防　加强饲养管理，合理供给饲料，防止羊群采食冷冻饲料或其他刺激性饲料；定期驱虫，预防肠道寄生虫病；放牧时不要急赶羊群，避免其剧烈奔跑和跳跃；剪毛或药浴时注意勿使其过度挣扎，翻转时更要小心稳妥地进行。

（2）治疗　目前还没有较理想的治疗药物，刚发病时可用手紧闭羊的鼻口数分钟，使羊由于暂时的窒息而挣扎，这样有时可以将套叠的肠管矫正过来。对于经济价值较高的羊，施行肠管手术是唯一的治疗方法。

（九）羊便秘

便秘是指粪便排出困难，山羊及绵羊均可发生，绵羊比山羊多见。仔山羊中以人工哺乳者比较容易发生。

【病因】

（1）初生小羊受到寒湿刺激，未得初乳或哺乳过多。

（2）吃干草多而饮水不足：如冬季由放牧转为舍饲的初期，常由于水缸结冰及温水供应不足而发生。

（3）日粮中含有大量谷物。

（4）缺乏运动，特别是怀孕的羊更易发生。

（5）高热疾病引起胃肠蠕动力减弱。

【症状】

初生小羊患病时，时常伏卧，后腿伸直，哀叫，表示痛苦。有时起卧不安，显示疯狂状态。

大羊发病时，最主要的症状是不时做伸腰动作。严重者面部表情忧郁，离群，不食，常后顾腹部，起卧极不安宁；静卧霎时即又起立前行，或者毫无方向地走动，变换一个地方又重新卧下。

【预防】

（1）人工哺乳仔山羊时，必须做到定时定量。

（2）冬季由放牧转为舍饲期间，必须供给足量饮水，并争取多运动。尤其在转为舍饲的初期，更应特别注意。

【治疗】

只要治疗及时，一般均无生命危险。治疗方法如下。

（1）用稀薄温暖的肥皂水或石碱水灌肠。若无灌肠器，可用小橡皮管与漏斗连接，将橡皮管的另一头插入肛门，徐徐将肥皂水灌入肠内。灌入水量不限制，见羊努责时，可让其自由排出，然后再反复灌入。也可单独用温水反复灌入，亦有疗效。

（2）灌肠以后，如不能治愈，可再给予泻盐 80～100 克或石蜡油 150～180 毫升。在一般情况下，于灌肠之后 10 分钟即可痊愈，无须再给泻剂。

（3）给予容易消化的调养性饲料，如水分多的绿色饲料。

（十）羊吃黑斑病甘薯中毒

【症状】

该病多发生于甘薯出窖时期，也可见于晚冬甘薯窖潮湿或温度增高时。羊中毒时，精神沉郁，黏膜充血，食欲不振或废绝，心脏功能减弱，心律不齐，呼吸困难，眼球突出。

【治疗】

（1）排毒、解毒

① 内服氧化剂。取 0.1%高锰酸钾 150～200 毫升或 0.5%双氧水 50～100 毫升 1 次灌服。

② 内服盐类泻剂。取硫酸镁 50～70 克，食盐 10～15 克，水 600～700 毫升，混合后 1 次灌服。

（2）缓解呼吸困难　取 10%葡萄糖 500 毫升、5%～10%硫代硫酸钠注射液 20～50 毫升静脉注射。

（3）当肺水肿时用 5%葡萄糖溶液 50 毫升、10%氯化钙溶液 10 毫升、10%安钠咖 2 毫升，混合后 1 次静脉注射。

（4）中药疗法　取白矾、贝母、白芷、郁金、黄芩、葶苈子、甘草、石韦、黄连、龙胆各 9 克，大枣 20 克，煎水加蜂蜜 500 克，1 次灌服。

（5）为预防并发症可用青霉素等抗生素。

【预防】

不用感染黑斑病的甘薯喂羊，注意甘薯的保存，以免感染黑斑病菌。已染病的甘薯应深埋，以免羊食。

（十一）羊产后子宫内膜炎

羊产后子宫内膜炎是产后子宫内膜的急性炎症，常于分娩后发生，因难产、胎衣不下、子宫脱出、子宫复旧不全、流产、死胎滞留在子宫内等，微生物乘机侵入而致。曾患布氏杆菌病、沙门杆菌病及其他侵害生殖道的传染病或寄生虫病的母羊，由于分娩后抵抗力降低或子宫损伤，则由原来潜在的子宫黏膜慢性炎症加剧，转变为急性炎症而表现出来。

【症状】

病羊精神沉郁，体温升高，食欲减退或废绝，反刍减弱或停止，轻度臌气、弓背、努责，从阴门内排出黏性或黏液脓性分泌物，严重时分泌物呈污红色或棕色，且有臭味，尤其卧下时排出较多。若不及时治疗或治疗不当，可转变为慢性，常继发子宫积脓、积液、子宫与周围组织粘连、输卵管炎等，发情期紊乱，屡配不孕，或受孕后又流产。

【预防】

分娩时要严格消毒，对原发病要及时治疗。

【治疗】

根据抗菌消炎、防止感染扩散和促进子宫收缩、排除子宫腔内渗出液的原则施治。为了消除炎症，可用氨苄青霉素钠肌内注射或静脉注射，1次量为每千克体重2～7毫克，每日1～2次；或多西环素（脱氧土霉素、强力霉素）静脉注射，1次量为每千克体重1～3毫克，1日1次；同时磺胺甲基异噁唑内服，首次量为每千克体重0.1克，维持量为每千克体重0.05克，1日1～2次。为了促进子宫收缩和增强子宫防御机能，排除子宫腔内的渗出物，可用缩宫素（催产素）注射液皮下注射或肌内注射，1次量10～50单位；或用马来酸麦角新碱注射液肌内注射或静脉注射，1次量0.5～1毫克。为了改善全身状况，增强心脏活动，促进子宫收缩和复原，排出子宫腔内的渗出物，可以补钙，10%葡萄酸钙注射液静脉注射，1次量50～150毫升；或5%氯化钙注射液静脉注射，1次量20～100毫升；但心脏极度衰弱的患羊则不宜补钙。一般不进行子宫冲洗，对全身症状严重者更应禁止冲洗，以免引起子宫弛缓和感染扩散的恶果。

（十二）绒山羊附红细胞体和球虫混合感染

【发病情况】

根据流行病学调查，该绒山羊种羊场始建于1989年，是全市唯一一家绒山羊种源基地，年发展绒山羊近千只，饲养管理和防疫技术科学规范，无疫情发生。从2000年开始发现个别羊食欲正常，而逐渐消瘦，拉稀，跟不上群，以后每年发病逐渐增多，场兽医开始怀疑为泰勒原虫，应用贝尼尔和黄色素等药物预防和治疗不见效果，病情继续发展，到2003年达高峰。2000～2004年累计发病302只。其中，2000年17只、2001年26只、2002年37只、2003年128只、2004年94只，发病率分别占当年存栏数的1.7%、2.5%、3.8%、13.6%和11.6%，死亡率很高。各种年龄羊均有发病，而以3～5月龄育成羊和体弱母羊多发，母羊因此而不能发情受孕。陆续散发，病程可达3～4个月，无明显的季节性。

【临床症状】

病羊精神萎靡，低头耷耳，放牧时跟不上群。体温略升高，后期体温下降至35～36℃。采食减少，反刍迟缓，弓背缩腹，腹泻，粪便呈大酱色粥样，后期排粪失禁。鼻镜干燥，从鼻孔中流出黄白色黏稠鼻液，结膜苍白或灰白色，呈明显的贫血状态，体质瘦弱，喜躺卧。随病情发展食欲废绝，卧地不起，反应迟钝，极度消瘦，最后衰竭死亡。

【治疗】

（1）长效磺胺注射液每千克体重0.2毫升肌内注射，每天1次，连用5天；而后应用长效土霉素针剂，每千克体重0.1毫升肌内注射，每天1次，连用3天，同时肌内注射硒铁针3毫升。

（2）严重病例，需配合补液治疗，如25%葡萄糖250毫升、维生素C 10毫升，维生素B 15毫升，肝泰乐4毫升，安钠咖4毫升，混合静脉滴注；维生素B_{12} 1毫克肌内注射，每天1次，连用3天。

（3）0.5%地克珠利粉拌料或灌服，每百只羊50克。同时全部饲料中加入电解多维和微量元素，饮水中加入补液盐，连用7天。

（十三）羊子宫出血

羊子宫出血是指在怀孕期间由子宫向外流血。山羊和绵羊都可发生，山羊比较多见。

【病因】

（1）由于受到外伤，使子宫血管发生破裂，如孕羊跌倒或腹部受到打击等。

（2）由于传染病或寄生虫病的影响。

（3）因为内分泌系统机能发生紊乱，如怀孕期发情。

【症状】

病羊首先表现不安、叫唤，努责，起卧。随着病情发展，子宫阵缩逐渐增强。当羊只卧下时，阴道中周期性排出血块，这种血液由于混有子宫黏液，故呈暗褐色。

大量出血时，可发现全身急性贫血症状，如黏膜苍白，肌内颤抖，全身虚弱，脉搏快而弱。有时子宫出血没有临床症状。

【诊断】

根据阴门中排出血液凝块即可作出诊断。利用开膣器视诊子宫颈膣部时，可发现子宫颈管中流出血液。子宫出血时，在阴道中一定会发现血液凝块，但阴道出血时，则不形成血凝块。

【预防】

加强护理，尽量防止孕羊受到外伤。

【治疗】

首先使羊充分安静，保持前高后低位，以减低后躯血压。不要反复进行阴道检查，以免刺激阴道，引起阵缩加强而出血增多。然后根据病羊情况采取下列治疗手段。

（1）进行止血。可以冷敷腰部，皮下注射 0.1% 肾上腺素 0.5～1.0 毫升；静脉注射仙鹤草素，每次 5～10 毫升，每日 2～3 次。也可以应用止血定注射液。

（2）羊表现不安时，可灌服水合氯醛，或给予白酒 100～120 毫升。

（3）有急性贫血症状时，可以注射氯化钠等渗溶液，也可以施行输血（取健羊血液 100～200 毫升，静脉徐徐输入）。

（4）如果胎儿已排出，为了加速子宫收缩，可以注射催产素。

在治疗过程中，绝对不可应用樟脑、咖啡因或其他强心剂。

（十四）羊胎水过多

胎膜腔内积有大量液体时称为胎水过多，其主要特征是尿水过多（hydrallantois）或羊水过多（hydramnios），也可能是二者同时合并发生。此病常见于绵羊及山羊。胎水在质的方面无大变化，也可能比正常胎水稀薄一些。

羊水量一般不多，最大限度约为 450 毫升，但羊水过多时，可以达到700毫升左右。

【病因】

（1）因为脐带或者胎膜的某些部分发生扭转。

（2）胎儿或母体肾脏发炎、心脏衰弱，以及肝、肺患有某些疾病。

（3）有些羊膜腔积水病例显然是由于羊膜上皮机能扰乱而发生，因为羊膜上皮能够分泌羊水。

（4）怀双羔或胎羔畸形时容易发生羊水过多。

【症状】

大多数病例均发生在怀孕的后半期，病情发展慢。最初全身不显症状，食欲正常，只是腹部逐渐膨大。在病程严重时，怀孕3.5个月的羊即显腹部增大，背部极度下陷，肷窝被胎水顶起。而在怀孕过程正常时，则肷窝很明显。

全身情况随着疾病的进展而逐渐恶化，食欲显著降低，病羊极度消瘦，被毛蓬乱，眼无神而沉郁，呼吸困难，脉搏快而弱，有时可达到100～120次/分钟。病羊行走困难，喜欢卧下，不易使其站立。检查阴道时，发现子宫颈深陷于腹腔之中。病情严重时，可发生子宫破裂或腹肌破裂，也容易发生早产，而且胎儿没有生活能力。

病情较轻时，怀孕进行正常，但在分娩时会发生阵缩微弱，甚至没有阵缩。在这种情况下，不进行助产即无法娩出胎儿。如果在分娩前2周或2周以上已不能自行站起，常由于恶病质或败血症而死亡。

【诊断】

因为外部视诊容易看出胎水过多，故诊断没有困难，但必须注意与腹腔积水和多胎相区别。临床方法绝不可能决定是羊膜腔积水、尿膜腔积水或者二腔同时积水，但积水种类对于治疗并无任何意义。在胎膜破裂时易于进行鉴别诊断，因为尿水稀薄，呈淡褐色，而羊水呈浆液性，透明，或者为淡浊白色。

【治疗】

（1）病情轻时，可给予体积小而富于营养的饲料，限制饮水和食盐。每天做规律运动，等待正常分娩。在这样的饲养管理下，可以维持正常怀孕。

（2）通过腹壁进行子宫穿刺，让液体排出，有时有疗效，但常常会引起流产。

（3）可试灌大量氯化铵（每日3～5克）或氢氯噻嗪（每日3次，每次5片），以增加水分的排泄。

（4）病情严重时，特别是具有危害母羊生命的症状时，应及早施行人工流产。

第九章 羊的产品和加工

第一节 羊　肉

一、羊肉的营养特点

① 羊肉蛋白质含量高，而脂肪含量低。其蛋白质含量低于牛肉，高于猪肉，脂肪含量高于牛肉而不及猪肉，且胴体脂肪层薄。

② 羊肉脂肪中含有挥发性脂肪酸，使其具有特殊风味（膻味），为许多人所喜食。

③ 羊肉肌纤维束较细嫩，容易熟和消化。一般山羊肉脂肪较绵羊肉少，因而不如绵羊肉嫩。

④ 羊肉中的必需氨基酸含量高于牛肉和猪肉。

⑤ 羊肉中含有丰富的维生素和钙、磷、铁等矿物质，铜和锌含量明显超过其他肉类。

⑥ 羊肉中胆固醇含量与其他肉类相比较低。如 100 克可食瘦肉中胆固醇含量：羊肉为 65 毫克，猪肉为 77 毫克，鸭肉为 80 毫克，兔肉 83 毫克，鸡肉 117 毫克。

另外，羊的内脏含有丰富的营养物质，可烹制成营养丰富且美味可口的菜肴，也是上好的食疗补品。

二、羊肉分级标准

（一）大羊肉胴体分级标准

一级：胴体重 25～30 千克，肉质好，脂肪含量适中，第 6 对肋骨上部棘突上缘的背部脂肪厚度 0.8～1.2 厘米。

二级：胴体重 21～23 千克，背部脂肪厚度 0.5～1.0 厘米。

三级：胴体重 17～19 千克，背部脂肪厚度 0.3～0.8 厘米。

凡不符合三级要求的均列为级外胴体。

（二）羔羊肉胴体分级标准

一级：胴体重20～22千克，背部脂肪厚度0.5～0.8厘米。

二级：胴体重17～19千克，背部脂肪厚度在0.5厘米左右。

三级：胴体重15～17千克，背部脂肪厚度在0.3厘米以上。

（三）肥羔羊肉胴体分级标准

一级：胴体重17～19千克，肉质好，脂肪含量适中。

二级：胴体重15～17千克，肉质好，脂肪含量适中。

三级：胴体重13～15千克，肌肉发育中等，脂肪含量略差。

凡不符合三级要求的均列为级外胴体。

山羊胴体品质不及绵羊，胴体大理石纹甚微，皮下脂肪的覆盖面也不多，以同龄在相同饲养下的山羊所产的肉膻味也较重一些。脂肪分布不均，主要在体腔器周围（肾及肠胃），肌间沉积少，因此，烹饪难度大，口感一般也不及绵羊肉。但也正因肉瘦，含水量高，脂肪含量低而受到部分消费者欢迎。

第二节　羊　毛

一、羊毛的分类及工艺特性

（一）羊毛分类

首先可以按其所含纤维的类型分成两类，即同质毛（或称同型毛）和异质毛（或称混型毛）。

（1）同质毛　指一个套毛上的各个毛丛由一种纤维类型所组成，毛丛内部纤维的粗细、长短趋于一致。细毛羊品种、半细毛羊品种及其高代杂种的羊毛都属于同质毛。

（2）异质毛　指一个套毛上的各个毛丛由两种以上不同的纤维类型组成。由于不同纤维类型，其细度和长度不一致，弯曲和其他特征也显著不同，多呈现毛辫结构。粗毛羊皆为异质毛。

（二）羊毛的物理性质（亦称工艺特性或技术品质）

毛纺工业根据羊毛的工艺特性来判断其品质的好坏。

1. 细度

羊毛纤维的细度是确定羊毛品质和使用价值的重要标志之一。在毛纺工业中，要根据羊毛的细度来制定加工条件，制成不同的产品。

羊毛的细度是指纤维横切面直径的大小，用微米表示。但实际上，毛纤维的横切面不是纯圆的，很难准确测定。故改为以每根毛纤维的平均宽度来表示其细度。在毛纺工业，对同质细毛和半细毛还用品质支数来表示羊毛的细度，其含义是：在英制中为1磅（约0.45千克）净梳毛能纺成560码（约512米）长度的毛纱，叫做一支纱。一般精纺毛纱截面内应保持30～40根羊毛纤维，粗纺毛纱截面内一般控制在120～134根羊毛纤维，如纤维根数过少，必将增加断头率。

鉴定羊毛细度的同时，还要观察其均匀度，因为这也是对毛纱细度和品质有直接影响的重要因素。如果羊毛的变异系数超过标准要求，就不能用来纺织高档精纺织品。

2. 长度

羊毛的长度在工艺上的重要性仅次于细度，它不仅影响毛纺织品和纱线的品质，而且是决定纺织加工系统和合理选择工艺参数的重要因素。在羊毛细度和其他品质相似的情况下，长羊毛的可纺支数和毛纱强力均比短的羊毛为高，断头率也有明显不同。3厘米以下的短纤维含量是影响毛条质量的一个重要因素。因为短纤维在牵伸区域内不易被控制而成游离纤维，由此产生粗细不均等疵点。毛纺织工业中分精梳毛纺和粗梳毛纺两个系统。精梳毛纺用毛要求羊毛长度在6.5厘米以上，短于6.5厘米的列入粗梳毛纺用毛。在精梳毛纺中，又分长毛纺和短毛纺两种，长毛纺一般使用9厘米以上长度的羊毛，而短毛纺则使用5.5～12厘米的羊毛。近年来又发展了半精梳毛纺系统，使用羊毛长度在4～8厘米之间。粗梳毛纺则一般使用5.5厘米长度的羊毛。

3. 弯曲

羊毛弯曲是指羊毛纤维离开它假定的直线线轴向两侧所形成的弧叫做羊毛的弯曲。一般以每1厘米的卷曲数来表示卷曲的程度，称为弯曲度。毛纤维有两种弯曲现象：一种羊毛纤维沿其长度方向，在同一平面内对假定直线纵轴的偏差，这种现象弯曲多为同质毛的弯曲；另一种是羊毛纤维在生长过程中，有围绕其中心扭转的趋向，亦称立体弯曲，此种弯曲多见于异质毛中，如卡拉库尔的豌豆和螺旋形毛卷最为典型。

4. 强度和伸度

羊毛纤维在外力作用下引起的内应力与变形间的关系称为羊毛纤维的机械性质，而强度又是评定羊毛纤维的首要指标。因为羊毛的强度不同，其用途也不同，强度不足，不宜作精梳毛纺用毛。同时，在一定的纺纱系统中不能用作经纱，而只能用作纬纱。

（1）强度　羊毛纤维在外力作用下，直至纤维断裂时所需的力，称为羊毛纤维的强度。羊毛纤维的强度用以下两种概念表示。

① 绝对强度：羊毛纤维在外力连续增加的作用下，直至断裂时所能承受的最大负荷，称为绝对强度。常以克或千克表示。现在国际上已统一用厘牛顿（CN）表示。

② 相对强度或单位强度：由于纤维粗细不同，绝对强度没有可比性，为了便于比较，将绝对强度折成规定粗细时的强度即为相对强度。毛纺上常用的相对强度是指纤维的细度为1旦尼尔粗细时所能承受的伸力（gf）来表示。

（2）伸度　是指将已经伸直的羊毛纤维，再拉伸到断裂时所增加的长度。这种增加的长度占毛纤维原来伸直长度的百分比，称为毛纤维的伸度。也可用以下两个概念来表示。

① 绝对伸度：羊毛纤维受力的作用发生伸长，其长度增加之值，称绝对伸度，用毫米表示。

② 相对伸度：即断裂伸度，为绝对伸长与纤维拉伸之前长度之比。

5. 弹性和回弹力

对羊毛施加外力，使其变形，当外力去除后，能重新恢复原来形状的能力称为弹性。一般用弹性恢复率（%）来表示。羊毛恢复原来形状和大小的速度称为回弹力。

羊毛纤维的相对强度较其他天然纤维低，为什么羊毛织品结实耐用呢？这就是羊毛纤维良好的机械性质的表现，其主要原因是毛纤维伸长率大，弹性恢复率高。能够承受一定的外力反复作用而不易伸长、起皱、疲劳和破裂，并能稳定地保持本身原来的形状，这就是羊毛织品经久耐用之道理所在。

6. 缩绒性能

羊毛在湿热条件下，经缩挤和机械力的作用，产生互相毡合的现象叫缩绒性。粗纺呢绒、毛毯、毡子等就是利用这种缩绒特性使织物紧密、绒面丰富、手感柔软，并使织物达到一定单位重量，以增加织物的耐用性和保暖性。缩绒性是毛类纤维所独具的特性。

毛纤维的鳞片是使羊毛产生缩绒性的重要原因。当羊毛互相接触时，在外力作用下，羊毛互相交叉移动，使锯齿形的鳞片互相吻合，加上纤维自然卷曲的作用，纤维互相缠绕，致使羊毛紧缩毡合。羊毛缩绒性的好坏常用羊毛摩擦系数来表示。因为羊毛的鳞片是有方向性的，从纤维根部向尖部摩擦和从毛尖部向毛根部摩擦之间存在着方向性摩擦效应，其差值愈大，羊毛的缩绒性愈强。

7. 光泽

羊毛纤维的光泽是指羊毛反射与折射光线的性能，其强弱程度与反射面大小、角度、表面光滑度有关，是羊毛质量的重要指标之一。羊毛的光泽，根据其对光线反射的强弱，可分为全光毛、银光毛、半光毛、无光毛。

8. 吸湿性

羊毛纤维和周围大气之间总是不断地进行水分交换。视周围大气中水分的多少，有时吸湿，有时吸收的水分等于放出的水分而达到吸湿平衡，羊毛的这种性能称为吸湿性。羊毛的吸湿性很强，当它吸收的水分达到本身重量的30%时，毛纤维的表面仍不感到潮湿。在一般情况下原毛含水量可达15%～18%。吸湿性是羊毛纤维的重要特性之一，它对羊毛纤维的形态结构、产品性能和纺织工艺加工都有影响。

二、羊毛质量要求和利用

（一）羊毛纤维类型

一般用肉眼观察或借助于显微镜观察，可以将羊纤维分为4个主要类型，即刺毛、无髓毛、有髓毛和两型毛。

1. 刺毛

刺毛分布在羊颜面和四肢下端，有时羊尾端也有分布。毛纤维粗短，长度1.5厘米左右，光泽较亮，为直或稍带弓形。刺毛在皮肤上倾斜生长，一根覆盖一根，毛纤维形成特殊的毛层，故称这种毛为覆盖毛。刺毛长度短，毛纺工业上无法利用。

2. 无髓毛

无髓毛又称细毛或绒毛。粗毛羊的无髓毛分布在毛被的底层，细毛羊的毛被完全由无髓毛组成。无髓毛只有鳞片层和皮质层两层，直径一般不超过40微米，长度5～15厘米，大多有弯曲。细毛羊的无髓毛直径不超过25微米，长度6～9厘米，弯曲明显，横切面多呈现圆形或椭圆形。无髓毛的工艺特性在各类型羊毛中是最好的。细毛羊品种和半细毛羊品种羊毛细度在40微米左右的都是无髓毛，是毛纺工业的优质原料。

3. 有髓毛

有髓毛亦称粗毛或发毛。可分为正常有髓毛、干毛和死毛3种。干毛和死毛都是正常有髓毛的变态。

① 正常有髓毛。粗毛羊及细毛羊低杂种的毛被中有此种毛。羊毛较粗、较长、弯曲少，比毛被中的无髓毛长，因此，正常有髓毛组成了粗毛羊毛被的外层毛。正常有髓毛由鳞片层、皮质层和髓层三层组成，其鳞片为非环形，形状各种各样，几个鳞片才能围绕毛纤维一周，髓质层的分布和形状也不一样。正常有髓毛的横端面呈椭圆形或不规则形状，也有近似圆形的。

② 干毛。干毛是有髓毛的一种变态，其组织构造与正常有髓毛相同，外形特点是纤维上端粗硬、较脆、缺乏光泽，羊毛纤维干枯。主要由于纤维上半部受雨水侵袭，以及风吹、日晒、气候过于干燥等外界因素的影响，失去油汗，以及引起细胞内物质及细胞间的联系发生变化，使纤维变硬易断、毛质干枯。干毛多见于毛的上端，整个纤维变干者少见。其工艺价值很低，毛被中存在的干毛越多，羊毛品质越差，是毛纺工业上的疵毛。

③ 死毛。死毛也是一种变态的粗毛，其髓质层特别发达，皮质很少，横切面呈现扁的不规则形状，长径约200微米以上。死毛色似白灰，无光泽，粗硬而脆弱易断，一般是直的，也有呈螺旋形弯曲者，上端变尖。死毛完全失掉了强度、伸度、弹性、光泽和对染料的亲和力等工艺特性。含有死毛的织品产品质量较低，有时还要由修补工专门在成品中挑出死毛并加以织补，成为次品，同时加大成本。在毛纺工业上死毛是一害。

4. 两型毛

两型毛亦称中间型毛，其细度、长度及其他工艺价值介于无髓毛和有髓毛之间。一般直径为30～50微米。毛纤维较长。

两型毛的组织学构造接近无髓毛，一部分有髓，一部分无髓，但髓质较细，多呈点状或断续状。其鳞片也多呈环形。

（二）羊毛质量要求和利用

在粗毛羊品种中，两型毛和无髓毛、有髓毛混合存在于毛被上，但两型毛的纤维类型根数百分比和重量百分比不同，如藏羊和滩羊的两型毛比例大，蒙古羊比例小。细毛羊与粗毛羊的低代杂种中两型毛比例显著增加，但随着杂交代数的增高而减少，以至完全消失。有些长毛种品种，如林肯羊，其毛被完全由一种纤维类型的两型毛组成。

在工艺价值上，两型毛要比有髓毛好得多，两型毛比例大的羊毛，适合用于制造提花毛毯和一般毛毯、长毛绒、地毯等。同质半细毛中的两型毛，因其弹性大、光泽好、毛长，是制造毛线和工业用呢等的上等原料。

第三节 羊 绒

一、羊绒分类

1. 山羊绒

细度在30微米及30微米以下，无髓，有卷曲。其基本特征是：纤维平滑，粗细均匀，无断痕和结节。鳞片密度小，张开程度小，暴露部分大，边缘光滑，厚度约0.4微米。在FSS溶液内迅速扩展，原卷曲消失，呈柔软细丝状。

2. 无毛山羊绒

指经过洗净、分梳，除去粗毛和杂质，无异种动物纤维和非动物纤维的山羊绒。

3. 粗毛

细度在30微米以上，不论是否有毛髓和卷曲，一端具有绒特征，另一端具有粗毛特征，粗毛长度占纤维全长1/2以上者，按粗毛处理。

4. 杂质

指混入绒内的肤皮及其他异物。

5. 异种动物纤维

指除山羊绒毛以外的其他种动物的纤维。

6. 非动物纤维

指植物纤维和化学纤维等非动物纤维。

二、羊绒的价值

无毛山羊绒（分梳山羊绒）是我国传统的出口纺织原料之一。它具有纤细、柔软、弹性好、质地均匀之特点，有很好的纺织和使用性能，在国际市场上享有很高的声誉。

近年来，随着国民经济的发展，山羊绒产区不断扩大，生产和经营出口无毛山羊绒的厂家和单位不断增多，而我国目前尚没有一个统一完整的出口无毛山羊绒品质规格标准，对羊绒概念的理解也不一致。为了加强出口无毛山羊绒质量管理，维护我国无毛山羊绒这一名牌产品在国际市场上的信誉，国家商检局与外贸、纺织等部门共同就出口无毛山羊绒的品质规格和概念问题进行研究，制订出口无毛山羊绒品质规格等有关规定，在合同无特殊要求的情况下，作为工厂生产、外贸验收、商检检验依据。

第四节　山羊奶

一、山羊奶的营养

山羊奶的成分和性质基本趋于稳定，是乳制品加工的主要原料，其营养特点主要有以下几点。

1. 山羊奶的干物质含量和能量价值高

山羊奶干物质含量比牛奶高1%左右，每千克鲜奶的热能含量比牛奶高209千焦，相当于210克牛肉或8～10个鸡蛋的热量。山羊奶的氨基酸总含量也比牛奶高3%。

2. 山羊奶脂肪球小、含脂率高

山羊奶脂肪球直径一般比牛奶小0.5～1.5微米。因此，在消化道中易充分乳化，形成稀薄的微粒状乳浊液，扩大了与脂肪酶接触的面积，很容易被消化吸收。山羊奶的含脂率一般比牛奶高0.5%～1.1%。脂肪热能是碳水化合物和蛋白质的2.25倍，所以山羊奶比牛奶产生的热能值大。

3. 山羊奶富含维生素和矿物质

山羊奶中的维生素含量比牛奶高，10 种主要维生素（维生素 A、硫胺素、核黄素、尼克酸、泛酸、维生素 B_6、叶酸、生物素、维生素 B_{12} 和维生素 C）的总量，山羊奶每百克鲜奶含维生素 780.8 微克，牛奶为 701.6 微克，其中维生素 C 的含量是牛奶的 10 倍，尼克酸的含量是牛奶的 2.5 倍。由于山羊奶能将所有的胡萝卜素转变化为维生素 A，故其奶油呈白色。

山羊奶还含有大量易于吸收的矿物质，尤其是钙、磷的含量均比牛奶高。钙含量是人奶的 6 倍，磷含量是人奶的 8 倍。更为突出的是，尽管山羊奶中维生素 B_{12} 的含量低于牛奶，但构成维生素 B_{12} 的微量元素钴含量，却比牛奶高 6 倍。

4. 山羊奶酸度低，具有抗变态反应特性

通常牛奶的 pH 值 6.6～6.8，山羊奶为 6.8～7.8；牛奶酸度为 17～18°T，牛奶稍偏酸性，山羊奶较牛奶偏碱性，这对胃酸分泌过多者和胃溃疡病患者，是一种有治疗作用的理想食品。山羊奶蛋白质成分与牛奶有明显差异，各种氨基酸比例又不同，一些对牛奶中某些蛋白质分子产生过敏现象的患者，不会发生特异性反应，是过敏病人的珍贵食品。

5. 山羊奶不易感染结核

奶山羊不易得结核病，山羊奶中很少有结合杆菌，一般情况下，饮用羊奶较安全。山羊奶最大的不足是有股膻味，有时影响人的食欲。现在国内外生产的一些脱膻剂，可减少这一缺点。

二、山羊奶的加工消毒

消毒鲜奶也称杀菌鲜奶，是以新鲜羊奶为原料，经净化、杀菌、均质、装袋或用其他形式进行无菌包装后，直接供应消费者饮用的商品奶。

1. 消毒奶类型

消毒奶的类型与名目繁多，概括起来有以下 3 类。

（1）全脂消毒奶　以合格鲜奶为原料，不加任何添加剂，经净化、杀菌、均质、无菌灌装后，直接进入消费。

（2）强化消毒奶　在鲜奶中添加各种维生素或钙、锌、铁、硒等，以增加和补充奶的营养成分，其风味和外观与消毒奶无区别。

(3) 花式消毒奶 在鲜奶中添加巧克力、咖啡或各种果汁后加工而成，其风味和外观与消毒奶截然不同。

2. 消毒奶的工艺流程

原料奶的验收—过滤及净化—标准化—均质—杀菌—冷却—灌装—装箱—冷藏

(1) 原料奶的验收 消毒奶的质量决定于原料奶。因此，对原料奶的质量必须严格检验，要求比重1.028～1.032，脂肪2.8%～4%，酸度10～8°T，非乳物质不得检出；细菌总数每毫升<50万，汞每千克<0.1毫克，抗生素每千克<0.03国际单位，致病菌不得检出。

(2) 过滤及净化 目的是除去乳中的尘埃、杂质。

(3) 标准化 我国食品卫生标准规定，消毒奶的含脂率应为3%，因此，不合乎标准的奶，都必须进行标准化。若原料奶中含脂率不足，应加入稀奶油以提高含脂率；若原料奶中含脂率过高时，可加入脱脂奶以降低含脂率。标准化所用设备为三用分离机。

(4) 均质 就是用均质机将奶中脂肪球在强力的机械作用下破碎成小的脂肪球，目的是为了防止脂肪的上浮分离，以提高羊奶的消化吸收率。均质后的脂肪球，直径大都在1微米以下。

(5) 杀菌 其目的是消灭奶中的病原菌和有害菌，以保证人体健康，并可提高奶在储存和运输中的稳定性。利用加热的方法，将奶中的微生物全部杀死的过程，称为灭菌；若仅杀死大部分微生物，称为杀菌。目前较先进的杀菌设备是超高温瞬时灭菌器，处理条件为130～150℃、0.5～2秒钟。用这种灭菌器，奶中的微生物即可全部杀死，又能保持羊奶的营养成分，是一种比较理想的灭菌法。

(6) 冷却 奶经杀菌后，虽然绝大部分细菌都已杀死，但在以后的工艺环节中仍有被污染的可能，为了充分抑制奶中细菌的发育，便于储存和上市，还应该及时冷却到2～4℃。

(7) 灌装 其目的主要是便于分送和零售，防止外界杂质和微生物的再污染，并保持羊奶固有的滋味，防止吸收外界异味和维生素等成分损失。

(8) 冷藏 灌装后的消毒奶若未能及时销售，应放入0℃左右的冷库中冷藏。

三、奶山羊挤奶技术要领

1. 擦洗乳房

挤奶前擦洗乳房，水温保持在45～50℃，先用湿毛巾擦洗，然后将毛巾拧干再进行擦干。这样既清洁，又因温热刺激能使乳静脉血管扩张，使流向乳房的血流量增加，促进泌乳。

2. 按摩乳房

挤奶前充分按摩乳房，给予适当的刺激，促使其迅速排乳。按摩方法有3种：一是用两手托住乳房，左右对揉，由上而下依次进行，每次揉3～4遍，约0.5分钟；二是用手指捻转刺激乳头，约0.5分钟（超过2分钟，会引起慢性乳头部外伤，招致乳房炎），刺激不要过度，以免造成疼痛；三是顶撞按摩法，即模仿羔羊吃奶顶撞乳房的动作，两手松握两个乳头基部，向上顶撞2～3次，然后挤奶。这3种按摩方法可依次连续进行，因为血液中的催产素是于开始刺激后的2分钟时浓度最高，以后便急剧下降，约0.5分钟即结束。为此，擦洗和按摩的时间不可过长，一般不超过3分钟。否则将会错过最适宜的挤奶时间，引起不良后果，如产奶量减少、乳房发病率增加等。

3. 拳握挤奶

采用双手拳握法挤奶能引起强烈的排乳反射，挤的奶多。方法是：先用大拇指和食指合拢卡住乳头基部，堵住乳头腔与乳池间的孔，以防乳汁四流。然后轻巧而有力地依次将中指、无名指、小指向手心收压，促使乳汁排出。每握紧挤一次奶后，大拇指和食指立即放松，然后再重新握紧，如此有节律地一握一松反复进行，操作时双手要分别握住两个乳头，两手动作要轻巧敏捷，握力均匀，速度一致，交替进行。对于个别乳头短小，无法挤压的，可采用滑挤法，即用拇指和食指捏住乳头，由上向下滑动，挤出乳汁。

4. 挤速要快

因排乳反射是受神经支配并有一定时间限制，超过一定时间，便挤不出来了。因此，要快速挤奶，中间不停，一般每分钟80～100次为宜，挤完1只羊需3～4分钟。切忌动作迟缓或单手滑挤。

5. 奶要挤净

每次挤奶务必挤净，如果挤不净，残存的奶容易诱发乳房炎，而且还会减少产奶量，缩短泌乳期。因此，在挤奶结束前还要进行乳房按摩，挤净最后一滴奶。

6. 适增次数

乳房内压力越小，乳腺泌乳越快、越多。因此，适当增加挤奶次数，减少乳房的内压力就可增加泌乳速度，提高产奶量。据测算，高产奶山羊，在良好的饲管条件下，每天挤 2 次比挤 1 次可提高产奶量 20%～30%，每天挤 3 次比挤 2 次提高产奶量 12%～15%。从实用和方便的方面考虑，一般羊应每天挤 2 次，高产羊应挤 3 次。

7. 做到三定

即每天挤奶要定时、定人、定地，不要随意变更。此外，挤奶环境要安静。

8. 检查乳房

挤奶时应细心检查乳房情况，如果发现乳头干裂、破伤或乳房发炎、红肿、热痛，奶中混有血丝或絮状物时，应及时治疗。

9. 浸浴乳头

为防止乳房炎，每次挤完奶后可选用 1%碘液、0.5%～1%洗必泰或 4%次氯酸钠溶液浸泡乳头。

10. 适时干奶

为使母羊能及时补充身体营养，保证胎儿正常生长发育，有利于下一个泌乳期获得高产，应根据母羊膘情和年龄的不同，在母羊怀孕 3 个月左右，即临产前 2 个月左右停止挤奶，要逐渐进行，开始每天挤 2～3 次，后改为每天挤 1～2 次，再改为 1 天 1 次或隔 1 天 1 次，隔 2 天 1 次，直至完全停挤。最后一次挤奶后，要通过乳头注入青霉素 80 万～100 万单位，可有效防止干奶期乳房炎的发生。

第五节　裘　　皮

一、羊皮的特点和用途

羊皮是养羊业的重要产品之一。绵羊、山羊屠宰后从其身上剥下的鲜皮，未经鞣制以前称为“生皮”，经脱毛鞣制后叫“革”，生皮经鞣制而成的革皮，可用于军用、工业、农业、民用等多种制品。我国的绵羊、山羊品种中，有些品种就是专门以生产羔皮和裘皮为主的。

（一）山羊皮的特点及其用途

山羊皮是制革工业重要的原料皮。按照山羊品种和用途，一般将山羊皮分为两类：一类是专门裘皮和羔皮品种山羊所产生的中卫山羊沙毛皮、青山羊猾子皮。此类山羊皮以其优美的花案、柔软的板质、独特的风格等特性成为我国出口创汇的优质制裘原料。另一类是普通山羊所生产的山羊板皮或山羊绒皮。山羊板皮强度高、张幅大，具有柔软、致密、轻便、排湿、防水、美观和便于加工等特点，除少数毛长绒多的皮张供作绒皮外，绝大多数均用于制革，是优质制革原料。

（二）羊皮革的特点及其用途

我国羊皮根据屠宰时的年龄和用途划分为羔皮、裘皮、老羊皮三类。羔皮一般指从绵羊羔羊身上所剥取的毛皮。毛皮行业将羔皮分为两种类型：一种是由专门的羔皮品种羊所生产的羔皮，如湖羊羔皮。这种毛皮具有独特的花案，可供制作花纹奇特、美观的妇女翻皮大衣或皮帽、皮领和褥子。另一种是自然死亡或流产的羊羔皮，这种羔皮经鞣制，可制作皮背心、皮衣等。

凡是从生后 1 月龄左右羔羊身上剥取的毛皮叫裘皮。滩羊就是我国专用的裘皮绵羊。裘皮主要是用于制作面向里穿的衣物，用以防寒保暖。滩羊裘皮因重量轻、不粘结，被称为中国的裘皮之冠。

老羊皮是指从淘汰、病死的成年绵羊身上剥取的羊皮。这些普通绵羊皮由于质量差、价格低，只能用作一般用途。

二、羊皮的剥取与初加工方法

（一）宰杀剥皮

宰杀山羊、绵羊，大多数还是采用“大抹脖”的传统宰杀法。此法往往会使血液污染皮毛，而且影响羊皮的完整性，降低皮张质量。较好的宰羊法是，将羊固定好，先用刀在羊的颈部纵向切开皮肤，切口 7～10 厘米，然后用力将刀子伸入切口内将气管和血管切断，将血引出，或将气管及血管拉出皮外切断，以防血液污染皮毛。放完血后，趁羊体温未降低时马上剥皮。剥皮不宜用刀剥或气吹，因为刀剥易伤害皮张，气吹对吹气者有害，最好的方法是：将羊仰卧在洁净的案板上，用尖刀在腹中线先挡开皮层，继而向前沿着胸部中线挑至下腭的唇边，然后回手沿中线向后挑至肛门处；再从两前肢和两后肢内侧挑开两横线，直达蹄间，垂直于胸腹部的纵线接着用刀沿着胸腹部挑开的皮层向里剥开5厘米左右，一手拉紧胸腹部挑开的皮边，一手用拳头击肉，边拉边击，这样很快可将整个羊皮剥下。

（二）**整形**

将剥下的生皮，用钝刀刮除皮板上的肉屑、脂肪、凝血及杂质，不要刮破皮板，保持毛皮的完整性。然后再去掉口唇、耳朵、蹄瓣、尾骨及有碍皮形整齐的皮角边等。最后按照皮张的自然形状和伸缩性质，将皮张各部位平坦展开，使皮形平整、方正。

（三）**防腐处理**

生皮主要由胶原纤维组成，含有蛋白质、脂肪和水分，特别易于细菌的繁殖、分解而腐败。为此，必须及时做好防腐处理。目前主要有晾干法及盐腌法两种。

1. 晾干法

将鲜皮晾干到含水量12%～16%，创造不利于细菌生长繁殖的环境条件，达到防腐的目的。具体做法是：先将生皮的毛抖顺，皮板向下，毛面向上，按自然形状伸平四肢，平铺在木板或贴附于墙上，注意不要过分拉撑，直到皮板定形后揭下，再将皮板朝上，置于阴凉通风处晾干。在晾干过程中，要防止日光暴晒，要防冻，防人畜践踏。

2. 盐腌法

这种方法能尽快抑制细菌繁殖，保护羊皮的固有质量，不掉毛，不腐败，能使皮张长期保存。具体做法有以下两种。

（1）干腌法　就是把盐均匀撒在鲜皮的内面上，用盐量为鲜皮重的35%～50%，使盐充分吸收水分，并逐步渗入皮内。撒过盐的鲜皮，皮板面相对，堆成小垛，腌制2～3天后拉展晾干。

（2）水腌法　先在水中或容器中配制25%的食盐溶液，盐液的温度应掌握在15℃左右。将鲜皮放入，浸泡16～26小时，将羊皮取出搭在绳子或木杆上，让其自由滴液。滴净水分后，按皮重再在皮板上撒 20%～25%干盐，晾干即可。

（四）保管储存

经上述处理晾干的羊皮，要板对板、毛对毛地整理好，以每 10～20 张为 1 捆，再用细绳捆好入库存放或出售。为保证毛皮质量，防止灰尘落入，可用塑料布等遮盖，必要时应加入卫生球或精萘粉等防虫剂，防止毛皮被虫叮蛀。同时也要注意通风，防鼠害，防发霉变质。

附　录

附录1　山羊饲养标准

1. 饲养标准来源于肉用山羊生产，亦服务于肉用山羊生产。只有合理应用饲养标准，并按此配制饲粮，才能满足肉羊的营养需要，保证羊群健康并发挥最佳生产性能，达到降本增效的目的。因此，为肉羊配合饲粮时，必须以饲养标准为依据。

2. 饲养标准是一个动态的概念，随着动物营养科学的发展和肉羊品质的改善，饲养标准也需要及时修订和完善，使其指导性和针对性更强。

3. 饲养标准是一定生产条件下的产物，各地区（以及各国）制定的饲养标准虽然具有一定的代表性，但毕竟有局限性，这就决定了饲养标准的相对合理性。因此需要结合实际情况作适当的调整。可参照绵羊饲养标准

附录2　绵羊饲养标准

一、空怀母羊的饲养标准

月龄	体重/千克	风干饲料/千克	消化能/兆焦	可消化粗蛋白/克	钙/克	磷/克	食盐/克	胡萝卜素/毫克
4～6	25～30	1.2	10.9～13.4	70～90	3.4～4.0	2.0～3.0	5～8	5～8
6～8	30～36	1.3	12.6～14.6	72～95	4.0～5.2	2.8～3.2	6～9	6～8
8～10	36～42	1.4	14.6～16.7	73～95	4.5～5.5	3.0～3.5	7～10	6～8
10～12	37～45	1.5	14.6～17.2	75～100	5.2～6.0	3.2～3.6	8～11	7～9
12～18	42～50	1.6	14.6～17.2	75～95	5.5～6.5	3.2～3.6	8～11	7～9

二、怀孕母羊的饲养标准

	体重/千克	风干饲料/千克	消化能/兆焦	可消化粗蛋白/克	钙/克	磷/克	食盐/克	胡萝卜素/毫克
怀孕前期	40	1.6	12.6～15.9	70～80	3.0～4.0	2.0～2.5	8～10	8～10
	50	1.8	14.2～17.6	75～90	3.2～4.5	2.5～3.2	8～10	8～10
	60	2.0	15.9～18.4	80～95	4.0～5.0	3.0～4.0	8～10	8～10
	70	2.2	16.7～19.2	85～100	4.5～5.5	3.8～4.5	8～10	8～10
怀孕后期	40	1.8	15.1～18.8	80～110	6.0～7.0	3.5～4.0	8～10	10～12
	50	2.0	18.4～21.3	90～120	7.0～8.0	4.0～4.5	8～10	10～12
	60	2.2	20.1～21.8	95～130	8.0～9.0	4.0～5.0	9～10	10～12
	70	2.4	21.8～23.4	100～140	8.5～9.5	4.5～5.5	9～10	10～12

三、哺乳母羊的饲养标准

	体重/千克	风干饲料/千克	消化能/兆焦	可消化粗蛋白/克	钙/克	磷/克	食盐/克	胡萝卜素/毫克
单羔保证羊日增重200～250克	40	2.0	18.0～23.4	100～150	7.0～8.0	4.0～5.0	10～12	6～8
	50	2.2	19.2～24.7	110～190	7.5～8.5	4.5～5.5	12～14	8～10
	60	2.4	23.4～25.9	120～200	8.0～9.0	4.6～5.6	13～15	8～12
	70	2.6	24.3～27.2	120～200	8.5～9.5	4.8～5.8	13～15	9～15
双羔保证羊日增重300～400克	40	2.8	21.8～28.5	150～200	8.0～10.0	5.5～6.0	13～15	8～10
	50	3.0	23.4～29.7	180～220	9.0～11.0	6.0～6.5	14～16	9～12
	60	3.0	24.7～31.0	190～230	9.5～11.5	6.0～7.0	15～17	10～13
	70	3.2	25.9～33.5	200～240	10.0～12.5	6.2～7.5	15～17	12～15

四、不同月龄的育成羊每增重100克的营养标准

营养 \ 月龄	4～6	6～8	8～10	10～12	12～18
消化能/兆焦	3.22	3.89	4.27	4.90	5.94
可消化粗蛋白/克	33	36	36	40	46

五、育成公羊的饲养标准

月龄	体重/千克	风干饲料/千克	消化能/兆焦	可消化粗蛋白/克	钙/克	磷/克	食盐/克	胡萝卜素/毫克
4～6	30～40	1.4	14.6～16.7	90～100	4.0～5.0	2.5～3.8	6～12	5～10
6～8	37～42	1.6	16.7～18.8	95～115	5.0～6.3	3.0～4.0	6～12	5～10
8～10	42～48	1.8	16.7～20.9	100～125	5.5～6.5	3.5～4.3	6～12	5～10
10～12	46～53	2.0	20.1～23.0	110～135	6.0～7.0	4.0～4.5	6～12	5～10
12～18	53～70	2.2	20.1～23.4	120～140	6.5～7.2	4.5～5.0	6～12	5～10

六、种公羊的饲养标准

	体重/千克	风干饲料/千克	消化能/兆焦	可消化粗蛋白/克	钙/克	磷/克	食盐/克	胡萝卜素/毫克
非配种期	70	1.8～2.1	16.7～20.5	110～140	5.0～6.0	2.5～3.0	10～15	15～20
	80	1.9～2.2	18.0～21.8	120～150	6.0～7.0	3.0～4.0	10～15	15～20
	90	2.0～2.4	19.2～23.0	130～160	7.0～8.0	4.0～5.0	10～15	15～20
	100	2.1～2.5	20.5～25.1	140～170	8.0～9.0	5.0～6.0	10～15	15～20
配种期（配种2～3次）	70	2.2～2.6	23.0～27.2	190～240	9.0～10.0	7.0～7.5	15～20	20～30
	80	2.3～2.7	24.3～29.3	200～250	9.0～11.0	7.5～8.0	15～20	20～30
	90	2.4～2.8	25.9～31.0	210～260	10.0～12.0	8.0～9.0	15～20	20～30
	100	2.5～3.0	26.8～31.8	220～270	11.0～13.0	8.5～9.5	15～20	20～30
配种期（配种4～5次）	70	2.4～2.8	25.9～31.0	260～370	13～14	9～10	15～20	30～40
	80	2.6～3.0	28.5～33.5	280～380	14～15	10～11	15～20	30～40
	90	2.7～3.1	29.7～34.7	290～390	15～16	11～12	15～20	30～40
	100	2.8～3.2	31.0～36.0	310～400	16～17	12～13	15～20	30～40

七、育肥羔羊的饲养标准

月龄	体重/千克	风干饲料/千克	消化能/兆焦	可消化粗蛋白/克	钙/克	磷/克	食盐/克	胡萝卜素/毫克
3	25	1.2	10.5～14.6	80～100	1.5～2	0.6～1	3～5	2～4
4	30	1.4	14.6～16.7	90～150	2～3	1～2	4～8	3～5
5	40	1.7	16.7～18.8	90～140	3～4	2～3	5～9	4～8
6	45	1.8	18.8～20.9	90～130	4～5	3～4	6～9	5～8

八、成年育肥羊的饲养标准

体重/千克	风干饲料/千克	消化能/兆焦	可消化粗蛋白/克	钙/克	磷/克	食盐/克	胡萝卜素/毫克
40	1.5	15.9～19.2	90～100	3～4	2.0～2.5	5～10	5～10
50	1.8	16.7～23.0	100～120	4～5	2.5～3.0	5～10	5～10
60	2.0	20.9～27.2	110～130	5～6	2.8～3.5	5～10	5～10
70	2.2	23.0～29.3	120～140	6～7	3.0～4.0	5～10	5～10
80	2.4	27.2～33.5	130～160	7～8	3.5	～4.5	5～10

附录3　羊的常用饲料及其营养价值表

一、青绿饲料类/%

序号	名称	干物质	消化能	代谢能	粗蛋白质	粗纤维	钙	磷	植酸磷	赖氨酸	蛋氨酸+胱氨酸	苏氨酸	异亮氨酸
1	白三叶	17.7	0.48	0.46	3.9	3.5	0.25	0.08	0	0.16	0.15	0.14	0.12
2	芭蕉秆	4.3	0.08	0.08	0.3	1.1	0.03	0.01	0	0.01	0.01	0.01	0.01
3	草木犀	16.4	0.34	0.32	3.8	4.2	0.22	0.06	0	0.17	0.08	0.14	0.03
4	大白菜	6.0	0.19	0.18	1.4	0.5	0.03	0.04	0	0.04	0.04	0.02	0.03
5	胡萝卜秧	20.0	0.40	0.38	3.0	3.6	0.40	0.08	0	0.14	0.08	0.10	0.12
6	甘薯藤	13.9	0.39	0.37	2.2	2.6	0.22	0.07	0	0.08	0.04	0.08	0.08
7	灰菜	18.3	0.40	0.38	4.1	2.9	0.34	0.07	0				
8	聚合草	12.9	0.40	0.38	3.2	1.3	0.16	0.12	0	0.13	0.12	0.13	0.13
9	秣食豆草	19.3	0.54	0.51	4.8	3.8	0.38	0.05	0	0.19	0.11	0.15	0.17
10	苜蓿	29.2	0.68	0.65	5.3	10.7	0.49	0.09	0	0.20	0.08	0.21	0.17
11	甜菜叶	6.9	0.21	0.20	1.4	0.7	0.02	0.03	0	0.01	0.02	0.04	0.04
12	紫云英	13.4	0.39	0.37	3.2	2.2	0.17	0.06	0	0.17	0.11	0.13	0.13
13	槐叶粉	89.1	2.39	2.21	17.8	11.1	1.19	0.17	0	1.35	0.37	0.91	1.06

二、青贮发酵饲料类/%

序号	名称	干物质	消化能	代谢能	粗蛋白质	粗纤维	钙	磷	植酸磷	赖氨酸	蛋氨酸＋胱氨酸	苏氨酸	异亮氨酸
1	白菜青贮	10.9	0.19	0.17	2.0	2.3	0.29	0.07	0				
2	胡萝卜秧青贮	19.7	0.21	0.20	3.1	5.7	0.35	0.03	0				
3	甘薯藤青贮	18.3	0.24	0.22	1.7	4.5			0	0.05	0.05	0.05	0.05
4	玉米青贮	22.7	0.18	0.17	2.8	8.0	0.10	0.06	0	0.17	0.09	0.07	0.23
5	马铃薯秧青贮	23.0	0.25	0.23	2.1	6.1	0.27	0.03	0	0.13	0.12	0.11	0.20

三、青干草类/%

序号	名称	干物质	消化能	代谢能	粗蛋白质	粗纤维	钙	磷	植酸磷	赖氨酸	蛋氨酸＋胱氨酸	苏氨酸	异亮氨酸
1	青干草粉	90.6	0.59	0.56	8.9	33.7	0.54	0.25	0	0.31	0.21	0.32	0.30
2	秋白草粉	85.2	0.94	0.89	6.8	27.5	0.21	0.16	0	0.29	0.36	0.22	0.26
3	苜蓿干草	89.6	1.57	1.46	15.7	23.9	1.25	0.23	0	0.61	0.26	0.64	0.52
4	秣食豆秧	89.0	1.26	1.16	18.2	31.4	1.70	0.37	0	0.70	0.43	0.55	0.64
5	紫云英草粉	88.0	1.64	1.50	22.3	19.5	1.42	0.43	0	0.85	0.34	0.83	0.81

四、农副产品类/%

序号	名称	干物质	消化能	代谢能	粗蛋白质	粗纤维	钙	磷	植酸磷	赖氨酸	蛋氨酸＋胱氨酸	苏氨酸	异亮氨酸
1	大豆秸粉	93.2	0.17	0.16	8.9	39.8	0.87	0.05	0	0.27	0.14	0.20	0.18
2	谷糠	91.1	1.12	1.06	8.6	28.1	0.17	0.47	0	0.21	0.25	0.21	0.24
3	花生藤	90.0	1.65	1.54	12.2	21.8	2.80	0.10	0	0.40	0.27	0.32	0.37
4	玉米秸粉	88.8	0.55	0.52	3.3	33.4	0.67	0.23	0	0.05	0.07	0.10	0.05

五、谷实类/%

序号	名称	干物质	消化能	代谢能	粗蛋白质	粗纤维	钙	磷	植酸磷	赖氨酸	蛋氨酸+胱氨酸	苏氨酸	异亮氨酸
1	大麦	88.0	2.91	2.73	10.5	6.5	0.03	0.30	0.15	0.40	0.45	0.38	0.37
2	稻谷	88.6	2.27	2.62	6.8	8.2	0.03	0.27	0.14	0.27	0.30	0.25	0.25
3	高粱	87.0	3.37	3.18	8.5	1.5	0.09	0.36	0.21	0.24	0.21	0.32	0.35
4	荞麦	87.9	2.65	2.48	12.5	12.3	0.13	0.29	0.14	0.67	0.65	0.44	0.42
5	碎米	87.6	3.51	3.32	6.9	0.9	0.14	0.25	0.06	0.24	0.36	0.24	0.25
6	玉米	88.0	3.43	3.23	8.5	1.3	0.02	0.21	0.16	0.26	0.48	0.31	0.25
7	燕麦	89.6	2.87	2.70	9.9	9.7	0.15	0.23	0.23	0.58	0.12	0.28	0.28

六、糠麸类/%

序号	名称	干物质	消化能	代谢能	粗蛋白质	粗纤维	钙	磷	植酸磷	赖氨酸	蛋氨酸+胱氨酸	苏氨酸	异亮氨酸
1	大麦麸	87.0	2.96	2.75	15.4	5.1	0.33	0.48	0.46	0.32	0.33	0.27	0.36
2	大麦糠	88.2	2.44	2.88	12.8	11.2	0.33	0.48	0.46	0.32	0.33	0.27	0.36
3	高粱糠	88.4	2.89	2.71	10.3	6.9	0.30	0.44	—	0.38	0.39	0.34	0.42
4	统糠	90.0	0.76	0.72	5.4	31.7	0.36	0.43	—	0.21	0.30	0.19	0.12
5	小麦麸	87.9	2.53	2.36	13.5	10.4	0.22	1.09	0.66	0.67	0.74	0.54	0.49
6	细米糠	89.9	3.75	3.49	14.8	9.5	0.09	1.74	—	0.57	0.67	0.47	0.43
7	玉米糠	87.5	2.61	2.45	9.9	9.5	0.08	0.48	—	0.49	0.27	0.41	0.41

七、豆类/%

序号	名称	干物质	消化能	代谢能	粗蛋白质	粗纤维	钙	磷	植酸磷	赖氨酸	蛋氨酸+胱氨酸	苏氨酸	异亮氨酸
1	蚕豆	87.3	3.08	2.80	2.45	5.9	0.09	0.38	0.19	1.82	0.79	1.00	1.13
2	大豆	88.8	3.96	3.50	3.17	4.9	0.25	0.55	0.20	2.51	0.92	1.48	2.03
3	黑豆	91.0	3.92	3.46	37.9	5.7	0.27	0.52	0.17	1.60	0.56	0.89	1.39
4	豌豆	87.3	3.10	2.84	22.2	5.6	0.14	0.34	0.08	1.88	0.42	0.99	0.87
5	小豆	88.0	3.19	2.93	20.7	10.6	0.07	0.31	—	1.60	0.24	0.87	0.80

八、油饼类/%

序号	名称	干物质	消化能	代谢能	粗蛋白质	粗纤维	钙	磷	植酸磷	赖氨酸	蛋氨酸+胱氨酸	苏氨酸	异亮氨酸
1	菜籽饼	91.2	2.77	2.45	37.4	11.7	0.61	0.95	0.57	1.18	2.18	1.42	1.28
2	豆饼	88.2	3.24	2.84	41.6	4.5	0.32	0.50	0.23	2.49	1.23	1.71	1.87
3	花生饼	89.6	3.36	2.93	43.8	3.7	0.33	0.58	0.20	1.17	1.75	1.02	1.22
4	棉籽饼	92.3	2.76	2.47	32.3	12.5	0.36	0.81	0.63	1.15	1.09	1.05	0.77
5	豆粕	89.6	3.13	27.1	45.6	5.9	0.26	0.57	0.23	2.90	1.32	1.70	2.50
6	糠饼	91.5	2.57	2.40	13.6	11.7	0.07	1.87	1.55	0.54	0.92	0.63	0.56
7	玉米胚芽饼	91.8	3.22	2.98	16.8	5.5	0.04	1.48	—	0.67	0.80	0.60	0.49

九、糟渣类/%

序号	名称	干物质	消化能	代谢能	粗蛋白质	粗纤维	钙	磷	植酸磷	赖氨酸	蛋氨酸+胱氨酸	苏氨酸	异亮氨酸
1	醋糟	35.2	1.13	1.07	8.5	3.0	0.73	0.28	0.06	0.27	0.55	0.29	0.27
2	酒糟	32.5	0.81	0.77	7.5	5.7	0.19	0.20	—	0.33	0.80	0.45	0.51
3	粉渣	11.8	0.30	0.29	2.0	1.8	0.08	0.04	—	0.14	0.12	0.10	0.10
4	豆腐渣	15.0	0.33	0.31	3.9	2.8	0.02	0.04	—	0.26	0.12	0.46	0.20
5	啤酒糟	13.6	0.33	0.31	3.6	2.3	0.06	0.08	—	0.14	0.19	0.14	0.16
6	甜菜渣	15.2	0.34	0.33	1.3	2.8	0.11	0.02	—	0.34	0.18	0.47	0.39
7	酱渣	35.0	0.91	0.85	11.4	3.30	0.07	0.03	—	0.53	1.41	0.67	1.07

十、动物性饲料/%

序号	名称	干物质	消化能	代谢能	粗蛋白质	粗纤维	钙	磷	植酸磷	赖氨酸	蛋氨酸+胱氨酸	苏氨酸	异亮氨酸
1	贝壳粉			32.6									
2	蚕壳粉			37.00	0.15								
3	骨粉			30.12	13.46								
4	磷酸钙			27.91	14.38								
5	磷酸氢钙			23.10	18.70								
6	石粉			35.00									

参 考 文 献

[1] 岳文斌，任有蛇，赵祥，王瑞云编著．生态养羊技术大全．北京：中国农业出版社，2006.

[2] 毛怀志，岳文斌，锋旭芳主编．绵、山羊品种资源及利用大全．北京：中国农业出版社，2006.

[3] 张灵君，张振坤主编．科学养羊技术指南．北京：中国农业大学，2003.

[4] 徐桂芳主编．肉羊饲养技术手册．北京：中国农业出版社．2000.